Hadoop 2 Quick-Start Guide
Learn the Essentials of Big Data Computing in
the Apache Hadoop 2 Ecosystem

写给大忙人的
Hadoop 2

【美】Douglas Eadline 著　卢涛 李颖 译

电子工业出版社
Publishing House of Electronics Industry
北京·BEIJING

内 容 简 介

本书首先介绍了 Hadoop 的背景知识，包括 Hadoop 2 和 YARN 的工作原理和对 Hadoop 1 的改进，然后将数据湖与传统存储比较。第 2 章到第 8 章，分别介绍了 Hadoop 2 和核心服务的安装方法、Hadoop 分布式文件系统、MapReduce 和 YARN 编程，以及利用 Apache Pig 等 Hadoop 工具简化编程。最后两章讲述了利用 Apache Ambari 等工具管理 Hadoop 和基本的管理程序。附录包括 Hadoop 2 故障诊断和排除的基础知识、Apache Hue 和 Apache Spark 安装等。

本书通俗易懂，具有大量操作实例，易于上手，适合 Hadoop 用户、管理员、开发和运维人员、程序员、架构师、分析师和数据科学工作者阅读。

Authorized translation from the English language edition, entitled HADOOP 2 Quick-Start Guide: Learn the Essentials of Big Data Computing in the Apache Hadoop 2 Ecosystem, 1E, 978-0134049946, by Douglas Eadline, published by Pearson Education, Inc., publishing as Addison-Wesley Professional, Copyright © 2015 Pearson Education, Inc.

All rights reserved. No part of this book may be reproduced or transmitted in any form or by any means, electronic or mechanical, including photocopying, recording or by any information storage retrieval system, without permission from Pearson Education, Inc.

CHINESE SIMPLIFIED language edition published by PEARSON EDUCATION ASIA LTD., and PUBLISHING HOUSE OF ELECTRONICS INDUSTRY Copyright © 2016.

本书简体中文版专有出版权由 Pearson Education 培生教育出版亚洲有限公司授予电子工业出版社。未经出版者预先书面许可，不得以任何方式复制或抄袭本书的任何部分。

本书简体中文版贴有 Pearson Education 培生教育出版集团激光防伪标签，无标签者不得销售。

版权贸易合同登记号　图字：01-2016-0600

图书在版编目（CIP）数据

写给大忙人的 Hadoop 2 /（美）伊德理恩（Eadline,D.）著；卢涛，李颖译. —北京：电子工业出版社，2016.6
书名原文：Hadoop 2 Quick-Start Guide: Learn the Essentials of Big Data Computing in the Apache Hadoop 2 Ecosystem
ISBN 978-7-121-28805-0

Ⅰ.①写… Ⅱ.①伊… ②卢… ③李… Ⅲ.①数据处理软件 Ⅳ.①TP274

中国版本图书馆 CIP 数据核字(2016)第 101034 号

策划编辑：张春雨
责任编辑：郑柳洁
印　　刷：北京天宇星印刷厂
装　　订：北京天宇星印刷厂
出版发行：电子工业出版社
　　　　　北京市海淀区万寿路 173 信箱　邮编：100036
开　　本：787×980　1/16　印张：18　字数：344 千字
版　　次：2016 年 6 月第 1 版
印　　次：2016 年 6 月第 1 次印刷
定　　价：69.00 元

凡所购买电子工业出版社图书有缺损问题，请向购买书店调换。若书店售缺，请与本社发行部联系，联系及邮购电话：(010) 88254888，88258888。

质量投诉请发邮件至 zlts@phei.com.cn，盗版侵权举报请发邮件至 dbqq@phei.com.cn。
本书咨询联系方式：010-51260888-819　faq@phei.com.cn。

序言

Apache Hadoop 2 引进了加工和处理数据的新方法，这些方法都超越了原始 Hadoop 实现的基本 MapReduce 范式。本书详尽地介绍了 Hadoop 2 中的概念和工具，无论是 Hadoop 新人或曾使用过早期版本的经验丰富的专业人员，都能从中获益。

在过去的几年中，在原 Hadoop 项目的保护伞下已经诞生了许多项目，这些项目在与原始 Hadoop 项目保持良好集成的同时，还使得存储、处理和收集大量数据更为便利。本书介绍了许多在此更大的 Hadoop 生态系统中的项目，向读者提供高层次基础知识，引导他们使用满足自己需求的工具来开展工作。

本书很多内容是 Doug Eadline 根据他广受欢迎的 *Hadoop Fundamentals Live Lessons* 视频系列改编而成的。然而，他的资历不仅于此。Doug 与人合著了 *Apache Hadoop™ YARN: Moving beyond MapReduce and Batch Processing with Apache Hadoop™ 2* 一书，对于介绍 Hadoop 2 的覆盖范围和它给用户带来的新功能，几乎无人比他更有资格。

我激动地看到 Doug 用他涵盖 Hadoop 及其相关项目的书为本丛书带来巨大的知识财富。对于希望了解更多有关 Hadoop 可以帮助他们解决问题的新人，以及希望了解升级到最新版本的好处的现有用户，本书都将是很好的资料。

—— Paul Dix，丛书编辑

前言

Apache Hadoop 2 已改变了数据分析的格局。Hadoop 2 生态系统已经超越了单一的 MapReduce 数据处理方法论和框架。也就是说，Hadoop 2 为 Hadoop 1 的方法论提供几乎任何类型的数据处理，并且与第 1 版的脆弱 MapReduce 范式完全向后兼容。

这种变化已经对数据处理和数据分析的许多领域产生了显著的影响。联机数据的数量增长要求有可扩展的数据分析新方法。正如第 1 章将要讨论的，Hadoop 数据湖的概念体现了从许多既定的方法向联机数据的使用和储存的范式转变。Hadoop 2 安装的是一个可扩展的平台，它可以成长并同时适应数据量的增加及新处理模型的使用。

因此，"Hadoop 方法"非常重要，并且不应该被作为一个简单的只有"一技之长"的大数据应用程序。此外，Hadoop 开放源代码的性质和很多周边的生态系统为它的采用提供了一个重要激励。感谢 Apache 软件基金会（ASF），Hadoop 一直是一个开放源码项目，其内部运作机制是对所有人都开放的。开放模型使得供应商和用户拥有一个共同的目标，而不存在可能的封锁或法律障碍致使像 Hadoop 那样一个庞大而重要的项目分裂。本书中使用的所有软件都是开源的，并且是免费提供的。指向这些软件的链接位于每一章末尾和附录 C 中。

本书重点

正如书名所示，本书是写给大忙人的 Hadoop 2。根据设计，大多数主题都是概述性的，它们用一个示例来说明，并保留一些未尽事宜。事实上，这里的许多工具和主题都在别处被作为完全独立的书来介绍。因此，编写这种快速入门指南的最大障碍是，在决定不包括哪些内容的同时，又让读者领会到哪些内容是重要的。

为此，所有主题都按照我称之为 hello-world.c 经验的方式来设计。那就是，首先提供工具或服务的作用的一些背景知识，然后提供可以让读者快速入门的从头到尾的示例，最后提供可以找到额外的信息和更多细节的资源。这种方法允许读者对简单的工作示例进行更改，并实现变化，使之变成能解决读者特定问题的某种东西。对于我们大多数人来说，我们的编程经验都是从对工作示例进行增量更改开始的——所以本书中的方法应该是大家所熟悉的。

本书的受众

本书是为那些想要了解 Hadoop 2，但又不想陷入技术细节的读者准备的。新用户、系统管理员和开发运维人员都应该能够通过浏览本书快速获得很多重要的 Hadoop 主题和工具。尤其是，缺乏 Hadoop 经验的读者应该发现本书非常有用，即使他们没有 Java 编程经验也没关系。读者最好具备使用 Linux 命令行工具的经验，因为所有示例都涉及用命令行与 Hadoop 交互。

当前正在使用 Hadoop 1 的用户和管理员也能从本书获得有价值的知识。Hadoop 2 的变化是非常重大的，同时，本书对 YARN 和 MapReduce 框架的一些变化的讨论也是非常重要的。

本书的结构

本书的基本结构改编自 Addison-Wesley 出版的我的视频教程——*Hadoop Fundamentals Live Lessons*(2e)和 *Apache Hadoop YARN Fundamentals Live Lessons*，书中几乎所有的示例都能在视频中找到同样的。有些读者可能会发现，把观看视频教程与阅读本书结合起来效果更好，因为我仔细地逐句执行了所有的示例。

本书从 *Apache Hadoop* ™ *YARN: Moving beyond MapReduce and Batch Processing with Apache Hadoop*™ *2* 一书中借用了几个小部分，那是我与他人合著的。如果读者想要研究更多的 YARN 应用开发细节，可以考虑阅读那本书并观看其配套视频。

本书大部分内容使用了适用于 Hadoop 的 Hortonworks 数据平台（HDP）。HDP 是由 Hortonworks 提供的完全开源的 Hadoop 发布版本。虽然也可以下载并安装核心 Hadoop 系统和工具（第 2 章中将讨论），但使用集成的发布版本减少了"自己动手"的方法可能产生的很多问题。此外，Apache Ambari 是不容错过的出色安装和管理图形化的工具，并且它支持 Hortonworks HDP 软件包。本书使用 HDP 2.2 和 Ambari 1.7 描述。就在我写这篇序言时，Hortonworks 刚刚宣布发布配备 Apache Ambari 2.0 的 HDP 2.3 版本。（站在 Hadoop 世界的曲线前沿要做那么多工作！）幸运的是，它的基本原理保持不变，所有示例仍然都是切题的。

本书各章的安排，便于为读者提供灵活的介绍。在附录 B "开始流程图和故障排除指南"中，有两条路径可以遵循：阅读第 1 章、第 3 章和第 5 章，然后开始运行示例，或直接跳到第 4 章运行其中的示例。如果你没有 Hadoop 环境，第 2 章提供在各种系统，包括笔记本电脑或台式计算机、集群，甚至在云上安装 Hadoop 的方法。可能在运行完示例之后，你会再回过头来阅读背景知识的章节。

第 1 章提供有关 Hadoop 技术和历史的基本背景知识。介绍 Hadoop 数据湖并概述 Hadoop 1 中的 MapReduce 过程。介绍了在 Hadoop 2 中的巨大变化，并把 YARN 资源管理器作为几乎任何计算模型的前进方向来介绍。最后，简要概述了组成 Hadoop 生态系统的很多软件项目。这一章为本书余下的部分提供了基础。

如果你需要访问一个 Hadoop 系统，第 2 章提供了一系列的安装攻略。它也解释了核心 Hadoop 服务及其配置方法。本章对选择硬件和软件环境提供了常规建议，但它的重点是提供一个平台来了解 Hadoop。幸运的是，有两种方法可以做到这一点，不需要购买或租用任何硬件。Hortonworks Hadoop 沙箱提供了一个可以在几乎任何平台上运行的 Linux 虚拟机。沙箱是完整的 Hadoop 安装，并提供了用以研究 Hadoop 的环境。作为沙箱的替代方法，在一台 Linux 机器上的 Hadoop 安装也能提供一个学习平台并提供一些 Hadoop 核心组件的解释。第 2 章还涉及集群方式安装，它采用 Apache Ambari 用于本地集群安装，或使用 Apache Whirr 进行云部署。

所有的 Hadoop 应用程序都使用 Hadoop 分布式文件系统（HDFS）。第 3 章介绍了一些基本的 HDFS 功能并提供了有关如何浏览和使用文件系统的快速提示。本章也有一些 HDFS 编程的示例。它提供重要的背景知识，这些应该在尝试后面的章节中的示例之前查阅。

第 4 章通过逐步讲解提供了 Hadoop 实例和基准测试的展示说明。作为一种观察应用进展的方式，对 Hadoop 资源管理器的 Web 图形用户界面进行了介绍。本章最后总结了控制 Hadoop MapReduce 作业的一些技巧。学习这一章可以了解 Hadoop 应用程序运行和操作的方式。

虽然 MapReduce 编程模型在本质上是简单的，但它在集群上运行会出现一些混乱。第 5 章使用简单的示例提供了 MapReduce 编程模型的基本简介。本章用一个简化的并行 Hadoop MapReduce 过程演练来总结。本章还将帮助你了解基本的 Hadoop MapReduce 术语。

如果你对 Hadoop 底层编程感兴趣，第 6 章介绍了 Hadoop MapReduce 编程。它涵盖了几种基本方法，包括 Java、Python 流接口和 C++管道接口。它还用一个简短的示例说明了如何查看应用程序日志。本章对于使用 Hadoop 不是必需的。事实上，许多 Hadoop

用户都是从第 7 章讨论的高级别工具开始起步的。

虽然许多应用程序已被编写为在原生的 Hadoop Java 接口上运行，但还有种类繁多的工具都提供高层次的编程和数据移动方法。第 7 章通过实例介绍了必需的 Hadoop 工具，包括 Apache Pig（脚本语言）、Apache Hive（类似 SQL 的语言）、Apache Sqoop（RDMS 导入/导出）和 Apache Flume（串行数据导入），还提供一个示例来演示如何使用 Oozie 工作流管理器。本章最后以 Apache HBase（BigTable 的数据库）的示例结束。

如果你有兴趣学习更多关于 Hadoop YARN 应用程序的内容，第 8 章介绍了 Hadoop 的非 MapReduce 应用程序。YARN 分布式 Shell，给出一个简单的示例，进行包括 YARN 应用程序如何在 Hadoop 2 下工作的讨论。本章还提供了最新的非 MapReduce YARN 应用程序的描述。

如果你用第 2 章的 Apache Ambari 安装 Hadoop，第 9 章介绍了其功能并提供了一些示例来演示如何在真正的 Hadoop 集群上使用 Ambari。本章也给出了重新启动 Hadoop 服务和更改全系统 Hadoop 属性的 Ambari 功能和流程。本章所述的基本步骤将在第 10 章中用来对集群做出管理性更改。

第 10 章提供了一些基本的 Hadoop 管理性程序。管理员可在本章找到基本流程和建议信息，其他用户也可以从本章学到如何针对其工作负载来配置 HDFS、YARN 和容量调度程序。

有关本书配套网页的信息、入门流程图和常规的 Hadoop 故障排除指南，请参考附录。附录还包括资料总结页和安装 Apache Hue（一种高级别 Hadoop 图形用户界面）和 Apache Spark（一种流行的非 MapReduce 编程模型）的步骤。

最后，Hadoop 生态系统继续迅速增长。本书有意不包括许多现有的 Hadoop 应用程序和工具，因为若将其列入，本书将变成更冗长和更拖沓的 Hadoop 2 简介。并且，还有更多的工具和应用程序正在形成！鉴于 Hadoop 生态系统的动态性，本书介绍 Apache Hadoop 2 的宗旨是为了指明方向和一些重要的关键点，以便帮助读者研究 Hadoop 2 数据湖。

本书约定

代码和文件参考都采用等宽字体显示。因为太长而无法在一行中容纳的代码输入行，在本书中都用续行符号：➥表示。在页边界换行的长输出行则没有此符号。

配套代码

请参阅附录 A "本书网页和代码下载"，获得本书中使用的所有代码的地址。

致谢

有些图表和示例受雅虎 Hadoop 教程（https://developer.yahoo.com/hadoop/tutorial/）、阿帕奇软件基金会（ASF，Apache Software Foundation，http://www.apache.org）、Hortonworks（http://hortonworks.com）和 Michael Noll（http://www.michael-noll.com）启发并取自其中。任何复制的条目要么已由作者授予使用权限，要么在开放共享许可下获得。

很多人一直在幕后为本书的出版默默工作。感谢花时间仔细阅读本书初稿的审阅者：Jim Lux、Prentice Bisbal、Jeremy Fischer、Fabricio Cannini、Joshua Mora、Matthew Helmke、Charlie Peck 和 Robert P. J. Day。你们的反馈意见非常有价值并有助于使本书内容更为可靠。

感谢 Addison-Wesley 的 Debra Williams Cauley，你的努力和在中央车站牡蛎酒吧办公使得写书过程几乎并不困难。我也不能忘记感谢我的孩子们：Emily、Marlee、Carla 和 Taylor——是的，又一本你们看不懂的书。最后，感谢我耐心和漂亮的妻子 Maddy 对我的一贯支持。

关于作者

Douglas Eadline，博士，作为一个 Linux 集群 HPC 革命的践行者和记录者开始他的职业生涯，而现在他在记录大数据分析。从开始第一份操作文档以来，道格写了数百篇文章、白皮书，以及说明文档，涵盖高性能计算（HPC）的几乎所有方面。在 2005 年启动和编辑颇受欢迎的 ClusterMonkey.net 网站之前，他担任 *ClusterWorld* 杂志的主编，并曾是 *Linux* 杂志的 HPC 资深编辑。

他具有多方面的 HPC 实际操作经验，包括硬件和软件设计、基准测试、存储、GPU、云计算和并行计算。

目前，他是一名作家和 HPC 行业顾问，并且是 Limulus 个人集群项目（http://limulus.basement-supercomputing.com）的领导。他是 Addison-Wesley 出版的 *Hadoop Fundamentals LiveLessons* 和 *Apache Hadoop YARN Fundamentals LiveLessons* 教学视频的作者和 *Apache Hadoop™ YARN: Moving beyond MapReduce and Batch Processing with Apache Hadoop™ 2* 一书的合著者。

目录

1 背景和概念 1
   定义 Apache Hadoop 1
   Apache Hadoop 的发展简史 3
   大数据的定义 4
   Hadoop 作为数据湖 5
      使用 Hadoop:管理员、用户或两种身份兼具 7
   原始的 MapReduce 7
      Apache Hadoop 的设计原则 8
      Apache Hadoop MapReduce 示例 8
      MapReduce 的优势 10
      Apache Hadoop V1 MapReduce 操作 11
   使用 Hadoop V2 超越 MapReduce 13
      Hadoop V2 YARN 操作设计 14
   Apache Hadoop 项目生态系统 16
   总结和补充资料 18

2 安装攻略 21
   核心 Hadoop 服务 21
      Hadoop 配置文件 22
   规划你的资源 23
      硬件的选择 23
      软件的选择 24
   在台式机或笔记本电脑上安装 25

    安装 Hortonworks HDP 2.2 沙箱 25

    用 Apache 源代码安装 Hadoop 32

    配置单节点 YARN 服务器的步骤 33

    运行简单的 MapReduce 示例 42

    安装 Apache Pig（可选） 42

    安装 Apache Hive（可选） 43

使用 Ambari 安装 Hadoop 44

    执行 Ambari 安装 45

    撤消 Ambari 安装 59

使用 Apache Whirr 在云中安装 Hadoop 59

总结和补充资料 65

3 HDFS 基础知识 67

HDFS 设计的特点 67

HDFS 组件 68

    HDFS 块复制 71

    HDFS 安全模式 72

    机架的识别 73

    NameNode 高可用性 73

    HDFS NameNode 联邦 75

    HDFS 检查点和备份 76

    HDFS 快照 76

    HDFS NFS 网关 76

HDFS 用户命令 77

    简要 HDFS 命令参考 77

    一般 HDFS 命令 78

    列出 HDFS 中的文件 79

    在 HDFS 中创建一个目录 80

    将文件复制到 HDFS 80

    从 HDFS 复制文件 81

    在 HDFS 中复制文件 81

	删除在 HDFS 中的文件 81
	删除在 HDFS 中的目录 81
	获取 HDFS 状态报告 81
HDFS 的 Web 图形用户界面 82
	在程序中使用 HDFS 82
HDFS Java 应用程序示例 82
	HDFS C 应用程序示例 86
总结和补充资料 88

4 运行示例程序和基准测试程序 91

运行 MapReduce 示例 91
    列出可用的示例 92
    运行 Pi 示例 93
    使用 Web 界面监控示例 95
运行基本 Hadoop 基准测试程序 101
    运行 Terasort 测试 101
    运行 TestDFSIO 基准 102
    管理 Hadoop MapReduce 作业 104
总结和补充资料 105

5 Hadoop MapReduce 框架 107

MapReduce 模型 107
MapReduce 并行数据流 110
容错和推测执行 114
    推测执行 114
    Hadoop MapReduce 硬件 115
总结和补充资料 115

6 MapReduce 编程 117

编译和运行 Hadoop WordCount 的示例 117
使用流式接口 122

使用管道接口 125
　　　编译和运行 Hadoop Grep 链示例 127
　　调试 MapReduce 131
　　　作业的列举、清除和状态查询 131
　　　Hadoop 日志管理 131
　　　启用 YARN 日志聚合 132
　　　Web 界面日志查看 133
　　　命令行日志查看 133
　　总结和补充资料 135

7 基本的 Hadoop 工具 137
　　使用 Apache Pig 137
　　　Pig 示例演练 138
　　使用 Apache Hive 140
　　　Hive 示例演练 140
　　　更高级的 Hive 示例 142
　　使用 Apache Sqoop 获取关系型数据 145
　　　Apache Sqoop 导入和导出方法 145
　　　Apache Sqoop 版本更改 147
　　　Sqoop 示例演练 148
　　使用 Apache Flume 获取数据流 155
　　　Flume 的示例演练 157
　　使用 Apache Oozie 管理 Hadoop 工作流 160
　　　Oozie 示例演练 162
　　使用 Apache HBase 170
　　　HBase 数据模型概述 170
　　　HBase 示例演练 171
　　总结和补充资料 176

8 Hadoop YARN 应用程序 179
　　YARN 分布式 shell 179

使用 YARN 分布式 shell 180
　　一个简单的示例 181
　　使用更多的容器 182
　　带有 shell 参数的分布式 shell 示例 183
YARN 应用程序的结构 185
YARN 应用程序框架 187
　　Hadoop MapReduce 188
　　Apache Tez 188
　　Apache Giraph 189
　　Hoya：HBase on YARN 189
　　Dryad on YARN 189
　　Apache Spark 189
　　Apache Storm 190
　　Apache REEF：可持续计算执行框架 190
　　Hamster：Hadoop 和 MPI 在同一集群 190
　　Apache Flink：可扩展的批处理和流式数据处理 191
　　Apache Slider：动态应用程序管理 191
总结和补充资料 192

9　用 Apache Ambari 管理 Hadoop 193
快速浏览 Apache Ambari 194
　　仪表板视图 194
　　服务视图 197
　　主机视图 199
　　管理视图 201
　　查看视图 201
　　Admin 下拉菜单 202
更改 Hadoop 属性 206
总结和补充资料 212

10 基本的 Hadoop 管理程序 213

基本的 Hadoop YARN 管理 214
 停用 YARN 节点 214
 YARN WebProxy 214
 使用 JobHistoryServer 215
 管理 YARN 作业 215
 设置容器内存 215
 设置容器核心 216
 设置 MapReduce 属性 216

基本的 HDFS 管理 217
 NameNode 用户界面 217
 将用户添加到 HDFS 219
 在 HDFS 上执行 FSCK 220
 平衡 HDFS 221
 HDFS 安全模式 222
 停用 HDFS 节点 222
 SecondaryNameNode 223
 HDFS 快照 223
 配置到 HDFS 的 NFSv3 网关 225

容量调度程序背景知识 229

Hadoop 2 的 MapReduce 兼容性 231
 启用应用主控程序的重新启动功能 231
 计算一个节点的承载容量 232
 运行 Hadoop 1 的应用程序 233

总结和补充资料 235

附录 A 本书的网页和代码下载 237

附录 B 入门流程图和故障排除指南 239

入门流程图 239

常见的 Hadoop 故障排除指南 239

XVI　写给大忙人的 Hadoop 2

　　　　规则 1：不要惊慌 239
　　　　规则 2：安装并使用 Ambari 244
　　　　规则 3：检查日志 244
　　　　规则 4：简化情况 245
　　　　规则 5：在互联网上提问 245
　　　　其他有用的提示 246

附录 C　按主题列出的 Apache Hadoop 资源汇总 253
　　　常规的 Hadoop 信息 253
　　　Hadoop 安装攻略 253
　　　HDFS 254
　　　示例 255
　　　MapReduce 255
　　　MapReduce 编程 255
　　　基本工具 256
　　　YARN 应用程序框架 257
　　　Ambari 管理 257
　　　基本的 Hadoop 管理 257

附录 D　安装 Hue Hadoop GUI 259
　　　Hue 安装 259
　　　　　安装和配置 Hue 262
　　　启动 Hue 263
　　　Hue 用户界面 263

附录 E　安装 Apache Spark 267
　　　在集群上安装 Spark 267
　　　在整个集群中启动 Spark 268
　　　　　在伪分布式的单节点安装版本中安装和启动 Spark 270
　　　运行 Spark 示例 271

1
背景和概念

本章内容：
- 介绍 Apache Hadoop 项目与大数据的工作定义。
- 研究 Hadoop 数据湖概念与传统的数据存储方法的对比。
- 一个基本的 Hadoop MapReduce 过程的概述。
- 解释 Hadoop 1（V1）到包含 YARN 的 Hadoop 2（V2）的演进。
- 解释 Hadoop 生态系统并介绍很多重要项目。

Apache Hadoop 是处理大量数据的一种新方法。Hadoop 更大程度上是可扩展的数据处理方法，而不是单个程序或产品。

Hadoop 生态系统包含许多组件，当前的 Hadoop 2 的能力已经远远超过 Hadoop 1。本章介绍许多重要的 Hadoop 概念和组件。

定义 Apache Hadoop

Hadoop 已经变成表示许多不同事物的名称。2002 年，它作为一个支持 Web 搜索引擎的单独软件项目被创立。自那以后，它成长为一个用来分析大量不同类型的数据的工具和应用程序的生态系统。不应再把 Hadoop 当作整体的单个项目，而是应将其当作一种从根本上不同于传统的关系数据库模型的数据处理"方法"。一个更加务实的 Hadoop 定义是，一个开放（和封闭）源码工具、库和"大数据"分析方法的生态系统和框架。

Hadoop 数据处理的一些功能如下。
- 其核心部分在 Apache 许可之下开放源代码（请参阅侧栏"Apache 软件基金会"）。
- 分析通常涉及大量非结构化（即，非关系型）数据集，数据集有时在千兆兆字节（petabyte，10^{15} 字节）范围内。
- 传统上，数据使用可扩展的 HDFS 存储在多台服务器上。一些新的设计使用光纤存储或基于网络的存储子系统。
- 许多应用程序和工具都基于第 1 版 Hadoop MapReduce 编程模型。
- Hadoop MapReduce 作业可以从一台服务器扩展到数千台机器和数以万计的处理器核心。
- 配备 YARN（Yet Another Resource Negotiator，另一种资源调度器）的 Hadoop 2 支持其他编程模型（包括 V1 MapReduce）。
- Hadoop 核心组件被设计为在商品硬件和云上运行。
- Hadoop 提供了许多能够在大量的服务器上操作的容错功能。
- 许多项目和应用程序都建立在 Hadoop 基础设施之上。
- 虽然核心组件使用 Java 编写，但 Hadoop 应用程序几乎可以使用任何编程语言编写。

Hadoop 安装的核心组件包括 HDFS 和 YARN 资源管理器。虽然 HDFS 文件系统坚固、冗余，并能够提供对数据的跨 Hadoop 集群的分布式访问，但它不应被视为一种高性能并行文件系统。它被设计为满足大数据处理，如大块流访问。YARN 负责管理集群资源。在某种意义上，它可被视为配备数据局部性服务的集群操作系统。（换句话说，YARN 可以调度在 HDFS 中包含的特定数据节点上的作业。）Hadoop 应用程序，包括那些使用 MapReduce 引擎的，都作为 YARN 之上的应用程序框架运行。

Apache 软件基金会

ASF 是一家美国 501(c)(3)非营利组织，它为 150 多个开放源代码软件项目提供组织、法律和资金支持。ASF 为其项目提交者提供一种知识产权和资金捐助，同时限制所面临的潜在法律风险的既定框架。Apache 项目通过一个称为 Apache 方式的协作和任人唯才的开发过程，提供吸引大型社区用户的免费企业级软件产品。务实的 Apache 许可使得为任何用户——商业用户和个人用户部署 Apache 产品更容易。

ASF 的使命是为公众提供好的软件。它通过为许多志同道合的软件项目社区的个人提供服务和支持达成其使命。

Apache 项目是由协作、基于共识的过程、开放、务实的软件许可证和创造在其领域领先的高质量软件的渴望定义的。在 http://www.apache.org/ 中，可以找到更多信息。

Apache Hadoop 的发展简史

雅虎开发 Hadoop 是为了为 Apache Nutch Web 搜索引擎提供数据处理基础设施。2005 年,该项目由 Doug Cutting 和 Michael J. Cafarella 创立。Hadoop 这个名称来自 Cutting,他的儿子给他的玩具大象起名为"Hadoop"。

部分技术灵感来自于 Google 文件系统(GFS)和 2004 年谷歌的 MapReduce 算法论文。雅虎在 2006 年开始拥抱 Hadoop,并且在 2008 年将其搜索索引交由 Hadoop 生成。Hadoop 的一个关键设计决策是将低成本的商品服务器用于计算和存储。事实上,早期的 Hadoop MapReduce 处理的重要原则之一就是"把计算移动到数据"的能力,因为这比把数据从一台服务器移动到另一台服务器更快速。这个设计还需要 Hadoop 软件具有可伸缩性,能处理大量的数据,并且能容忍硬件故障。

为了支持巨大的可扩展性,Hadoop 的设计也牺牲了一些效率。在较小的规模下,Hadoop 解决一些问题的方法的效率可能不高。事实上,在这些情况下,其他工具能提供更好的性能。然而,随着问题或数据集规模的扩大,Hadoop 开始显示其处理大型问题的能力,而这些问题是其他系统无法管理的。正在使用 Hadoop 的一些领域包括:

- 社交媒体
- Web 零售商务
- 金融服务
- Web 搜索
- 政府
- 研究和开发
- 许多其他领域

一些著名的用户如:

- 雅虎
- Facebook
- 亚马逊
- eBay
- 美国航空公司
- 纽约时报
- 美国联邦储备委员会

- Chevron
- IBM
- 许多其他用户

大数据的定义

顾名思义，大数据表明大量数据处理——通常以千兆兆字节（10^{15} 字节）计量。但是，大数据并不一定要"大"。根据维基百科（http://en.wikipedia.org/wiki/Big_data），大数据的定义有下面几个特点。

- 数据量（Volume）：大数据量明确界定了大数据。在某些情况下，数据的庞大规模使其不可能用更为常规的手段来计算。
- 多样性（Variety）：数据可能来自不同的来源，并且不一定与其他数据源"关联"。
- 高速度（Velocity）：术语速度在此指的是数据的生成和处理速度能有多快。
- 可变性（Variability）：数据可能是高度易变、不完整和不一致的。
- 复杂性（Complexity）：数据源之间的关系不可能完全清楚，并且不遵从传统的关系型方法。

许多组织可能不需要处理大量的数据，但可能仍然需要处理这里提到的几种数据。所有公司都处在海量的未分析数据之上的概念不一定成立。请研究题为"大数据意外"的博客文章（http://www.sisense.com/blog/big-data-surprises），作者在文中提到：研究结果表明，大数据的适宜点始于 110 千兆字节（10^9 字节），而一般公司管理的最常见的数据量介于 10 和 30 兆兆字节（10^{12} 个字节）之间。此外，值得注意的是如下论文，"不曾有人因使用 Hadoop 而被解雇"（http://research.microsoft.com/pubs/163083/hotcbp12%20final.pdf），其中记载着：在微软和雅虎，至少有两个分析生产集群具有平均输入大小小于 14 千兆字节的作业，而在 Facebook 集群上，90%的工作的输入大小小于 100 千兆字节。以下是一些可能被认为是"大数据"的示例：

- 媒体数据，包括视频、音频和照片。
- Web 数据，包括系统日志/Web 日志，点击追踪文件和文本消息/电子邮件。
- 已完成的文件、刊物和书籍。
- 科学研究数据，包括模拟结果和人类基因组数据。
- 股票交易、客户数据和零售购买。

- 电信数据，包括电话记录。
- 公共记录，包括联邦、州和地方政府的资源。
- 物联网（数据来自所有连接的设备）。
- 实时传感器数据，包括交通或运输物流。

随着联机存储数据增多，数据的清单将继续增长。数据可能是私有或公共的。

Hadoop 作为数据湖

在研究 Hadoop 如何处理大数据之前，必须首先了解现代数据存储系统如何运作。前面未提到，但肯定暗示了大数据的功能之一，是用于所有数据的中央存储库。一些数据可能不适于存储在关系数据库中，大部分数据将需要按照原始形式存储。这一特性往往是 Hadoop 数据处理与更传统的方法的区别所在。这个想法通常被称为"数据湖"，是为所有的原始数据创建一个巨大的存储库，并根据需要使用它。

将这种方法与传统的关系数据库或数据仓库对比。向数据库中添加数据的前提是先把数据转变成一个可以加载到数据库的预定的模式。这一步骤通常被称为提取、转换和加载（ETL），并且在可以使用数据之前，也会消耗时间和成本。最重要的是，关于数据将如何使用的决定必须在 ETL 步骤中间做出。此外，一些数据经常在 ETL 步骤中被丢弃，因为它不能放入数据模式或被认为不需要。

Hadoop 的重点是按照其原始格式使用数据。本质上，当数据由 Hadoop 应用程序访问时，看起来就像是执行 ETL 步骤。这种方法，称为**读时模式**（schema on read），使程序员和用户在访问数据时强迫结构来满足自己的需求。传统的数据仓库方法，称为**写时模式**（schema on write），这需要更多的预先设计并对最终使用数据的方式进行更多的假设。

如前所述，对大数据而言，相比更为传统的方法，数据湖提供了如下三个优势。

- 全部数据都保持可用。无须对未来的数据使用做出任何假设。
- 全部数据都是共享的。多个业务单位或研究人员可以使用所有可用的数据，以前由于其中有些数据分布在完全不同的系统上，是不可用的。
- 全部访问方法都是可用的。任何处理引擎都可以用来检查数据（例如，MapReduce、图形处理，以及内存中的工具）。

必须明确，Hadoop 并不一定能代替数据仓库。数据仓库是有价值的业务工具，然而，传统的数据仓库技术是在数据湖开始如此快速地蔓延之前研制的。增长的新数据流来源各异，包括社交媒体、点击追踪记录、传感器数据，以及其他来源的数据，这些都增加了数据湖的流入。

传统的数据仓库和 Hadoop 的区别如图 1.1 所示。在这幅图中，可以看到不同的数据进入 ETL 或数据湖的过程。当 ETL 过程将数据保存（写入）到关系数据库时，它将数据放入一个模式。数据湖只是存储原始数据。当 Hadoop 应用程序使用这些数据，在从湖中读取数据时，将会应用模式。请注意，作为处理的一部分，在 ETL 步骤经常会丢弃一些数据。

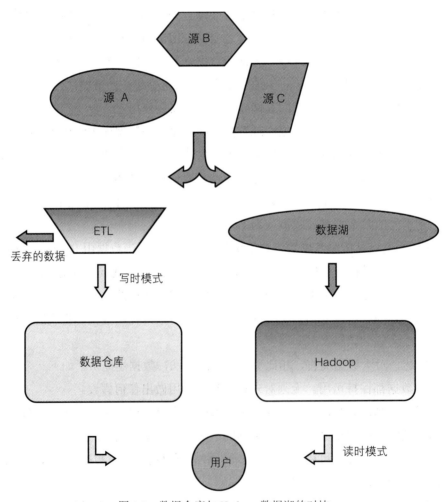

图 1.1 数据仓库与 Hadoop 数据湖的对比

使用 Hadoop：管理员、用户或两种身份兼具

Apache Hadoop 安装对不同的人意味着不同的事情。个人可以用许多模式与 Hadoop 进行交互。传统上，系统管理员负责安装、监控/管理和调整 Hadoop 软件。此外，传统用户将开发 Hadoop 应用程序、处理数据，并使用本书中讨论的各种 Hadoop 工具。随着安装的大小的变化，管理员和用户之间的界限可能会变模糊，并可能混合为一个新的角色，即通常所说的"开发运维人员"（devops）。Hadoop 可以在一台笔记本电脑、大型集群，或介于这两者之间的任何场景下访问。因此，目标和项目的规模，决定着你的角色可能的改变。本书提供足够的资源，以加速你对这两方面任务的掌握。以下基本任务将在后续章节中展开讨论。

- 管理员
  - 安装 Hadoop 和管理软件包
  - 集群基本管理
  - 监控/管理 Hadoop 服务
  - 调整 Hadoop 服务（和已安装的工具软件包）
- 最终用户
  - 利用现有的 Hadoop 工具检查工作流和存储
  - 使用 MapReduce 工具
  - 创建 Hadoop 应用程序
  - 编写直接使用 YARN 工作的非 MapReduce 应用程序
  - 手工向/从 HDFS 导入/导出数据
  - 利用 Hadoop 工具自动将数据导入/导出 HDFS

原始的 MapReduce

Apache Hadoop V1 提供集群资源管理和 MapReduce 处理相结合的整体式 MapReduce 处理引擎。这种情况在 Hadoop V2 中改变了。MapReduce 处理从资源管理中分离出来，而不是作为一个单一的实体运作。但是保留了在 V2 中运行 V1 MapReduce 应用程序的能力。MapReduce 已经成为一个由 YARN 资源管理器管理的应用程序框架。

因为许多应用程序和工具都使用 MapReduce 引擎，所以理解此组件如何同时融入 Hadoop V1 和 Hadoop V2 是重要的。关于 MapReduce 处理，将在第 5 章中详细介绍。

Apache Hadoop 的设计原则

Apache Hadoop V1 被设计为通过连接许多商品电脑来并行协同工作，以有效地处理大量的信息。有些重要原则影响了这种设计，并延续到 Hadoop V2 中。

首先，正如前面提到的，Hadoop 的核心之一是移动计算比移动数据更廉价的想法。因此，基本的原则是把数据保持在磁盘中而不是将数据块移动到服务器上，这提供了更快的性能。Hadoop MapReduce 范式能够以可扩展和透明的方式做到这一点。通过把相同的任务应用到多个磁盘，以确保每个磁盘都持有整体数据的不同部分或切片，可以解决单个磁盘驱动器的瓶颈。

Hadoop 被设计为使用大量商品服务器同时计算和储存。随着机器数量的增加，一些事情就有可能失败。（从统计学上说，失败是几乎一定会发生的。）Hadoop V1 MapReduce 被设计为容忍硬件故障，以便任务可以继续执行。与此方式类似，V2 YARN 资源管理器提供动态运行时管理能力，因此新的应用程序可以选择内置某个级别的容错能力。

MapReduce 范式不依赖于它的执行方式。那就是说，它既可以在一个处理器和硬盘上按顺序执行，也可以使用很多处理器和硬盘并行执行。从用户的角度看，问题的语义不存在差异，因为 MapReduce 的执行细节是对用户隐藏的。因此，建立在 MapReduce 之上的所有工具都是可扩展的。

因为 Hadoop 用来处理大型数据集，所以 HDFS 文件访问被优化为顺序访问（流）而不是随机访问。此外，Hadoop 使用一种采取一次写多次读模型的简单文件系统的一致性方法。最后，作为数据湖概念的一部分，所有的原始数据都应保持不变，并且不应由 MapReduce 过程更改。

Apache Hadoop MapReduce 示例

MapReduce 是一个两步骤的过程，包括映射（map）步骤和后续的缩减（reduce）步骤。一个示例将有助于解释 Hadoop 如何执行这项任务。

执行 Hadoop MapReduce 查询的第一步是将数据放在 HDFS 分布式的文件系统中。请注意，对于 MapReduce，HDFS 并不是必需的，但因为它的设计原理，它可能是最好的选择。

如图 1.2 所示，当数据被复制到 HDFS 中时，它被自动切片，并放在不同的节点（或服务器）上。每个切片都是整个数据集的不同部分。这一过程对用户是透明的，并且当用户查看在 HDFS 中的文件，它"看起来"就像原始文件一样（即，如果有人 ls 某个文件，它会被列为一个文件时，而不是多个切片）。

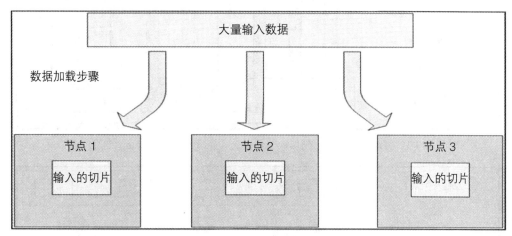

图 1.2　把数据加载到 HDFS（摘录自雅虎 Hadoop 文档）

当文件被加载到 HDFS 后，MapReduce 引擎可以使用它们。考虑下面的简化的示例。如果我们要把文本文件《战争与和平》加载到 HDFS 中，它将被透明地切成薄片，并且从内容的角度来看，它保持不变。

映射步骤是把用户查询"映射"到所有节点的过程。也就是说，查询被独立应用于所有切片。实际上，映射是被应用于数据的逻辑拆分的。这样，被数据切片物理拆分的单词（或记录，或一些其他分区）就会被放在一起。例如，查询"库图佐夫的名字在《战争与和平》中被提到了多少次"可能被应用于每个文本切片或拆分。这一过程如图 1.3 所示。在这种情况下，映射函数取得输入列表（数据切片或拆分），并生成输出列表——库图佐夫在文本切片中的出现次数的计数。输出列表是一列数字。

一旦完成映射，映射过程的输出列表就变成缩减过程的输入列表。例如，单独的合计，或来自每个输入列表（映射步骤的输出列表）的库图佐夫的计数就被合并，从而形成一个单独的数字。如图 1.4 所示，在这一步产生缩减的数据。与映射函数一样，缩减可以采取多种形式，在一般情况下，它收集并"缩减"来自映射步骤的信息。在此示例中，缩减是一个汇总。

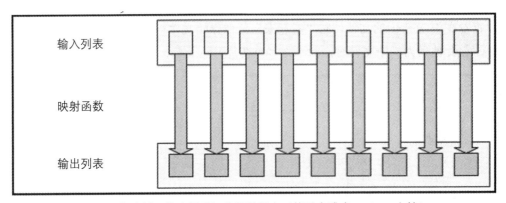

图 1.3　将映射函数应用到切片的数据上（摘录自雅虎 Hadoop 文档）

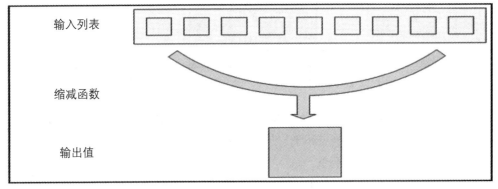

图 1.4　把映射步骤的结果缩减为单个输出值（摘录自雅虎 Hadoop 文档）

MapReduce 是一个简单的两步骤算法，它为用户提供了对映射和缩减步骤完全的控制权。对 MapReduce 过程的几个基本方面总结如下。

1．文件被加载到 HDFS（执行一次）

示例：加载《战争与和平》的文本文件。

2．用户查询被"映射"到所有切片

示例：在此切片中提到多少次库图佐夫的名字？

3．结果被"缩减"为一个答案

示例：收集并汇总来自每个映射步骤的库图佐夫个数。答案是一个单独的数字。

MapReduce 的优势

MapReduce 过程可以被当作**函数式方法**（functional approach），因为原始输入的数据不会更改。MapReduce 过程中的步骤仅创建新的数据。像原始的输入数据一样，这中间的数据也不会被 MapReduce 过程更改。

如前文所讲，实际的处理基于从映射程序到缩减程序的单个单向通信路径（你不能退回去更改数据！）。

因为对于 MapReduce 的所有过程，这都是相同的，所以它可以变成对最终用户透明。用户不需要把通信或数据移动作为 MapReduce 过程的一部分进行指定。这种设计提供了以下功能：

- 高可扩展。当输入数据的大小增长时，有更多的节点可以应用于此问题（可伸缩性经常是线性的）。
- 易管理的工作流。因为所有的作业都使用相同的基本过程，所以工作流和加载也可以以透明的方式来处理。用户并不需要把集群资源作为 MapReduce 过程的一部分进行管理。
- 容错。输入是不可变的，因为输入并没有改变，所以任何结果都可以重新计算。失败的进程可以在其他节点上重新启动。单个失败不会导致整个 MapReduce 作业停止。多个失败也经常是可以容忍的——取决于它们所在的位置。一般情况下，硬件故障可能减慢 MapReduce 过程，但不会完全停止。

MapReduce 对于解决很多问题都是一种强大的范式。它通常被称为数据并行问题或单指令/多数据（SIMD）范式。

Apache Hadoop V1 MapReduce 操作

Hadoop V2 正在发生翻天覆地的变化，当稍后对新 YARN 层进行讨论时，了解 V1 如何运作会有所帮助。一般情况下，前面给出的 MapReduce 过程为系统进程提供了一种基本的程序员的视角。若要了解如何在集群上执行 MapReduce，请研究图 1.5 所示的典型作业流程。

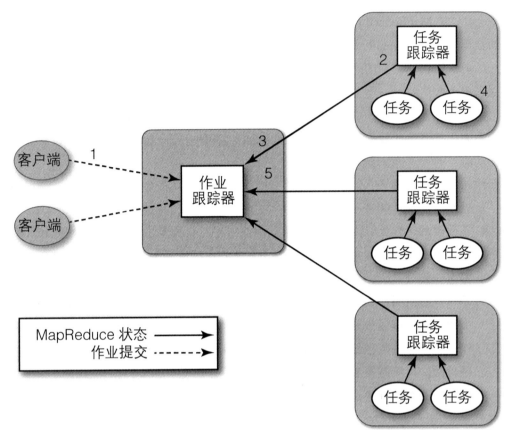

图 1.5　在集群中使用整体作业跟踪器和多个任务跟踪器的 Hadoop V1 工作流（摘录自 *Apache Hadoop ™ YARN*，Arun C.Murthy et al.，版权所有© 2014 年，36 页。转载和以电子方式转载得到 Pearson Education, Inc., New York, NY 授权。）

　　Hadoop V1 集群的主控制过程是作业跟踪器。此进程通常运行在其自己的服务器（或集群节点）上，但它也可以与其他 Hadoop 服务在同一台硬件上运行。单个作业跟踪器负责调度、启动和跟踪集群上的所有 MapReduce 作业。任务跟踪器节点是集群上完成实际工作的地方。每个任务跟踪从作业跟踪器接收工作并管理本地集群节点上的子任务。子作业的工作包括映射任务，然后作为前面所述的 MapReduce 过程的一部分缩减此任务。注意，现代的多核服务器可以轻松地运行多个子作业——所有子作业都在本地任务跟踪器的控制下。

　　请记住，许多（如果不是全部）任务跟踪器节点往往也是 HDFS 节点。因此，每个集群节点都同时提供计算和存储服务。尽管它们不必是相同的。然而，Hadoop MapReduce

的目的是尽可能地利用数据的局部性。

一个典型的作业流程处理如下。

1．客户向整体作业跟踪器提交 MapReduce 作业。

2．作业跟踪器为用户的作业分配并调度集群资源。资源可以包含数据局部性，这样子作业就被放在用户数据所在位置（在 HDFS 中）的节点上。

3．作业跟踪器与集群节点的任务跟踪器合作，收集状态数据并跟踪进度。如果一个节点（或多个节点）停机，作业跟踪器可以重新调度作业。

4．作业跟踪器只支持 MapReduce 作业。

5．这项作业完成后，作业跟踪器释放资源并使它们可供其他工作使用。

虽然 Hadoop V1 提供了优秀的可扩展 MapReduce 平台，但是在用例和作业大小两方面的增长使得原设计出现了一定的局限性。主要问题如下：

- 扩展性
  - 最大的集群大小是大约 4000 节点。
  - 最大并行任务数是大约 40,000 个过程。
  - 作业跟踪程序中的粗粒度同步限制了可扩展性。
- 可用性
  - 一个作业跟踪器失败会清除所有排队和运行的作业。
- 资源利用率
  - 固定或静态分配映射和缩减过程的资源往往导致资源利用率低。
- 对替代编程范式和服务的支持
  - 使用 MapReduce 的迭代应用程序实现运行速度慢十倍。
  - 需要非 MapReduce 应用程序。

使用 Hadoop V2 超越 MapReduce

在雅虎，更坚固的 Hadoop 平台工作始于 2005 年。Arun C.Murthy 创立了一个新的项目作为解决前面提到的问题的一种方式。解决方法就是拆分工作跟踪器的职责。

- 将调度和资源管理与集群运行的实际工作分离。此组件叫作 YARN（另一种资源协调器），是一种纯的调度程序。
- MapReduce 是一个基于 YARN 的为集群服务的单独应用程序。这部分叫作 MRv2

或 MapReduce 应用程序框架。
- 可能最重要的是，YARN 提供了通用的接口，所以任何应用程序都可以利用 Hadoop 基础设施。这些新的应用程序被称为**应用程序框架**（application frameworks），它们可以包括用任何一种编程语言编写的几乎任何类型的应用程序。

Hadoop V2 YARN 操作设计

与 Hadoop V1 操作不同，Hadoop V2 与 YARN 使用单独的资源管理器来调度和管理集群上的所有作业。工作节点由与资源管理器合作的节点管理器进程管理。作业资源在容器中被均分。容器通常是由一个处理核心和一定量内存定义的计算资源。资源管理器和节点管理器不具有实际作业的相关信息。它们管理在集群上运行的容器并且任务中立（task neutral）。每个应用程序都必须启动一个应用程序主控程序来管理这项作业的实际任务。应用程序主控程序运行在由资源管理器调度并由节点管理器管理的容器中。

若要运行实际的应用程序，应用程序主控程序容器必须从资源管理器请求其他容器。这些容器是集群中完成实际工作的地方。资源管理器/应用程序主控程序的关系具有动态的性质，因为可以在运行时请求和释放容器。当然，资源管理器是对容器的请求的最终仲裁者，并且在超载的集群上，它可能无法满足所有的容器请求。如图 1.6 所示，典型的 Hadoop V2 MapReduce 工作流程如下。

1. 客户把作业提交到资源管理器。
2. 资源管理器选择一个节点，并指示节点管理器启动应用程序主控程序（App Mstr）。
3. 应用程序主控程序（运行在容器中）向资源管理器请求其他容器（资源）。
4. 在适当的节点上，被分配的容器由节点管理器启动并管理。
5. 一旦应用程序主控程序与容器连接并运行，资源管理器和节点管理器就脱离该作业。
6. 所有作业进度（例如，MapReduce 进度）都被汇报给程序主控程序。
7. 在容器中运行的一项任务完成时，节点管理器使容器对资源管理器可用。

将用户作业与调度器分离使得 Hadoop V2 能够运行更多的作业，每个作业都由其自己的应用程序主控程序管理，并仍然保持与 Hadoop V1 MapReduce 应用程序的向后兼容。净收益在 5 个主要方面取得进展。

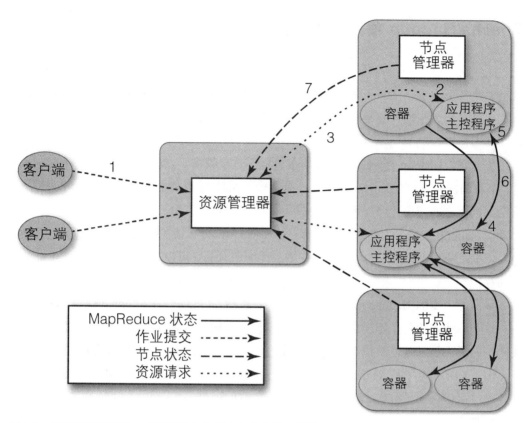

图 1.6 使用资源管理器，应用程序主控程序和节点管理器的 Hadoop V2 MapReduce 工作流（摘录自 *Apache Hadoop™ YARN*，Arun C.Murthy et al，版权所有 © 2014 年，39 页。转载和以电子方式转载得到 Pearson Education, Inc., New York, NY 授权）。

1. 更好的扩展性。单独的调度程序允许运行更多的节点和作业。

2. 新的编程模型和服务。因为调度程序是任务中性的，所以任何类型的编程模型都可以在集群上运行并有权访问数据湖。这些模型包括图形处理（Apache Giraph）、内存中模型（Apache Spark），甚至还包括消息传递接口（MPI）等应用。

3. 改进集群利用率。动态容器分配使得诸如 MapReduce 的应用程序能够调整映射程序和缩减程序的数量并且不依赖于 Hadoop V1 的固定分配策略。

4. 应用程序的灵活性。新应用程序和更新后的应用程序可以在正在运行生产作业的同一集群中改进和测试。

5. 超越 Java。从调度程序删除应用程序任务使得应用程序能够使用任何编程语言编写/创建并在 Hadoop V2 集群上运行。

Apache Hadoop 项目生态系统

Hadoop 新用户面临的最大挑战之一就是有过多的项目和子项目都适合活在 Hadoop 这把"伞"下。事实上,正如最后两节所表明的,Hadoop 不再只有提供 MapReduce 引擎这一技之长。相反,它是一个生态系统或平台,需要在数据湖里游泳的应用程序都可以在其上构建。

乍一看,Hadoop 子项目和组件的数量似乎过于繁多。(特别是因为,像 Hadoop 一样,名称与应用程序的作用实际上并没有多大关系!)好消息是你不会在同一时间使用它们全部,而你的应用程序将可能只会使用各种工具和项目的一个子集。

像 Hadoop 一样,大多数子项目都是 ASF 的一部分(请参阅侧栏"Apache 软件基金会"),并且是开放源代码的。但也有许多封闭源码项目,可以与使用 Apache 许可证的项目共存。

目前,主要的 Hadoop 版本/服务的提供者包括 Cloudera、Hortonworks、MapR 和其他。这些商业机构每个都提供各种支持和包装的选项。Hortonworks 是 Apache Hadoop 代码库的最大贡献者,维护一个完全开放的软件栈并承诺遵守 ASF 2.0 许可证。

图 1.7 所示为许多 Apache 项目与核心 Hadoop 组件之间的关系。图中主要的 Apache 应用程序可以做如下分类。但是,这绝不是完整的列表。

- 核心组件
  - **HDFS** 是 Hadoop 分布式文件系统,用于将数据存储在 Hadoop 集群。HDFS 是冗余和高度可靠的分布式的文件系统。
  - **YARN** 是另一种资源管理器,它为集群提供所有的调度和资源管理。
  - **MapReduce** 是为集群提供 MapReduce 功能的 YARN 应用程序框架。它与 Hadoop V1 MapReduce 兼容并作为许多更高级的 Hadoop 工具的基础。
- Hadoop 数据库
  - **Apache HCatalog** 是使用 Hadoop 创建的数据的表和存储管理服务。抽象为表让用户不需要知道数据的存储位置。
  - **Apache HBase** 是 Hadoop 数据库,是分布式和可扩展的列式数据库,类似于谷歌 Big Table。HBase 提供集群中数据的随机、实时访问。HBase 被设计为容纳几十亿行和数百万列的非常大的表。

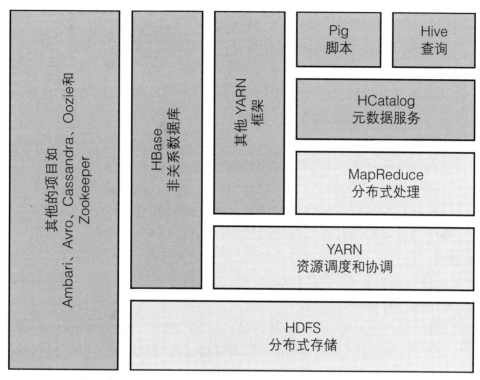

图 1.7 Hadoop V2 生态系统示例（摘录自 *Apache Hadoop™ YARN*，Arun C.Murthy，et al.，版权所有 © 2014 年，34 页。转载和以电子方式转载得到 Pearson Education, Inc., New York, NY 授权）。

- MapReduce 查询工具
  - **Apache Pig** 是一种高级语言，使程序员能够使用简单的脚本语言编写复杂的 MapReduce 转换。Pig Latin（实际语言）在数据集上定义一组转换，包括聚合、连接和排序。它通常用于提取、转换和加载（ETL）数据管道，快速研究原始数据和迭代数据处理。这种语言提高了对 MapReduce 作业进行 Java 编程的编程效率。
  - **Apache Hive** 是一种建立在 Hadoop 之上的数据仓库基础设施，使用称为 HiveQL 的类似于 SQL 的语言提供大数据集的数据汇总、即时查询和分析。Hive 透明地把在 HBase 中执行的查询转化为 MapReduce 作业。Hive 被认为是使用 Hadoop 的海量数据的交互式 SQL 查询事实上的标准。
- Data 导入导出
  - **Apache Sqoop** 是设计为高效地在 HDFS 和关系数据库之间传输大量数据的工

具。一旦数据被放在 HDFS 中，Hadoop 应用程序就可以使用它。
- **Apache Flume** 是高效地收集、聚合和移动大量的动态串行数据（例如，日志数据）的分布式、可靠的服务。
- **Apache Avro** 是使得数据能在任何语言编写的程序之间交换的序列化格式。它通常用于连接 Flume 数据流。

- 工作流自动化
  - **Apache Oozie** 是一个管理多级 Hadoop 作业的工作流/协调系统。它使工作流决策基于作业的依赖关系。对于设计工作执行图形，Oozie 是最好的工具。
  - **Apache Falcon** 使得插入、管道和复制操作的数据移动和处理自动化。当数据更改或变得可用时，Falcon 可以触发作业启动。

- 管理
  - **Apache Ambari** 是一个基于 Web 的 Apache Hadoop 集群资源调配、管理和监控工具。

- YARN 应用程序框架
  - 应用程序框架是专门为 YARN 环境编写的应用程序。核心 MapReduce 框架就是一个示例。其他项目包括诸如 Apache Giraph（图形处理）、Apache Spark（内存中处理）、Apache Storm（流处理）和其他应用程序。关于 YARN 应用程序框架的更详细讨论，请参阅第 8 章。

- 其他
  - **Apache ZooKeeper** 是应用程序用于维护配置、健康程度和节点之间的其他状态元素的集中式服务。它维护了在大型集群环境中需要的一些常见对象，包括配置信息、分层命名空间，等等。应用程序可以使用这些服务来协调在 Hadoop 集群中的分布式处理。ZooKeeper 还提供应用程序的可靠性。如果某个应用程序主控程序出故障了，ZooKeeper 就会产生新的应用程序主控程序来恢复此任务。
  - **Apache Mahout** 是一个可扩展的机器学习库，它实现了许多不同的机器学习的方法。

总结和补充资料

Apache Hadoop 项目业已从一个强大的 MapReduce 引擎发展为在 YARN 资源管理器

下运行的一个全功能大数据平台。与数据仓库方法不同，Hadoop 赞成数据以原始形式存储的数据湖概念。任何提取、转换和加载步骤都推迟到应用程序运行时。

Hadoop V1 分布式 MapReduce 引擎帮助发起了许多新的大数据应用程序，但当并行作业变得越来越多，应用程序的空间越来越广泛时，它遇到了限制。Hadoop V2 通过把 MapReduce 作业引擎与资源管理器分离解决了很多这些问题。Hadoop YARN 平台为所有类型的应用程序提供可伸缩的集群资源管理，包括完整的 Hadoop V1 MapReduce 兼容性。Hadoop 生态系统包括许多开放源码项目，提供数据导入和导出、工作流自动化、类似于 SQL 的访问、管理，以及许多新的非 MapReduce 应用程序的功能。

关于基本的 Hadoop 历史、设计和使用的其他背景知识可以从以下资源获得。

- Apache Hadoop 主网站：http://hadoop.apache.org。
- Apache Hadoop 文档网站：http://hadoop.apache.org/docs/ current/index.html。
- Wikipedia：http://en.wikipedia.org/wiki/Apache_Hadoop。
- 书籍：Murthy, Arun C., et al. 2014. *Apache Hadoop YARN: Moving beyond MapReduce and Batch Processing with Apache Hadoop 2*, Boston, MA: Addison-Wesley, http://www.informit.com/store/apache-hadoop-yarn-moving-beyond-mapreduce-and- batch-9780321934505。
- 培训视频：*Hadoop Fundamentals Live Lessons*, second edition, http://www.informit.com/store/ hadoop-fundamentals-livelessons-video-training-9780134052403。

2

安装攻略

本章内容：
- 介绍了核心 Apache Hadoop 服务和配置文件。
- 提供了基本 Apache Hadoop Resource 规划的背景知识。
- 提供了一个虚拟的 Apache Hadoop 沙箱和伪分布的模式的逐步单机安装过程。
- 使用 Apache Ambari 安装和建模工具执行一个完整的集群图形安装。
- 使用 Apache Whirr 工具包创建和配置一个基于云的 Apache Hadoop 集群。

安装 Hadoop 是一个无确定目标（open-ended）的课题。正如第 1 章所述，Hadoop 是正在发展壮大的——用于处理各种类型和规模的数据的——工具的生态系统。任何 Hadoop 安装最终都取决于你的目标和项目计划。本章，我们从在单个系统上安装开始，然后转到完整本地集群安装，并以在云中安装 Hadoop 的攻略结束。每种安装方案都有不同的目标——在较小的规模上学习或实现一个完整的生产集群。

核心 Hadoop 服务

无论安装采取的范围和方向如何，都需要运行几个共同的核心服务。这些服务是提供基本的 Hadoop 功能的 Java 应用程序。第一个服务是 HDFS，第二个是负责跨集群管理作业的资源管理器（YARN）。

HDFS 包括两个主要组件。第一个是管理整个文件系统，称为 NameNode（名字节点）的进程。第二个组件包括管理实际的数据，被称为 DataNode（数据节点）的进程。要使 HDFS 正常工作，至少需要一个数据节点。在一个典型的 Hadoop 集群中，集群中所有的工作机器（通常称作节点）都在运行报告给中央 NameNode 的 DataNode 服务。NameNode 经常运行在一台不同于其他 Hadoop 进程的单独的机器上。它也可以运行在联邦和（或）故障转移模式下。

还有一个称为 SecondaryNameNode 的进程。这一进程并不是备份的 NameNode，它最好被描述为 CheckPointNode（NameNode 故障转移在第 3 章中讨论）。Secondary NameNode 定期从 NameNode 回迁内存中的 HDFS 编辑信息，然后将它们合并并返回给 NameNode。这种把信息保存在内存中的设计允许 NameNode 快速工作，而不必把对文件系统的更改直接提交到磁盘。

第二个核心服务是 YARN 工作流调度程序。在 Hadoop 集群上运行的程序需要两个主要的 YARN 服务。第一个是 ResourceManager（资源管理器），它是集群的所有作业的单独主调度程序。资源管理器通过与工作节点上运行的 NodeManager（节点管理器）服务通信而发挥作用。节点管理器管理所有集群节点上完成的实际工作。运行 Hadoop 作业至少需要一个节点管理器在运行。资源管理器和节点管理器对作业是中性的——即它们不了解实际用户作业在做什么，对此也不感兴趣。此外，一些历史服务器可以作为 YARN 的一部分运行。这些服务不是作业运行所必需的，但它们可使作业跟踪变得更容易。JobHistoryServer 用于收集 MapReduce 作业历史记录。ApplicationHistoryServer 是一个更通用的历史服务器，它可以由非 MapReduce 作业使用。

根据安装方案的不同，这些服务可以用不同的方式运行。例如，在单机安装中，所有服务都在具有单个 DataNode 和单个 NodeManager 进程的单机上运行。在一个完整的集群安装中，NameNode、SecondaryNameNode、资源管理器和历史服务器可能都运行在单独的机器上。在其他设计中，有些服务可能重叠，并在同一台机器上运行。每台工作机器通常同时在运行 DataNode 和 NodeManager 服务。如将在下面的安装方案中显示的那样，核心 Hadoop 服务可以按照你的需求用灵活的方式部署和调整。

Hadoop 配置文件

所有核心 Hadoop 服务都使用 XML 文件存储参数。这些文件通常位于 `/etc/hadoop` 下。例如，HDFS 及 YARN 有它们自己的 XML 文件（即 `hdfs-site.xml` 和 `yarn-site.xml`）。选项的个数太多而无法在这里罗列。Hadoop 文档页〔https://hadoop.apache.org/docs/stable/，向下滚动到左下角 Configuration（配置）下〕有包含每个文件的选项名称、值和描述的完整列表。

如果你在使用 Apache 源代码安装，你将需要手动编辑这些文件（请参阅"从 Apache 源代码安装 Hadoop"一节中的单节点 Apache 源代码安装过程）。XML 文件具有以下内部格式。

所有配置属性都放置在<configuration>和</configuration>标记之间。每个属性都采用以下形式：

```
<property>
  <name>dfs.replication</name>
  <value>1</value>
</property>
```

在这个示例中，属性名称是 dfs.replication，值为 1。如果更改 XML 配置文件时该服务正在运行，则必须重新启动服务，新配置才会生效。大多数 Hadoop 工具和应用程序都使用类似的方法分配属性。如果你正在使用自动化的工具，如 Apache Ambari（见"使用 Ambari 安装 Hadoop"一节），XML 文件是预配置的，并可以从 Ambari Web 界面修改。

/etc/hadoop 配置目录中也包含了环境文件（*.sh），它们是用来设置特定服务的适当环境和 Java 选项的。

类似于 XML 文件，只有在重新启动服务后，更改才会生效。

规划你的资源

正如将在本章所述的，Hadoop 安装选项范围包括从具有核心服务的单个系统到包含全套 Hadoop 服务和应用程序的大型集群。对这些不断变化的选项的完整介绍超出了本章的范围。下面的讨论提供了 Hadoop 资源规划的一些基本准则。

硬件的选择

硬件的第一种选择经常是究竟要使用本地计算机还是云服务。这两个选项都取决于你的需求和预算。一般情况下，本地机器需要较长时间采购和准备，需要管理和电力的费用，但能提供快速的内部数据传输和楼宇的安全。与此相反，基于云计算的集群可以迅速采购和调配，不需要现场电力和管理，但仍需要 Hadoop 管理和异地数据传输及存储。每个选项都有其优点和缺点。对于许多在云中开始试验，而最终在内部集群上投入生产的 Hadoop 项目，经常有一个基于云的可行性研究阶段。此外，因为 Hadoop 使用通用的硬件，所以可以拼凑几台较旧的服务器、轻松地搭建一个内部测试系统。

Hadoop 组件设计为在商业服务器上工作。这些系统通常是多核的基于 x86 的服务器，并带有用来存储 HDFS 数据的硬盘。较新的系统采用 10 千兆位以太网（GbE）作为通信网络。Hadoop 设计提供了多层次的故障转移，可容忍一台服务器甚至整个机架的服务器发生故障。然而建设大型集群不是简单的过程，它要求能提供足够的网络性能的设计，支持故障转移策略、服务器存储容量、处理器个数（核数）、工作流策略和更多的事项。

各种 Hadoop 经销商都提供免费的指南，可以帮助选择合适的硬件。许多硬件供应商也有 *Hadoop* 攻略（Hadoop recipe）。然而，对于大型项目，建议聘用合格的顾问或 Hadoop 供应商。

软件的选择

在某种程度上，Hadoop 安装对系统软件的要求是非常基本的。安装 Apache Hadoop 软件官方版本仍然依赖 Linux 主机和诸如 ext3、ext4、XFS、btrfs 等文件系统。Java 开发工具包必需使用最新的 1.6 或 1.7 版本。可以在 http://wiki.apache.org/hadoop/HadoopJavaVersions 找到官方支持的版本。各类供应商都同时测试了 Oracle JDK 和 OpenJDK。很多流行的 Linux 发行版带有的 OpenJDK 应该支持大多数安装（确认版本号是 1.7 或更高）。所有主要的 Linux 发行版都应该能充当基本的操作系统，这些发行版本包括红帽企业 Linux（或重建版本，如 CentOS）、Fedora、SLES、Ubuntu 和 Debian。

Hadoop 版本 2.2 及更高版本包括对 Windows 的原生支持。官方的 Apache Hadoop 版本不包括 Windows 二进制文件（到 2015 年 7 月）。然而，用源代码生成 Windows 包是相当简单的。

对于小的可行性研究项目，很多在生产 Hadoop 集群中包含的决定都可以忽略（虽然可行性项目肯定是将它们投入生产之前测试各种选项的好地方）。这些决定包括与安全模式 Hadoop 操作、HDFS 联邦和高可用性，以及检查点相关的选项。

默认情况下，Hadoop 运行在非安全模式下，其中在整个集群里除了基本 POSIX 级别的安全性以外，没有实际的身份验证要求。当 Hadoop 配置为运行在安全模式下时，每个用户和服务都需要通过 Kerberos 的身份验证才能使用 Hadoop 服务。可在 http://hadoop.apache.org/docs/current/hadoop-project-dist/hadoop-common/SecureMode.html 中找到有关安全模式 Hadoop 的详细信息。Hadoop 的安全功能包括身份验证、服务级别授权、Web 控制台的身份验证，以及数据的保密性。

HDFS NameNode 联邦和 NameNode HA（高可用性）对大多数机构都是两个重要的决定。NameNode 联邦通过引入为单个集群部署多个 NameNode 的能力显著提高了 HDFS 的可扩展性和性能。除了联邦，HDFSNameNode 还通过一项称为仲裁日志管理器（Quorum Journal Manager，QJM）的新功能引入了内置的高可用性。基于 QJM 的 HA 包括活动的 NameNode 和备用的 NameNode。备用 NameNode 可以通过一个手动过程或自动过程变得活动。第 3 章中，介绍了这些 HDFS 功能的背景知识。

在台式机或笔记本电脑上安装

用于生产的 Hadoop 安装，通常至少需要在数据中心中运行的几台服务器。如果用户想研究 Hadoop 生态系统，即使获取小型集群也可能会遇到相当大的障碍。为了绕过这个问题，就有在台式机或笔记本电脑上安装供个人使用的 Hadoop 的方法。虽然这种方法不能用于较大的作业和更大量的数据，但可以研究和检查实际的 Hadoop 软件，无须大型系统的启动开销。

在接下来的两节中，我们将介绍如何安装两个免费的单机 Hadoop 版本。第一个是 Hortonworks HDP（Hortonworks 数据平台）沙箱，它提供了一个完整运行的 Hadoop 环境，并提供全套的工具和实用程序。这种环境以虚拟机形式发布，它可以很容易地安装在现代苹果或微软操作系统上。

更详细一点的第二种方法，是使用伪分布式模式（pseudo-distributed mode）安装官方的 Apache Hadoop 软件。一旦安装，此版本能更逼真地模拟如何在真正的集群上安装和使用 Hadoop。

两种环境都将使读者能够运行和修改本书中介绍的绝大多数示例。当然，在需要真正的并行操作时，必须使用完整的 Hadoop 安装。

安装 Hortonworks HDP 2.2 沙箱

Hortonworks Hadoop 沙箱是免费提供的可在 VirtualBox、VMware 或 Hyper-V 环境中运行的虚拟机。虚拟机与专业的（也是免费提供的）Hortonworks 数据平台使用相同的软件。如果选择使用虚拟机的 Web 接口，Hortonworks 会有一个非义务性的注册要求。通过命令行进行连接的用户不需要注册。

在此示例中，将使用 VirtualBox 在 MacBook Pro 上运行 Hadoop 沙箱。也有适用于

Linux 和 Windows 机器的版本。

VirtualBox 可以从 https://www.virtualbox.org 下载。VirtualBox 的基础软件包（但不包括扩展包）按照 GNU 通用公共许可证 V2 发布。

一旦在你的系统上安装了 VirtualBox，就可以从 http://hortonworks.com/hdp/downloads 下载虚拟机。按 Hortonworks Web 页的说明，最低配置要求如下：

- 32 位和 64 位操作系统（Windows XP、Windows 7、Windows 8 和 Mac OSX）
- 最低 4GB RAM（运行 Ambari 和 HBase 则需要 8GB）
- 在 BIOS 中启用虚拟化
- 浏览器：建议 Chrome 25 及更高版本、Internet Explorer 9 及更高版本或 Safari 6 及更高版本。（注意此沙箱不能在 Internet Explorer 10 上运行。）

在此示例中，我们使用 2.2 版的 Hortonworks 沙箱。虚拟机文件称为 Sandbox_HDP_2.2_Virtual Box.ova，大小为 4.9 GB。Hortonworks 上也提供了安装指南。

什么是虚拟机？

虚拟机是运行在一台物理计算机内部的计算机运行映像。

这种安排允许虚拟机中运行与宿主计算机不同的操作系统（并在某些情况下，允许运行不同的硬件）。Hortonworks 沙箱作为一个虚拟机交付，其中包括 Linux 操作系统、配置设置、Hadoop 软件和协同工作的应用程序，就像它们在真机上操作一样。

不运行时，虚拟机作为一个文件（磁盘映像）存在。在宿主机上运行虚拟机需要一个模拟正在运行的计算机的虚拟化环境。

这些环境由诸如 VirtualBox、VMWare 和 Hyper-V 的包创建。当封装为一个虚拟机时，可以在分发给用户之前，对整个 Hadoop 安装进行预配置和测试。因此，一个单机的现成 Hadoop 沙箱可以被预配置，无须为每个操作系统进行自定义。

步骤 1：启动 VirtualBox

安装之后，在应用程序窗口单击 VirtualBox，将会打开图 2.1 所示的 VirtualBox 管理器窗口。

在加载和启动沙箱之前,我们需要做一些修改。从 VirtualBox 的主菜单中,选择文件/首选项。当图 2.2 所示的框出现时,选中底部的自动捕获键盘操作(Auto Capture Keyboard),并单击"确定(OK)"按钮。

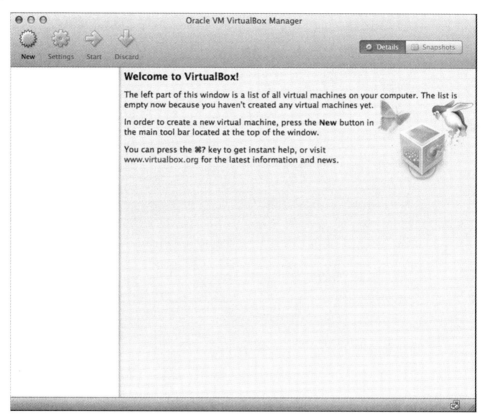

图 2.1 VirtualBox 管理器窗口

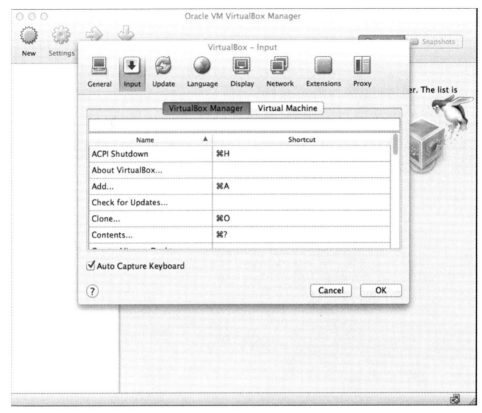

图 2.2　VirtualBox 首选项——输入选项

步骤 2：加载虚拟机

从 VirtualBox 的主窗口中，选择文件/导入装置。如图 2.3 所示的框将打开，允许你浏览.ova 文件（在此示例中，文件的名称是 Sandbox_HDP_2.2_VirtualBox.ova）。

一旦你选择了此文件，单击"继续（Continue）"按钮，图 2.4 所示的窗口将会出现。此时，可以修改多个装置设置，如用于虚拟机的 CPU 数量或 RAM 大小。但是，最好不要降低默认值。

当设置被确认时，可以通过单击"导入（ImPort）"按钮，导入虚拟机。此时应该出现一个进度窗口，如图 2.5 所示。

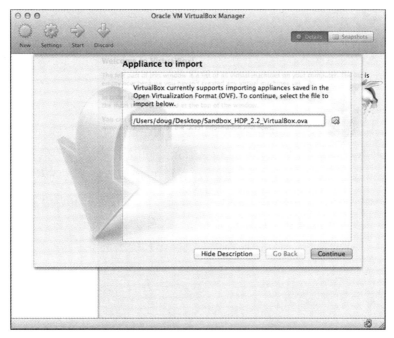

图 2.3　VirtualBox 装置导入框

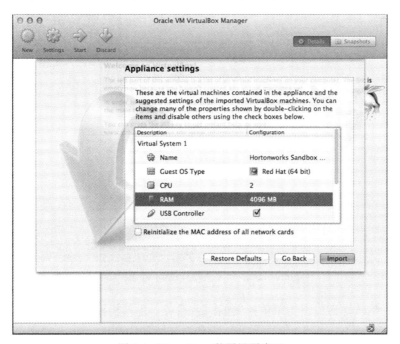

图 2.4　VirtualBox 装置设置窗口

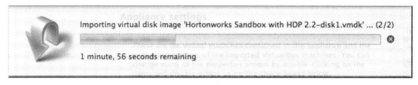

图 2.5　VirtualBox 导入进度窗口

一旦沙箱装置被导入，VirtualBox 管理器应把虚拟机显示为关机状态，如图 2.6 所示（见左边列）。此时，你可能希望为你的虚拟机调整基础内存。如果你的宿主系统具有 4GB 的内存，最好把基础内存设置为 2048MB（2GB），以便宿主操作系统不会耗尽内存。虚拟机可以在 2GB 内存中启动和运行，但某些应用程序（例如，Ambari 和 HBase）可能无法正常运行或可能运行得很慢。如果你有大于 8GB 的宿主内存，你可以把设置增加为 8192 MB（或更高）。然而，请确保你为宿主机操作系统保留了足够的余地。

图 2.6　Hortonworks 沙箱装置被加载到 VirtualBox 管理器中

要启动虚拟机，请单击主菜单栏上的绿色箭头。虚拟机控制台窗口将打开，虚拟机将开始启动。此窗口如图 2.7 所示，并产生装置的确切启动屏幕。（熟悉 Linux 引导过程的人会立即注意到这一点。）

当装置完成启动时,一个虚拟窗口应该看起来如图 2.8 所示。正常使用的 Hortonworks 沙箱不需要在图 2.7 所示的 Hortonworks 沙箱控制台窗口内使用键盘或鼠标。如果你不小心让控制台捕获了鼠标或键盘操作,可以通过按住 Ctrl 键,然后单击"确定"按钮把它们释放回宿主机。

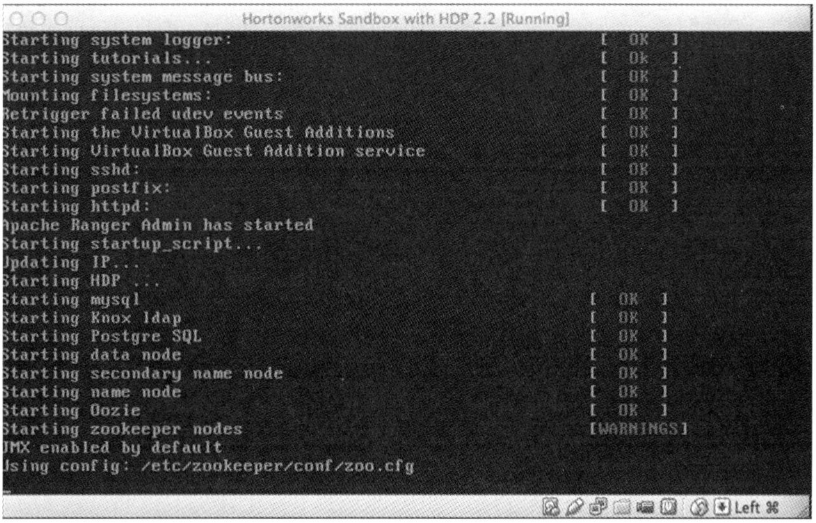

图 2.7　在控制台窗口中启动 Hortonworks 沙箱装置

步骤 3:连接到 Hadoop 装置

可以用两种方法连接 Hadoop 装置。第一种是简单地使用 ssh 登录到这台新机器。(请记住虚拟装置是一台完整的机器的一个单独运行实例)。要登录,请在你的系统上打开一个终端窗口,并输入以下命令:

```
$ ssh root@127.0.0.1 -p2222
```

密码是 hadoop。一旦你登录成功,就可以使用所有安装在装置中的 Hadoop 功能。你还可以在宿主机浏览器中输入 http://127.0.0.1:8888,通过 Web 界面连接。在首次使用时,存在要求输入一些基本信息的 Hortonworks 注册屏幕。一旦你输入信息,就可以使用 Web 图形用户界面。

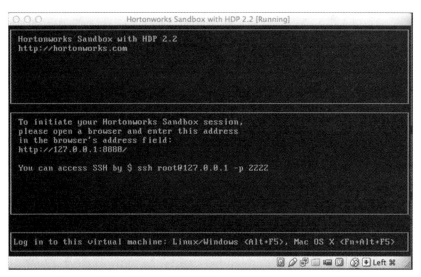

图 2.8　准备好供 Web 浏览器或 ssh 使用的 Hortonworks 沙箱

步骤 4：关闭或保存 Hadoop 沙箱

当你使用完 Hadoop 沙箱，可以关闭或保存虚拟机。如果你从 VirtualBox 菜单栏中选择"机器/关闭"，你将看到三个选项。如果你选择"关闭电源"（Power Off），机器会立即停止，此选项类似于拔掉计算机上的电源插头。在下次启动装置时，将重新启动原始映像（即，所有更改和文件都将消失）。第二个选项是 ACPI 关机。此选项用来优雅地关闭装置。如果它不工作，你可以用 root 登录到装置并输入 poweroff，该装置随后将关闭。与实际系统一样，所有更改都将保存，并在下次启动时可用。最后一个选项是保存状态。如果你使用保存状态，你可以快速地保存和还原机器状态（包括对系统所做的任何更改）。保存/恢复过程通常比启动/停止虚拟机更快。

用 Apache 源代码安装 Hadoop

虽然 Hadoop 沙箱提供了简便的方法来安装工作的单机 Hadoop 系统，但用源代码安装 Apache 也有一些好处。

手工安装提供了一些生产 Hadoop 系统如何操作和配置的知识。基本的 Apache Hadoop YARN 版本有两个核心组件：

- 用来存储数据的 Hadoop 分布式文件系统
- 用来运行和实现处理数据的应用程序的 Hadoop YARN

这两个组件和 MapReduce 框架都包含在从 https://hadoop.apache.org 获得的 Apache Hadoop 版本中。本节介绍的是安装 Hadoop 单机版的步骤。一个完整的集群安装将在本章的 Ambari 一节涉及。我们还将安装 Pig 和 Hive 软件包，以便读者可以在其他章节中运行这些应用程序。

配置单节点 YARN 服务器的步骤

下面类型的安装通常称为伪分布式，因为它模拟一些分布式的 Hadoop 集群的功能。当然，对任何生产使用而言，单机并不实用，而且它也不是并行的。然而，小规模的 Hadoop 安装可以提供一个学习 Hadoop 基础知识的简单方法。

安装推荐的硬件最低配置是一个双核处理器、2GB 的 RAM 和 2GB 的可用硬盘空间。系统将需要最新的配备 Java 安装的 Linux 版本（例如，红帽企业版 Linux 或重建版本、Fedora、Suse Linux 企业版、OpenSuse 和 Ubuntu）。此安装示例使用 CentOS 6.5 版。此外，假定 shell 环境是 bash。第一步是下载 Apache Hadoop。

请注意，下面的命令脚本和文件都可以从本书的存储库下载。相关详细信息，请参阅附录 A。

步骤 1：下载 Apache Hadoop

从 Hadoop 网站（https://hadoop.apache.org/）下载最新版本。例如，作为 root 给出下面的命令：

```
# cd /root
# wget http://mirrors.ibiblio.org/apache/hadoop/common/hadoop-2.6.0/hadoop-2.6.0.tar.gz
```

接下来，把此包提取到/opt：

```
# cd /opt
# tar xvzf /root/hadoop-2.6.0.tar.gz
```

步骤 2：设置 JAVA_HOME 和 HADOOP_HOME

Hadoop 2 推荐的 Java 版本可以在 http://wiki.apache.org/hadoop/HadoopJavaVersions 找到。一般来说，Java 开发工具包 1.6（或更高版本）应该可以工作。对于此安装，我们将使用 Open Java 1.7.0_51，它是 CentOS Linux 6.5 的一部分。请确保你安装了能工作的 Java JDK，在本例中，它是 java-1.7.0-openjdk RPM。要让所有 `bash` 的用户都包含

JAVA_HOME（其他 shell 必须用类似的方式设置），请在 /etc/profile.d 添加一个条目，所示如下：

```
# echo 'export JAVA_HOME=/usr/lib/jvm/java-1.7.0-openjdk-1.7.0.51.x86_64/' > /etc/profile.d/java.sh
```

此外，为了确保 HADOOP_HOME 在登录时被定义并被添加到你的 PATH 上，请执行以下命令：

```
# echo 'export HADOOP_HOME=/opt/hadoop-2.6.0;export PATH=$HADOOP_HOME/bin:$PATH' > /etc/profile.d/hadoop.sh
```

为了确保为此会话定义 JAVA_HOME、HADOOP_HOME 和更新的 PATH 变量，请对新脚本执行 Source 命令：

```
# source /etc/profile.d/java.sh
# source /etc/profile.d/hadoop.sh
```

步骤 3：创建用户和组

最好使用单独的账户运行各种守护程序。可以在 hadoop 组中创建三个账户（yarn、hdfs 和 mapred），所示如下：

```
# groupadd hadoop
# useradd -g hadoop yarn
# useradd -g hadoop hdfs
# useradd -g hadoop mapred
```

步骤 4：建立数据和日志目录

Hadoop 需要使用各种权限的各种数据和日志目录。输入下列命令行，创建这些目录：

```
# mkdir -p /var/data/hadoop/hdfs/nn
# mkdir -p /var/data/hadoop/hdfs/snn
# mkdir -p /var/data/hadoop/hdfs/dn
# chown -R hdfs:hadoop /var/data/hadoop/hdfs
# mkdir -p /var/log/hadoop/yarn
# chown -R yarn:hadoop /var/log/hadoop/yarn
```

接下来，移动到 YARN 安装的主目录，创建日志目录并设置所有者和组，所示如下：

```
# cd /opt/hadoop-2.6.0
# mkdir logs
# chmod g+w logs
# chown -R yarn:hadoop
```

步骤 5：配置核心 site.xml

从 Hadoop 安装路径的根目录（例如，/opt/hadoop-2.6.0），编辑 `etc/hadoop/core-site.xml` 文件。原始的安装文件 `<configuration></configuration>` 标签以外没有任何条目。需要设置两个属性：第一个是 `fs.default.name` 属性：它设置 NameNode（HDFS 的元数据服务器）的主机和请求端口名称；第二个是 `hadoop.http.staticuser.user` 属性，这将把默认用户名设置为 `hdfs`。

将以下行复制到 Hadoop 的 `etc/hadoop/core-site.xml` 文件中，并删除原始的空 `<configuration></configuration>` 标签。

```
<configuration>
 <property>
   <name>fs.default.name</name>
   <value>hdfs://localhost:9000</value>
 </property>  <property>
   <name>hadoop.http.staticuser.user</name>
   <value>hdfs</value>
 </property>
</configuration>
```

步骤 6：配置 hdfs-site.xml

在 Hadoop 安装路径的根目录，编辑 `etc/hadoop/hdfs-site.xml` 文件。在单节点的伪分布式模式中，我们不需要也不希望 HDFS 复制文件块。默认情况下，为了冗余，HDFS 在文件系统中保留每个文件的三个副本。在单机上没有必要复制，因此 `dfs.replication` 的值将被设置为 1。

在 `hdfs-site.xml` 中，我们指定在步骤 4 中创建 NameNode、SecondaryNameNode 和 DataNode 的数据目录。这些都是 HDFS 的各种组件用来存储数据的目录。将以下行复制到 Hadoop 的 `etc/hadoop/hdfs-site.xml` 文件中，并删除原始的空 `<configuration></configuration>` 标签。

```
<configuration>
 <property>
   <name>dfs.replication</name>
   <value>1</value>
 </property>
 <property>
   <name>dfs.namenode.name.dir</name>
   <value>file:/var/data/hadoop/hdfs/nn</value>
 </property>
```

```xml
<property>
  <name>fs.checkpoint.dir</name>
  <value>file:/var/data/hadoop/hdfs/snn</value>
</property>
<property>
  <name>fs.checkpoint.edits.dir</name>
  <value>file:/var/data/hadoop/hdfs/snn</value>
</property>
<property>
  <name>dfs.datanode.data.dir</name>
  <value>file:/var/data/hadoop/hdfs/dn</value>
</property>
</configuration>
```

步骤 7：配置 mapred-site.xml

在 Hadoop 安装路径的根目录，编辑 `etc/hadoop/mapred-site.xml` 文件。

Hadoop 2 的一个新的配置选项支持使用 `mapreduce.framework.name` 属性指定 MapReduce 框架名称。在此安装中，我们将使用值 yarn，告诉 MapReduce 它将作为 YARN 应用程序运行。然而，我们需要先将模板文件复制到 `mapred-site.xml`。

```
# cp mapred-site.xml.template mapred-site.xml
```

接下来，将以下行复制到 Hadoop 的 `etc/hadoop/mapred-site.xml` 文件中，并删除原始的空 `<configuration></configuration>` 标签。

```xml
<configuration>
 <property>
   <name>mapreduce.framework.name</name>
   <value>yarn</value>
 </property>
 <property>
   <name>mapreduce.jobhistory.intermediate-done-dir</name>
   <value>/mr-history/tmp </value>
 </property>
 <property>
   <name>mapreduce.jobhistory.done-dir</name>
   <value>/mr-history/done</value>
 </property>
</configuration>
```

步骤 8：配置 yarn-site.xml

在 Hadoop 安装路径的根目录，编辑 `etc/hadoop/yarn-site.xml` 文件。

`yarn.nodemanager.aux-services` 告诉 NodeManagers 会有一个它们需要实现

的名为 `mapreduce.shuffle` 的辅助服务。在告诉 NodeManagers 实现该服务后，我们给它一个类名作为实现此服务的手段。此特定配置告诉 MapReduce 如何执行它的随机化。因为默认情况下 NodeManagers 不会对非 MapReduce 作业的数据进行随机化，我们需要为 MapReduce 配置这样一个服务。将以下行复制到 Hadoop 的 `etc/hadoop/yarn-site.xml` 文件并删除原始的空`<configuration></configuration>`标签。

```
<configuration>
 <property>
  <name>yarn.nodemanager.aux-services</name>
  <value>mapreduce_shuffle</value>
 </property>
 <property>
  <name>yarn.nodemanager.aux-services.mapreduce.shuffle.class</name>
  <value>org.apache.hadoop.mapred.ShuffleHandler</value>
 </property>
</configuration>
```

步骤 9：修改 Java 堆大小

Hadoop 安装使用几个环境变量来确定 Hadoop 的每个进程的堆大小。这些环境变量都在 Hadoop 使用的 `etc/hadoop/*-env.sh` 文件中定义。大部分进程的默认设置都是堆大小为 1GB，然而，因为我们正在一台工作站上运行，它的资源与标准的服务器相比可能很有限，所以我们需要调整堆大小设置。下面的推荐值适用于小型工作站或服务器。

编辑 `etc/hadoop/hadoop-env.sh` 文件，以反映以下内容（别忘了要删除每行开头的 `#`）：

```
export HADOOP_HEAPSIZE="500"
export HADOOP_NAMENODE_INIT_HEAPSIZE="500"
```

接下来，编辑 `mapred-env.sh`，以反映以下内容：

```
export HADOOP_JOB_HISTORYSERVER_HEAPSIZE=250
```

你还需要编辑 `yarn-env.sh`，以反映以下内容：

```
JAVA_HEAP_MAX=-Xmx500m
```

在 `yarn-env.sh` 中添加以下行：

```
YARN_HEAPSIZE=500
```

最后，若要停止一些关于原生 Hadoop 库的警告，请编辑 `hadoop-env.sh` 并在末尾添加以下内容：

```
export HADOOP_COMMON_LIB_NATIVE_DIR=$HADOOP_HOME/lib/native
export HADOOP_OPTS="$HADOOP_OPTS -Djava.library.path=$HADOOP_HOME/lib/native"
```

步骤 10：格式化 HDFS

为使 HDFS NameNode 启动，需要初始化将在其中保存数据的目录。NameNode 服务跟踪文件系统的所有元数据。格式化过程将使用早些时候在 `etc/hadoop/hdfs-site.xml` 中分配给 `dfs.namenode.name.dir` 的值（即 /var/data/hadoop/hdfs/nn）。格式化会销毁目录中的全部内容，并设置一个新的文件系统。格式化 NameNode 目录时，要以 HDFS 超级用户的身份进行，这通常是 `hdfs` 用户账户。

从 Hadoop 软件版本的主目录，将目录更改到 `bin` 目录中，执行以下命令：

```
# su - hdfs
$ cd /opt/hadoop-2.6.0/bin
$ ./hdfs namenode -format
```

如果该命令正常运行，你应该看到以下一长串的信息：

```
INFO common.Storage: Storage directory /var/data/hadoop/hdfs/nn has been successfully formatted.
```

（*存储目录*/var/data/hadoop/hdfs/nn *已被成功格式化*。）

步骤 11：启动 HDFS 服务

一旦成功完成格式化，就必须启动 HDFS 服务。

有一个服务用于 NameNode（元数据服务器）、单个 DataNode（实际数据存储位置）和 SecondaryNameNode（NameNode 的检查点数据）。Hadoop 软件中包括设置这些命令，以及为诸如 PID 目录、日志目录和其他标准进程配置等值命令的脚本。在步骤 10 的 `bin` 目录中，以用户 `hdfs` 执行如下命令：

```
$ cd ../sbin
$ ./hadoop-daemon.sh start namenode
```

此命令应产生下面的输出结果（日志记录文件名后附加了主机名——在本例中，主机名是 `limulus`）：

```
starting namenode, logging to /opt/hadoop-2.6.0/logs/hadoop-hdfs-namenode-limulus.out
```

SecondaryNameNode 和 DataNode 服务可以用相同方式启动：

```
$ ./hadoop-daemon.sh start secondarynamenode
starting secondarynamenode, logging to /opt/hadoop-2.6.0/logs/hadoop-hdfs-
secondarynamenode-limulus.out
$ ./hadoop-daemon.sh start datanode
starting datanode, logging to /opt/hadoop-2.6.0/logs/hadoop-hdfs-datanode-limulus.out
```

如果该守护进程启动，那么你应该看到响应将指向日志文件。（请注意，实际的日志文件名以.log 而不以.out 结束。）作为一种完整性检查，可发出 jps 命令，以确认所有服务都在运行。实际的 PID（Java 进程 ID）值将与这个清单中所示的不同：

```
$ jps
15140 SecondaryNameNode
15015 NameNode
15335 Jps
15214 DataNode
```

如果进程没有启动，那么检查日志文件可能有助于解决问题。例如，可用下面命令检查 NameNode 的日志文件。（请注意，此路径取自上一页的命令，且主机名是文件名的一部分。）

```
vi /opt/hadoop-2.6.0/logs/hadoop-hdfs-namenode-limulus.log
```

作为 HDFS 安装的测试，下面的命令将为 MapReduce 历史服务器创建一个目录。这些操作都使用 hdfs 命令来执行，它们的含义将在第 3 章介绍：

```
$ hdfs dfs -mkdir -p /mr-history/tmp
$ hdfs dfs -mkdir -p /mr-history/done
$ hdfs dfs -chown -R yarn:hadoop /mr-history
$ hdfs dfs -mkdir -p /user/hdfs
```

如果你收到来自系统的"Unable to load native-hadoop library for your platform（无法加载你的平台的原生 hadoop 库）"警告消息，你可以忽略它们。Apache Hadoop 软件版本被编译为用于 32 位操作系统，而此警告通常出现在 64 位系统上运行它时。

可以使用 hadoop-daemon.sh 脚本停止所有的 Hadoop 服务。例如，要停止 DataNode 服务，可输入下面的命令（以用户 hdfs 在/opt/hadoop-2.6.0/sbin 目录中执行）：

```
$ ./hadoop-daemon.sh stop datanode
```

对于 NameNode 和 SecondaryNameNode 服务，也可以用同样的办法处理。

步骤 12：启动 YARN 服务

与 HDFS 服务一样，YARN 服务也需要被启动。必须以用户 yarn 启动一个 Resource Manager 和一个 NodeManager（从用户 hdfs 退出以后）：

```
$ exit
logout
# su - yarn
$ cd /opt/hadoop-2.6.0/sbin
$ ./yarn-daemon.sh start resourcemanager
starting resourcemanager, logging to /opt/hadoop-2.6.0/logs/yarn-yarn-
resourcemanager-limulus.out
$ ./yarn-daemon.sh start nodemanager
starting nodemanager, logging to /opt/hadoop-2.6.0/logs/yarn-yarn-nodemanager-
limulus.out
```

我们将需要的另一个服务是 MapReduce 历史服务器，它负责跟踪 MapReduce 的作业。

```
$ ./mr-jobhistory-daemon.sh start historyserver
starting historyserver, logging to /opt/hadoop-2.6.0/logs/mapred-yarn-
historyserver-limulus.out
```

当 HDFS 守护程序在步骤 12 中启动后，正在运行的守护程序状态被送到它们各自的日志文件。若要检查服务是否正在运行，请发出 `jps` 命令。以下显示了在单个服务器上运行 YARN 所需的所有服务：

```
$ jps
15933 Jps
15567 ResourceManager
15785 NodeManager
15919 JobHistoryServer
```

如果有服务丢失，那么请检查特定服务的日志文件。类似于 HDFS 服务的示例，YARN 服务可以通过向守护程序脚本发出 stop 参数来停止：

```
./yarn-daemon.sh stop nodemanager
```

步骤 13：使用 Web 界面验证运行服务

HDFS 和 YARN 资源管理器都有一个 Web 界面。这些界面提供了便捷的方式来浏览所安装的 Hadoop 的许多方面。若要监控 HDFS，请输入以下内容：

```
$ firefox http://localhost:50070
```

连接到端口 50070 后将弹出一个类似于图 2.9 所示的 Web 界面。

通过输入以下命令，可以查看资源管理器的 Web 界面：

```
$ firefox http://localhost:8088
```

这将显示一个类似于图 2.10 所示的网页。

图 2.9　HDFS 文件系统的网页

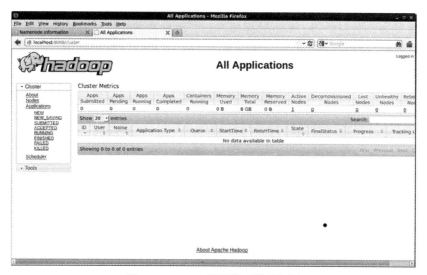

图 2.10　YARN 资源管理器的网页

运行简单的 MapReduce 示例

为了测试你的安装，运行示例 pi 程序，它使用准蒙特卡洛方法和 MapReduce 计算圆周率 pi 的值。首先，请确保以前启动的所有服务仍都在运行。下一步，切换到用户 hdfs 并输入以下命令：

```
# su - hdfs
$ export HADOOP_EXAMPLES=/opt/hadoop-2.6.0/share/hadoop/mapreduce
$ yarn jar $HADOOP_EXAMPLES/hadoop-mapreduce-examples-2.6.0.jar pi 16 1000
```

如果程序正常工作，则应在程序输出流底部显示以下内容：

```
Estimated value of Pi is 3.14250000000000000000
(Pi 的估计值是 3.14250000000000000000)
```

本示例从 share/hadoop/mapreduce 目录中附带的示例提交一个 MapReduce 作业到 YARN。主 JAR 文件包含几个示例应用程序来测试 YARN 安装。提交作业后，可以通过更新图 2.10 所示的资源管理器网页查看其进展。

安装 Apache Pig（可选）

Apache Pig 是一种高级语言，它使程序员能够使用简单的脚本语言编写复杂的 MapReduce 转换。它通常用于提取、转换和加载数据管道，快速研究原始数据和迭代数据处理。Pig 可以很容易地安装在一个伪分布式的 Hadoop 系统上使用。

第一步是下载包。请注意，可能存在较新的版本。在此示例中，使用了版本 0.14.0。

```
# wget http://mirrors.ibiblio.org/apache/pig/pig-0.14.0/pig-0.14.0.tar.gz
```

一旦下载了 Pig tar 文件（我们假设把它下载到/root），就可以把它提取到/opt 目录。

```
# cd /opt
# tar xvaf /root/pig-0.14.0.tar.gz
```

与早些时候的 Hadoop 安装的情况相似，Pig 的定义可以被放置在/etc/profile.d 中，以便当用户登录时，这些定义就自动放置在他们的环境中。

```
# echo 'export PATH=/opt/pig-0.14.0/bin:$PATH; export PIG_HOME=/opt/pig-0.14.0/;
PIG_CLASSPATH=/opt/hadoop-2.6.0/etc/hadoop/' > /etc/profile.d/pig.sh
```

如果此会话需要 Pig 环境变量，则可以通过对新脚本执行 source 命令来添加它们：

```
# source /etc/profile.d/pig.sh
```

Pig 已安装并可供使用。关于如何使用 Apache Pig 的示例，请参阅第 7 章。

安装 Apache Hive（可选）

Apache Hive 是一种建立在 Hadoop 之上的数据仓库基础设施，它采用称为 HiveQL 的类似于 SQL 的语言，提供了大型数据集的数据汇总、即席查询和分析功能。Hive 可以很容易地安装在伪分布式的 Hadoop 系统上使用。

第一步是下载包。请注意，可能存在较新的版本。在此示例中，使用了 Hive 1.1.0 版。

```
# wget http://mirrors.ibiblio.org/apache/hive/hive-1.1.0/apache-hive-1.1.0-bin.tar.gz
```

与前面一样，把包提取到/opt：

```
# cd /opt
# tar xvzf /root/apache-hive-1.1.0-bin.tar.gz
```

类似于其他软件包，Hive 的定义可以放在/etc/profile.d 中，以便当用户登录时，这些定义自动放置在他们的环境中。

```
# echo 'export HIVE_HOME=/opt/apache-hive-1.1.0-bin/; export PATH=$HIVE_HOME/bin:$PATH' >/etc/profile.d/hive.sh
```

Hive 需要在 HDFS 中有/tmp 和/usr/hive/warehouse。这个任务必须由 hdfs 用户完成。若要创建这些目录，请输入以下命令：

```
# su - hdfs
$ hdfs dfs -mkdir /tmp
$ hdfs dfs -mkdir -p /user/hive/warehouse
$ hdfs dfs -chmod g+w /tmp
$ hdfs dfs -chmod g+w /user/hive/warehouse
```

> **注意**
>
> 如果你正在使用 Hadoop 2.6.0 和 Hive 1.1.0，那么会有一个库不匹配的问题。当你启动 Hive 时，它将产生下面的错误消息：
>
> [ERROR] Terminal initialization failed; falling back to unsupported java.lang.IncompatibleClassChangeError: Found class jline.Terminal, but interface was expected
>
> 出现此错误是因为 Hive 已升级到 Jline2，但 Hadoop 的 lib 目录中存在 Jline 0.94。

> 要修复此错误，请执行以下步骤：
> 1. 从 Hadoop `lib` 目录删除 jline（它是从 ZooKeeper 附带而来的）：
>    ```
>    # rm $HADOOP_HOME/share/hadoop/yarn/lib/jline-0.9.94.jar
>    ```
> 2. 将下列内容添加到你的环境中：
>    ```
>    $ export HADOOP_USER_CLASSPATH_FIRST=true
>    ```

如果此会话需要 Hive 环境变量，则可以通过对新脚本执行 source 命令来添加它们：

```
$ source /etc/profile.d/hive.sh
```

Hive 现在已安装并可供使用了。关于说明如何使用 Apache Hive 的示例，请参阅第 7 章。

使用 Ambari 安装 Hadoop

从单机伪分布式的安装过程中可以看出，Hadoop 安装远远不是一步到位的。一个完整的集群安装时所需的步骤会变得更加复杂。因此，大型集群安装应使用图形化的 Apache Ambari 安装和管理工具。Ambari 提供了处理管理和监控任务的手段，它通过在每个节点上部署代理来安装必需的组件、单独或整体地更改配置文件并监视性能或节点故障。管理员和开发人员会发现 Ambari 的许多功能都很有用。

使用 Ambari 安装比手动设置每个服务配置文件更快速、更方便、更不易出错。如本章所示，一个 Hortonworks HDP Hadoop 版本的四节点集群安装可以在一小时以内完成。Ambari 可以大大减少安装较大的集群所需的人数，并可以提高创建开发环境的速度。

配置文件由充当集群变更唯一仲裁者的 Ambari 服务来维护。每次你启动或停止服务时，Ambari 通过把所有节点上的配置文件重新分配到各个节点，保证它们都是一样的。从业务的角度看，这种方法使人安心，因为你知道，整个集群——从 4 个到 4000 个以上节点——始终是同步的。对开发人员来说，它能够快速地优化性能，因为配置文件很容易被操纵。

监控包括启动和停止服务，以及关于服务是否在正常运行、网络使用情况、HDFS、YARN 和众多其他负载指标的报告。Ganglia 和 Nagios 回报给 Ambari 服务器，再监控集群健康方面的问题，包括服务的利用率，例如 HDFS 存储利用率，以及栈组件或整个节点的故障。Ambari 的管理用法将在第 9 章中介绍。在安装 Ambari 后，用户还可以利用这个能力监控 YARN 指标，如集群内存、总容器数、NodeManager、垃圾回收和 JVM 指标。Ambari 仪表板示例如图 2.11 所示。

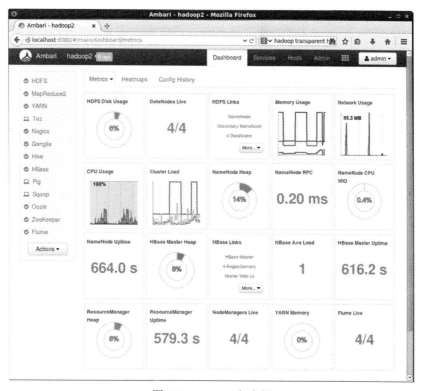

图 2.11　Ambari 仪表板

执行 Ambari 安装

与手动安装 Apache Hadoop 2 相比，使用 Ambari 需要满足的软件需求明显更少，要执行的操作系统任务也更少。若要使用 Ambari 管理集群，需要安装两个组件。

- （如果可能）在其自己的节点上运行的 `ambari-server`（一个 Java 进程）
- 在集群的其余节点上运行的一个 `ambari-agent`（一个 Python 守护进程）

为了进行安装，我们将使用 Apache Ambari 1.7.0 和 HDP 2.2（Hortonworks 数据平台）版。进一步的文档可以通过查阅位于 http://docs.hor ton works.com/HDPDocuments/Ambari-1.7.0.0/Am bari_In stall_v170/Am bari_Install_v170.pdf 的 Ambari 安装指南找到。

虽然 Ambari 最终可能也适用于其他 Hadoop 安装，但是我们将使用免费提供的 HDP

版本以确保安装成功。

> **注意**
> Apache Ambari 不能在现有的 Hadoop 安装之上安装。若要维护集群状态，Ambari 必须执行所有 Hadoop 组件的安装。

步骤 1：检查要求

Ambari 支持最流行的 Linux 环境。1.7 版支持以下 Linux 发行版本。

- 红帽企业 Linux（RHEL）v6.x
- 红帽企业 Linux（RHEL）v5.x（已弃用）
- CentOS v6.x
- CentOS v5.x （已弃用）
- Oracle Linux v6.x
- Oracle Linux v5.x （已弃用）
- SUSE Linux 企业服务器（SLES）v11，SP1 和 SP3
- Ubuntu Precise v12.04

对于下面的安装示例，假设是从红帽派生的发行版本，例如 CentOS 或 Oracle 发行版本。下面的示例使用 CentOS v6.x 发行版本。

作为基本系统安装的所有机器的一部分，请确保每个节点都有 `yum`、`rpm`、`scp`、`curl`、`wget` 和相同的 Java JDK。此外，`ntpd` 应该在运行并在所有节点上提供正确的时间。如果你的集群节点没有接入互联网，你将不得不镜像 Ambari 和 HDP 存储库并设置你自己的本地存储库。在这个安装攻略中，我们假设所有节点都可以访问互联网。

为了协助安装，将使用并行分布式的 shell（pdsh）。虽然 pdsh 包通常不是 Linux 发行版的一部分，但它是 Ambari 安装和随后的管理任务的有用工具。pdsh 包的版本包含在企业 Linux 额外包（EPEL）存储库中。为了安装包含 pdsh RPM 的 EPEL 存储库，需要以 `root` 身份执行以下步骤：

```
# rpm -Uvh http://download.fedoraproject.org/pub/epel/6/i386/epel-release-6-8.noarch.rpm
```

接下来，就可以安装 pdsh 软件包。

```
# yum -y install pdsh-rcmd-ssh
```

pdsh 包只需要安装在 Ambari 的主服务器节点上。为了 pdsh 能够正常工作，root 必须能够不输入密码地从 Ambari 服务器节点 ssh 到所有工作节点。这种能力要求每个工作节点都把 Ambari 服务器的 root 公共 ssh 密钥安装在 /root/.ssh 中。

步骤 2：准备集群节点

在此示例中，假定集群有四个节点，节点别名分别是 limulus、n0、n1 和 n2。还假定这些节点别名及其完全限定的域名（FQDN），都记录在 Ambari 服务器和工作节点的 /etc/hosts 文件中。从 Hadoop 集群规模的角度看，这个示例是一个小型集群系统。安装示例的目的是展示如何使用 Ambari 安装 Hadoop。一个完整的生产安装无疑会有更多的服务器节点。

为使四节点示例集群更有用，主节点（limulus）将重载为既充当一个服务器节点又充当工作节点。那就是，它将运行所有的主服务（例如，NameNode ResourceManager、Oozie、Zookeeper），还充当 HDFS 的一个 DataNode 和运行 NodeManager 守护进程的工作节点。

重载的配置非常适合小型的系统，但不应被复制到更大的集群中。

假定集群节点都已按照前一步骤中所述的方法配置完成，如果有缺失的包，则可以用 pdsh 从节点添加或删除包。为各节点创建无人值守安装是可能的（也是明智的），这会自动安装这里提到的所有配置和包（在以下讨论中提供的步骤中包括）。

如果 pdsh 和 /etc/hosts 都被正确地安装和配置，那么 pdsh 可用于在节点上安装 Ambari 库，如下所示：

```
# pdsh -w n[0-2] "wget http://public-repo-1.hortonworks.com/ambari/centos6/1.x/updates/1.7.0/ambari.repo -O /etc/yum.repos.d/ambari.repo"
```

接下来，把 ambari-agent 包安装在节点上：

```
# pdsh -w n[0-2] "yum -y install ambari-agent"
```

Ambari 代理安装完成后，必须在所有节点上都设置 Ambari 服务器主机名。把下面行中的 _FQDN_ 替换为 Ambari 服务器名称（服务器节点别名也应有效）。再次，可以用 pdsh 轻而易举地完成这个任务。

```
# pdsh -w n[0-2] "sed -i 's/hostname=localhost/hostname=_FQHN_/g' /etc/ambari-agent/conf/ambari-agent.ini"
```

最后，Ambari 代理可以跨集群启动。（提示：在 pdsh 命令后放置 |sort 将按照节点排序输出。）

```
# pdsh -w n[0-2] "service ambari-agent start" | sort
```

步骤 3：安装 Ambari 服务器

如同节点，Ambari 库也需要可用。这一步可以用如下步骤完成：

```
# wget http://public-repo-1.hortonworks.com/ambari/centos6/1.x/updates/1.7.0/ambari.repo -O /etc/yum.repos.d/ambari.repo
```

接下来，使用 `yum` 在 Ambari 主机上安装 `ambari-server` 和 `ambari-agent`。记住，这台机器被重载为既运行主服务，又运行工作节点守护进程。一般情况下，不要在生产机器上这么做。

```
# yum -y install ambari-server
# yum -y install ambari-agent
```

接下来，我们设置服务器。此时，你可以决定是否要自定义 Ambari 服务器数据库，默认值是 PostgreSQL。系统也会提示你接受 Oracle JDK 许可证，除非你用 `--java-home` 选项指定集群中所有节点上的 JDK 替代路径。在此示例中，将使用 Linux 发行版提供的 OpenJDK。

```
ambari-server setup -j /usr/lib/jvm/java-1.7.0-openjdk.x86_64
```

以下是 Ambari 服务器的对话框示例（输入都以**粗体**显示）。在此系统中，`iptables` 已配置为允许内部集群网络上的所有通信。

```
Using python  /usr/bin/python2.6
Setup ambari-server
Checking SELinux...
SELinux status is 'disabled'
Customize user account for ambari-server daemon [y/n] (n)? n
Adjusting ambari-server permissions and ownership...
Checking firewall...
WARNING: iptables is running. Confirm the necessary Ambari ports are accessible.
Refer to the Ambari documentation for more details on ports.
OK to continue [y/n] (y)? y
Checking JDK...
WARNING: JAVA_HOME /usr/lib/jvm/java-1.7.0-openjdk.x86_64 must be valid on ALL hosts
WARNING: JCE Policy files are required for configuring Kerberos security. If you
plan to use Kerberos, please make sure JCE Unlimited Strength Jurisdiction Policy
Files are valid on all hosts.
Completing setup...
Configuring database...
Enter advanced database configuration [y/n] (n)? n
Default properties detected. Using built-in database.
Checking PostgreSQL...
```

```
Running initdb: This may take upto a minute.
Initializing database: [ OK ]

About to start PostgreSQL
Configuring local database...
Connecting to local database...done.
Configuring PostgreSQL...
Restarting PostgreSQL
Extracting system views...
.ambari-admin-1.7.0.169.jar
.
Adjusting ambari-server permissions and ownership...
Ambari Server 'setup' completed successfully.
```

最后，可以通过输入下面的命令，在主节点上启动 Ambari 服务器和代理：

```
# service ambari-agent start
# ambari-server start
```

步骤 4：使用 Ambari 控制台安装

使用本地 Web 浏览器访问 http://localhost:8080，登录到 Ambari 服务器 Web 控制台。例如，如果你在使用火狐浏览器，则你要使用下面这个命令：

```
# firefox http://localhost:8080 &
```

如果一切工作正常，你应该看到如图 2.12 所示的登录屏幕。默认的用户名是 admin，密码是 admin。集群安装之后，应更改密码。

图 2.12　Ambari 登录屏幕

登录后，将显示图 2.13 所示的欢迎屏幕。单击"启动安装向导（Launch Install Wizard）"

按钮，以继续。

如图 2.14 所示，下一个窗口将是开始（Getting Started）面板，你在此输入你的集群的名称。在此示例中，集群命名为 Hadoop2。

当你完成时，请单击"下一步（Next）"按钮。

图 2.13　Ambari 欢迎屏幕

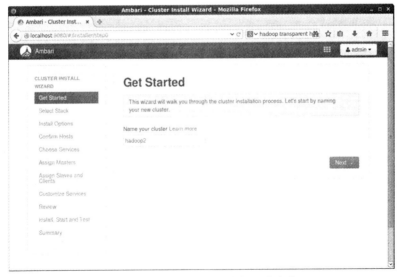

图 2.14　为 Hadoop 集群选择一个名称

下一个选择是选择 Hadoop 软件栈。目前，只支持 HDP 平台。如图 2.15 所示，建议使用 HDP 2.2 版。基于这种选择，Ambari 将设置正确的 HDP 存储库。当你完成时，请单击"下一步（Next）"按钮。

一旦选定了软件栈，将出现如图 2.16 所示的窗口，要求输入节点名称。在窗口中每行一个地输入这些名称。注意，Ambari 要求输入完全限定的域名。在此示例中，为了简化采用节点别名。对于大量的节点，有可能使用模式表达式减少必须输入的条目数。（将鼠标移到窗口上模式表达式文本处获得详细信息。）

下一步是选择两种可能途径之一来安装和启动 Ambari 代理。第一种（默认）方式是提供 ssh 私钥自动注册窗口中列出的主机。这里使用的是另一种或手动方法假定 Ambari 代理正在所有集群节点上运行（请参阅步骤 2）。

选择手动（Manual）注册，然后单击"注册和确认（Register and Confirm）"按钮。如果你不使用 FQDN，Ambari 将向你发出警告并询问是否继续。单击"确定（OK）"按钮继续。这将显示另一个窗口，提醒你确保 Ambari 代理在所有节点上运行。当你单击"确定（OK）"按钮时，会出现图 2.17 所示的确认主机（Confirm Hosts）界面。

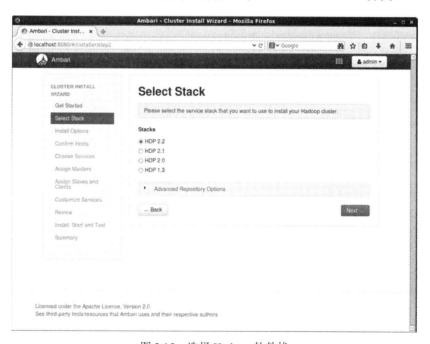

图 2.15　选择 Hadoop 软件栈

52　写给大忙人的 Hadoop 2

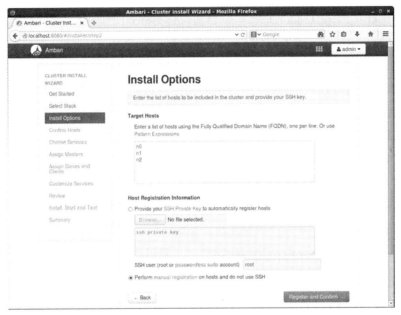

图 2.16　输入目标主机和注册方法

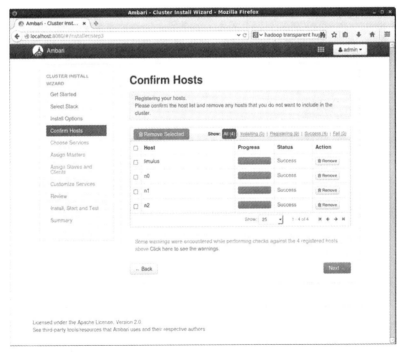

图 2.17　Ambari 确认主机屏幕

此时，Ambari 主机正在尝试联系各个节点上的 Ambari 代理。如果这一步成功，进度栏应该变绿。但是，有时 Ambari 可能检测到某些节点存在节点的配置问题。这些警告中有些可能较为严重，它们都可以通过单击蓝色的警告文本查看。尤其是，节点上的透明巨大页（THP）设置可能会影响性能。请参阅 Hortonworks 的 Ambari 故障解决指南获得 HDP 和 Ambari 检测到的其他问题的相关帮助信息（http://docs.hortonworks.com/HDPDocuments/Ambari-1.7.0.0/Ambari_ Trblshooting_v170/Ambari_Trblshooting_v170.pdf）。

如果所有节点都已注册，并且已审查所有警告，你就可以单击"下一步（Next）"按钮，弹出选择服务（Choose Services）窗口，如图 2.18 所示。

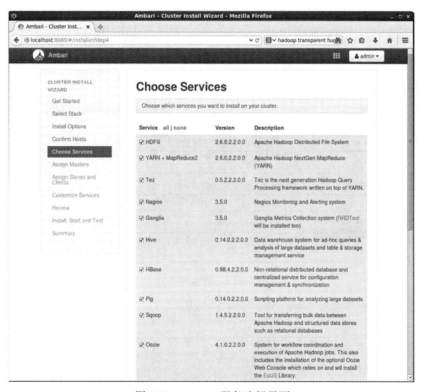

图 2.18　Ambari 服务选择界面

你可以通过 Ambari 安装许多服务。至少应安装 HDFS、YARN + MapReduce 2、Nagios、Ganglia、Hive、Pig、Sqoop、Flume、Oozie 和 Zookeeper。Tez 和 HBase 也是可以包括的优质服务。其他软件包依赖于你的特定需求。当你完成时，单击"下一步"按钮。将出现图 2.19 所示的分配主控程序（Assign Masters）窗口。

分配主控程序允许你为特定主机分配各项服务。这些选择是特定于站点的，并可能需要一些规划来确定最佳配置。当前示例简单重载了一个节点来提供所有的服务，对于小型集群，这是可以接受的。在生产安装中，NameNode 和 ResourceManager 服务可能在不同的节点上。如果你在复制或仲裁模式下运行 Zookeeper，你将需要至少三个节点（每个节点上一个 Zookeeper 服务器的副本）。但是，有关如何将资源分配给服务，没有硬性的规则。

这里给出的四节点的集群示例把所有服务都放在主节点上。如图 2.19 所示，主机名 *limulus* 已被选取了所有的服务。当你填完此界面时，单击"下一步（Next）"按钮，进入分配从属节点和客户端（Assign Slaves and Clients）的窗口，如图 2.20 所示。

对于运行 Hadoop 服务的节点，每个从属节点的作用取决于你的特定需求。在此示例中，从属节点可以充当所有角色（选取所有复选框）。此外，主节点（*limulus*）用作工作节点。在具有更多节点的生产系统中，不建议使用此配置。

图 2.19　分配主控节点（在本例中一个节点充当所有角色）

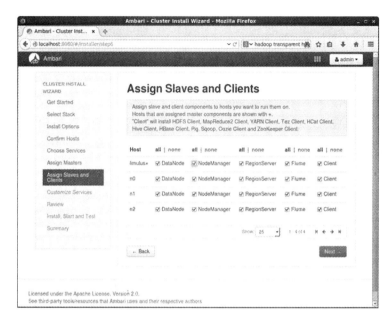

图 2.20　Ambari 分配从属节点和客户端（注意 limulus 还作为 DataNode 和 NodeManager）

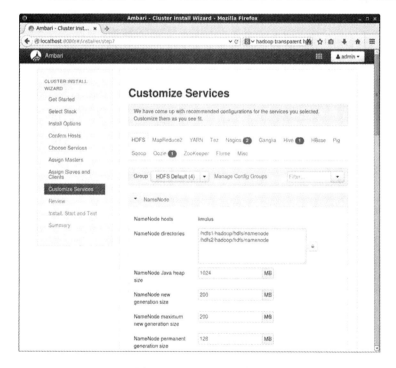

图 2.21　Ambari 定制窗口

一旦你填完此界面，单击"下一步（Next）"按钮，会出现自定义服务（Customize Services）窗口，如图 2.21 所示。

在此步骤中，可以自定义 Hadoop 服务。这些设置放在/etc/hadoop/confXML 配置文件中。每个服务都可以使用此屏幕按你的特定需求调整。（将在第 9 章中更详细地讨论，你不应手工修改此 XML 文件。）请务必检查 NameNode、Secondary NameNode 和 DataNode 目录的分配。可以通过将鼠标放置在文本框上获得每个设置的解释。可以通过单击文本框下面的撤消框撤消设置。

名字附近带红色数字的服务需要用户注意。对于 Hive、Nagios 和 Oozie，都需要为服务分配密码。此外，Nagios 需要一个系统管理员电子邮件地址来发送警报。

当你完成时，单击"下一步（Next）"按钮。请注意，下一步图标将显示为灰色，直到所有所需的设置都已完成。将出现一个列出所有设置的审查（Review）窗口，如图 2.22 所示。如果你愿意，可以打印此页面以供参考。如果你发现一个问题，或想要做出更改，可以退回去，在此处进行更改。

一旦你确信配置都正确，可单击"部署（Deploy）"按钮。这将显示图 2.23 所示的安装、启动和测试窗口。

你的集群大小和网络速度，决定安装、启动和测试阶段的时间。进度栏将提供安装过程的实时状态。

如果一切顺利，状态栏将变为绿色，如图 2.24 所示。但是，存在两个另外的可能结果。第一，红色条表明安装或测试失败。橙色条（未显示）表明警告。可以通过单击颜色条旁边遇到的失败或警告消息发现错误或警告的相关信息。根据错误或警告的情况，有可能解决此问题，然后单击"重试（Retry）"按钮。

如果生成安装警告，安装可能继续。通常这些警告是由失败的服务测试或其他不会阻止核心 Hadoop 服务运行的配置问题触发的。

此时，下一步按钮会被激活。单击它允许你移动到图 2.25 所示的 Ambari 总结（Ambari Summary）窗口。在审查总结信息后，单击"完成（Complete）"按钮打开先前显示在图 2.11 中的 Ambari 仪表板。

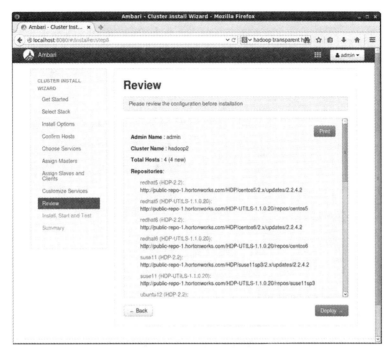

图 2.22　Ambari 配置审查

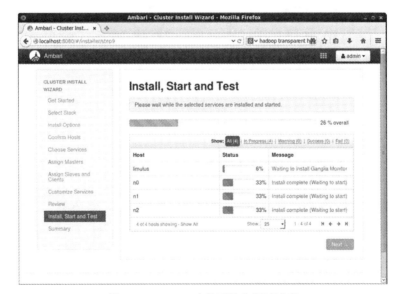

图 2.23　Ambari 安装开始和测试进度

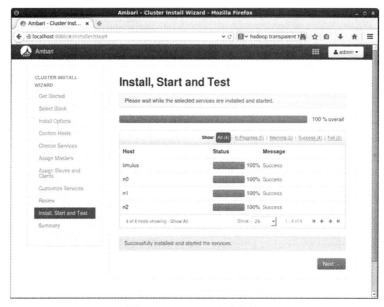

图 2.24 Ambari 成功安装

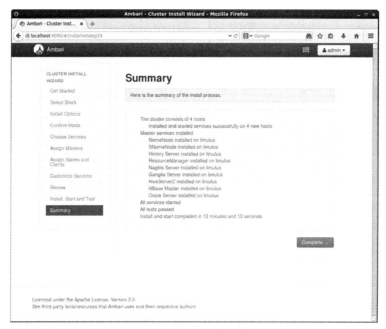

图 2.25 Ambari 安装总结

撤消 Ambari 安装

虽然 Ambari 是一个强大的和全面的安装工具,但有时候,你可能需要把环境清理干净并执行重新安装。以下步骤会有助于完成这一过程。

若要从数据库中删除安装信息,需要停止 Ambari 服务器并发出 `reset` 命令。这个命令将发出足够的警告信息,因为 `reset` 会完全擦除安装。

```
# ambari-server stop
# ambari-server reset
```

此时,重新启动所有节点上的 Ambari 的代理可能是一个好主意。例如,你可以重新启动以前安装示例的 Ambari 代理(同时包括工作节点和主节点):

```
# service ambari-agent restart
# pdsh -w n[0-2] "service ambari-agent restart" | sort
```

下一步与以前一样,必须设置并重新启动 Ambari 服务器。

```
# ambari-server setup -j /usr/lib/jvm/java-1.7.0-openjdk.x86_64
# ambari-server start
```

如果需要一次彻底的清理,则可以使用 `HostCleanup.py` 工具。这个选项很危险,因为它会执行一些全系统删除,请参见下面示例中的 `--skip` 选项:

```
# python /usr/lib/python2.6/site-packages/ambari_agent/HostCleanup.py --help
Usage: HostCleanup.py [options]

Options:
  -h, --help            show this help message and exit (显示此帮助消息并退出)
  -v, --verbose         output verbosity. (详细输出)
  -f FILE, --file=FILE  host check result file to read. (用于容纳检查结果以备读取的文件)
  -o FILE, --out=FILE   log file to store results. (用来存储结果的日志文件。)
  -k SKIP, --skip=SKIP  (packages|users|directories|repositories|processes|alt
                        ernatives). Use , as separator.
  -s, --silent          Silently accepts default prompt values (安静地接受提示的默认值)
```

使用 Apache Whirr 在云中安装 Hadoop

Apache Whirr 是一套用于运行云服务的库。它可以用于在云中很方便地启动 Hadoop 实例。Whirr 提供以下好处:

- 以一个云中立的方式运行服务。你不必担心每个提供商的特异性。

- 一个通用的服务 API。资源调配的详情是特定于服务的（目前支持的云服务是亚马逊和 Rackspace）。
- 服务具有智能的默认值。你可以很快让一个正确配置的系统运行，同时仍能够根据需要覆盖这些设置。

Whirr 的详细信息可在 https://whirr.apache.org 找到。在本示例中我们将开始使用亚马逊 EC2 的四节点集群。

要使用 Whirr，你将需要一个能登录亚马逊 EC2 或 RackSpace 云服务器的账户。在本例中，我们使用亚马逊 EC2 创建一个四节点 Hadoop 集群。

Whirr 包比起下面的示例所示的还有更多内容。请参阅 http://whirr.apache.org/docs/0.8.2 的 Apache Whirr 文档了解它的更多信息和功能。

也必须记住，当你完成工作时关闭你的集群，如步骤 4 所述。

步骤 1：安装 Whirr

Whirr 可以从台式机或笔记本电脑运行。该示例假定一个 Linux 系统是可用的。若要使用 Whirr，假定以下事实。

- 你的系统上安装了 Java 6 或更好的版本。

> **注意**
>
> 某些版本的 Java JDK 有一个将导致 Whirr 失败的 BUG。如果你得到一个看起来像这样的错误：
>
> ```
> org.jclouds.rest.RestContext<org.jclouds.aws.ec2.AWSEC2Client, A> cannot
> be used as a key; it is not fully specified.
> ```
>
> 那么，你可能想尝试不同的 JDK 版本。据报道，这个 BUG 在 Java 1.7u51（java-1.7.0-open jdk-devel-1.7.0.51-2.4.4.1.el6_5.x86_64）中已经出现。
>
> 例如，过去使用 Java 1.7u45（java-1.7.0-open jdk-1.7.0.45-2.4.3.2.el6_4.x86_64）。

- 你拥有云提供商，例如亚马逊 EC2 或 RackSpace 云服务器的账户。
- 你的系统安装了 SSH 客户端。

使用下面的命令下载最新版本的 Whirr。检查是否有更新的版本可供使用。Whirr 可以从一个用户账户运行。

```
$ wget http://mirrors.ibiblio.org/apache/whirr/stable/whirr-0.8.2.tar.gz
```

接下来，用下面的命令提取 Whirr 文件：

```
$ tar xvzf whirr-0.8.2.tar.gz
```

步骤 2：配置 Whirr

Whirr 需要一个安全的地方来存储你的凭据。以下步骤旨在提供凭据的安全文件。首先，在你的主路径创建一个 whirr 目录：

```
$ mkdir ~/.whirr
```

接下来，将示例凭据文件复制到此新目录：

```
$ cp whirr-0.8.2/conf/credentials.sample ~/.whirr/credentials
```

一个可选的步骤确保该目录是私有的：

```
$ chmod -R go-rwx ~/.whirr
```

若要添加你的凭据，请编辑你的本地凭据文件（`vi ~/.whirr/credentials`）并更改以下内容匹配那些在表 2.1 中的信息：

```
#PROVIDER=
#IDENTITY=
#CREDENTIAL=
```

即，把 `PROVIDER` 设置为 `aws-ecs` 或 `cloudserver-us`。为提供商使用适当的 `INDENTITY` 和 `CREDENTIAL`。

例如，如果使用亚马逊 EC2，则这些条目应如下所示（以下的 `INDENTITY` 和 `CREDENTIAL` 是虚构的——它们无法工作）。

```
PROVIDER=aws-ec2
IDENTITY=MFNNU7JETMEM7ONDASMF
CREDENTIAL=eyN3PTTAkmmlAq4CCHuRWaSDBLxcvb1ED7NKDvtq
```

Whirr 带有在云中设置 Hadoop 集群的攻略。我们将使用一个基本的 Hadoop 攻略，但 Whirr 文档还提供了有关进一步定制的提示。若要配置 Hadoop 2.6 版本的集群，请复制如下攻略：

```
$ cp whirr-0.8.2/recipes/hadoop-yarn-ec2.properties.
```

接下来，编辑 `hadoop-yarn-ec2.properities` 文件以更新到 Hadoop 的 2.6.0 版。更改以下行，从

```
whirr.hadoop.version=0.23.5
```

改为：

```
whirr.hadoop.version=2.6.0
```

如下所示，注释掉以下设置凭据的行（在每行前面添加#）：

```
#whirr.provider=aws-ec2
#whirr.identity=${env:AWS_ACCESS_KEY_ID}
#whirr.credential=${env:AWS_SECRET_ACCESS_KEY}
```

如果你在~/.ssh中没有适当的ssh公钥和私钥，你将需要运行ssh-keygen(即，你在~/.ssh中应该同时有id_rsa和id_rsa.pub)。

表2.1 凭据文件所需的Whirr提供商、身份和凭据

	PROVIDER=	IDENTITY=	CREDENTIAL=
亚马逊EC2	aws-ec2	Access Key ID	Secret Access Key
Rackspace	cloudservers-us	Username	API Key

最后，用以下行设置云实例的角色：

```
whirr.instance-templates=1 hadoop-namenode+yarn-resourcemanager+mapreduce-historyserver,3 hadoop-datanode+yarn-nodemanager
```

这行代码将把Hadoop集群配置为如下。

- 一个主节点，包括：
  - hadoop-namenode
  - yarn-resourcemanager
  - mapreduce-historyserver
- 三个工作节点，包括：
  - hadoop-datanode
  - yarn-nodemanager

工作节点的数量可以增加或减少，只要更改在页面顶部的代码中的3即可。

hadoop-yarn-ec2.properties文件还允许你更改Hadoop配置文件中的各种属性的默认值（一旦集群在云中运行，这些属性将在/etc/hadoop/conf目录中）。特别是，如果你使用Hadoop 2.2.0版或更高版本(建议)，你将需要把hadoop-yarn.yarn.nodemanager.aux-services属性从mapreduce.shuffle更改为mapreduce_shuffle。hadoop-yarn-ec2.properties文件中更新的行应改为如下：

```
hadoop-yarn.yarn.nodemanager.aux-services=mapreduce_shuffle
```

步骤 3：启动集群

Hadoop 集群可以通过运行下面的命令启动：

```
$ whirr-0.8.2/bin/whirr launch-cluster --config hadoop-yarn-ec2.properties
```

一段时间后，如果一切顺利，你将看到类似于以下的输出。当集群启动时，大量的消息会在屏幕上滚动。完成引导后，将显示以下内容（IP 地址将会不同）：

```
[hadoop-namenode+yarn-resourcemanager+mapreduce-historyserver]: ssh -i /home/
hdfs/.ssh/id_rsa -o "UserKnownHostsFile /dev/null" -o StrictHostKeyChecking=no
hdfs@54.146.139.132
[hadoop-datanode+yarn-nodemanager]: ssh -i /home/hdfs/.ssh/id_rsa -o
"UserKnownHostsFile /dev/null" -o StrictHostKeyChecking=no hdfs@54.162.70.164
[hadoop-datanode+yarn-nodemanager]: ssh -i /home/hdfs/.ssh/id_rsa -o
"UserKnownHostsFile /dev/null" -o StrictHostKeyChecking=no hdfs@54.162.8.6
[hadoop-datanode+yarn-nodemanager]: ssh -i /home/hdfs/.ssh/id_rsa -o
"UserKnownHostsFile /dev/null" -o StrictHostKeyChecking=no hdfs@54.225.50.65
To destroy cluster, run 'whirr destroy-cluster' with the same options used to
launch it.
```

（要卸除集群，使用用来启动它的相同选项，运行'whirr destroy-cluster'。）

总共有四个 IP 地址——一个用于主节点（54.146.139.132），另三个用于工作节点。下面一行将允许你无须密码 ssh 到主节点。Whirr 还在你的本地用户名下创建了一个账户，并导入你的 ssh 公钥。（命令 ssh hdfs@54.146.139.132 也应该能工作。）

```
$ ssh -i /home/hdfs/.ssh/id_rsa -o "UserKnownHostsFile /dev/null" -o
StrictHostKeyChecking=no hdfs@54.146.139.132
```

如果登录成功，下面的提示显示的专用 IP 地址应该可用。ip-10-234-19-148 将不同于用于到达主节点的公共 IP 地址。此 IP 地址仅供集群内可用的专用网络使用：

```
hdfs@ip-10-234-19-148:~$
```

Hadoop 管理（包括 HDFS）必须以用户 hadoop 的身份完成。为了完成这个改变，可使用 sudo 将用户更改为 hadoop：

```
hdfs@ip-10-234-19-148:~$ sudo su - hadoop
```

当用户 hadoop 给出 hdfs dfsadmin -report 命令时，它显示在集群中有 1.18 TB 的存储空间（完整的输出在这里被截断，并删除原生库警告）：

```
$ hdfs dfsadmin -report
Configured Capacity: 1293682139136 (1.18 TB)
```

```
Present Capacity: 1230004011008 (1.12 TB)
DFS Remaining: 1230003863552 (1.12 TB)
DFS Used: 147456 (144 KB)
DFS Used%: 0.00%
Under replicated blocks:
Blocks with corrupt replicas: 0
Missing blocks: 0
-------------------------------------------------
Live datanode(3):
...
```

可以按如下方式使用 `hdfs` 命令找到工作节点的专用 IP 地址：

```
$ hdfs dfsadmin -report|grep Name
Name:10.12.93.252:50010 (ip-10-12-93-252.ec2.internal)
Name:10.152.159.179:50010 (ip-10-152-159-179.ec2.internal)
Name:10.166.54.102:50010 (ip-10-166-54-102.ec2.internal)
```

以用户 `hdfs` 工作时，你可以不输入密码就从主节点 `ssh` 到这些 IP 地址。请注意，此用户名是用来启动 Whirr 集群的本地用户名称的。

当以用户 `hadoop` 工作时，你可以给出 `jps` 命令来验证 Namenode、ResourceManager 和 JobHistoryServer 正在运行：

```
$ jps
7226 JobHistoryServer
7771 Jps
7150 ResourceManager
5703 NameNode
```

可以通过专用或公共 IP 地址登录工作节点。例如，你可以从主节点登录到工作节点：

```
hdfs@ip-10-234-19-148:~$ ssh 10.166.54.102
```

一旦登录到工作节点，你就可以使用 `jps` 命令检查哪些服务正在运行。在本例中，如在属性文件中指定的，工作节点正在作为 DataNode 和 NodeManager 守护进程运行：

```
hdfs@ip-10-166-54-102:~$ sudo su - hadoop
$ jps
5590 DataNode
6730 Jps
6504 NodeManager
```

最后，可以通过在浏览器输入下面的 IP 地址和端口号，在你的本地计算机上查看 HDFS Web 界面（你的 IP 地址将有所不同）。对于火狐浏览器：

```
$ firefox http://54.146.139.132:50070
```

同样，可以通过输入如下命令查看 YARN Web 界面：

`$ firefox http://54.146.139.132:8088`

步骤 4：卸除你的集群

当你完成工作时，最后的重要一步是卸除集群。如果你不删除你的集群，它将继续运行，并会把费用累积到你的账户中。

要卸除集群，需要退回到你的本地账户并输入以下命令。请确保使用你用来启动集群的同一个属性文件。

`$ whirr-0.8.2/bin/whirr destroy-cluster --config hadoop-yarn-ec2.properties`

Whirr 有更多的功能和选项，可以通过查看位于 https://whirr.apache.org 的项目 Web 页进行研究。

总结和补充资料

Apache Hadoop 安装可以跨越许多不同类型的硬件和组件服务。本章介绍了核心 Apache Hadoop 服务和配置文件，以及四种安装方案。使用 Hadoop 的虚拟沙箱和 Hadoop 伪分布式模式的两个单机攻略，作为帮助研究其他章节的示例的一种方式提供。

使用 Apache Ambari 执行真正的集群安装。虽然不是大型生产安装，但是四节点集群的示例说明了 Ambari 安装中的重要步骤，可以轻松地调整到更大的系统。最后，使用 Apache Whirr 工具包，使用亚马逊 EC2 创建和配置了基于云的 Hadoop 集群。每种安装方案都可以作为进一步研究 Apache Hadoop 生态系统的起点。

有关安装方法的额外信息和背景知识，可从以下资源获得。

- Apache Hadoop XML 配置文件的说明
    - https://hadoop.apache.org/docs/stable/（滚动到 Configuration 下面左下角的位置）
- 官方 Hadoop 资源和受支持的 Java 版本
    - http://www.apache.org/dyn/closer.cgi/hadoop/common/
    - http://wiki.apache.org/hadoop/HadoopJavaVersions.
- Oracle VirtualBox
    - https://www.virtualbox.org

- Hortonworks Hadoop 沙箱（虚拟机）
    - http://hortonworks.com/hdp/downloads
- Ambari 项目页面
    - https://ambari.apache.org/
- Ambari 安装指南
    - http://docs.hortonworks.com/HDPDocuments/Ambari-1.7.0.0/Ambari_Install_v170/Ambari_Install_v170.pdf
- Ambari 故障排除指南
    - http://docs.hortonworks.com/HDPDocuments/Ambari-1.7.0.0/Ambari_Trblshooting_v170/Ambari_Trblshooting_v170.pdf
- Apache Whirr 云工具
    - https://whirr.apache.org

3

HDFS 基础知识

本章内容：
- 介绍 HDFS 的设计和操作。
- 详细论述了重要的 HDFS 主题，如块复制、安全模式、机架的识别、高可用性、联邦、备份、快照、NFS 安装和 HDFS Web 图形用户界面。
- 提供了一些基本的 HDFS 用户命令示例。
- 提供使用 Java 和 C 进行 HDFS 编程的实例。

Hadoop 分布式文件系统是 Hadoop MapReduce 处理的骨干。新用户和管理员经常发现 HDFS 与大多数其他 UNIX/Linux 文件系统不同。本章强调了 HDFS 适用于大数据处理的设计目标和能力。

HDFS 设计的特点

HDFS 是专为处理大数据而设计的。虽然能够同时支持多个用户，但 HDFS 不是设计为充当一个真正的并行文件系统的。相反，它的设计模型假定对大文件进行一次写入和多次读取，这使之能够进行其他优化并放宽很多真正的并行文件系统的并发性和一致性开销的要求。例如，HDFS 严格限制一个用户一次写入数据。所有额外的写入操作都是"仅限于追加"，并且 HDFS 文件没有随机写入。字节总是追加到流的末尾，并且字节流保证按写入的顺序存储。

HDFS 的设计基于 Google 文件系统（Google File System，GFS）的设计。Google 发布的一篇论文进一步提供了有关 GFS 的背景知识（http://research.google.com/archive/gfs.html）。

HDFS 是专为从磁盘批量读取大量数据的数据流设计的。HDFS 的块大小通常是

64 MB 或 128 MB。因此，这种做法完全不适合标准 POSIX 文件系统的使用。此外，由于数据的顺序存取特性，它没有本地的缓存机制。大的数据块和文件大小使得从 HDFS 重新读数据比尝试缓存数据的效率更高。

也许 HDFS 最有趣的方面——它与其他文件系统的区别——是其数据局部性。Hadoop MapReduce 的一个主要设计方面是强调把计算移动到数据，而不是将数据移动到计算。这种区别反映在 Hadoop 集群的实现方式上。在其他的高性能系统中，一个并行文件系统将存在于与计算硬件分开的硬件上。数据通过高速接口从一个计算机组件移动到并行文件系统阵列上。相比之下，HDFS 被设计为工作在作为集群的计算部分的相同硬件上。也就是说，集群中的单个服务器节点经常同时是应用程序的计算引擎和存储引擎。

最后，Hadoop 集群假设节点（甚至机架）在某一时刻会发生故障。为了应对这种情况，HDFS 有冗余的设计，可以容忍系统出现故障，仍提供该程序的计算部分所需的数据。

以下几点总结了 HDFS 的重要方面：

- 一次写/多次读的设计方便了流式读取。
- 文件可以被追加，但不允许随机查找。它是没有数据缓存的。
- 集中数据存储和处理发生在相同的服务器节点上。
- "移动计算比移动数据更廉价。"
- 它是一种跨集群维护数据的多个副本的可靠的文件系统。因此，单个节点（或甚至在一个大型集群中的机架）的故障不会停止文件系统。
- 使用专门的文件系统，它不是为常规使用设计的。

HDFS 组件

HDFS 的设计基于两种类型的节点：一个 NameNode（名字节点）和多个 DataNode（数据节点）。在一个基本的设计中，单个 NameNode 管理存储和检索多个 DataNode 的实际数据所需的所有元数据。然而，NameNode 实际上不存储任何数据。对于最小的 Hadoop 安装，需要在至少一台机器上运行单个 NameNode 守护进程和单个 DataNode 守护进程（见第 2 章 "从 Apache 源代码安装 Hadoop" 一节）。

此设计是主从架构，其中主控节点（NameNode）管理文件系统命名空间并控制客户端对文件的访问。文件系统命名空间操作如打开、关闭和重命名文件和目录，全部由 NameNode 管理。NameNode 也确定块与 DataNode 的映射，并处理 DataNode 的故障。

从属节点（DataNode）负责为客户端对文件系统读取和写入请求提供服务。NameNode 管理块创建、删除和复制。

图 3.1 所示为客户端/NameNode/DataNode 相互作用的示例。在客户端写入数据时，它首先与 NameNode 通信，并发出创建文件的请求。NameNode 确定需要多少块，并为客户端提供了将存储的数据的 DataNode。作为存储过程的一部分，数据块在它们写入分配的节点后被复制。

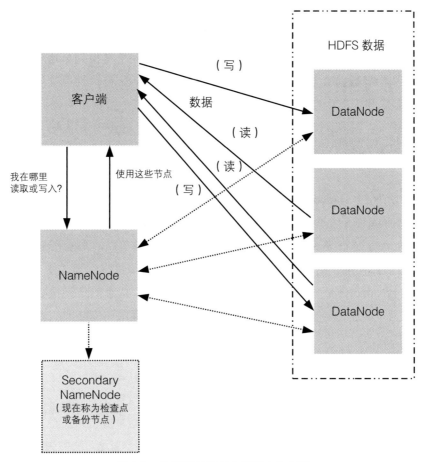

图 3.1 各系统在 HDFS 部署中的作用

取决于集群中有多少个节点，NameNode 会尝试把数据块的副本写入其他单独的机架上的节点中（如果可能）。如果只有一个机架，那么复制的块被写入同一机架中的其他服务器。当数据节点识别出文件块复制过程完成后，客户端关闭此文件，并通知 NameNode 操作已完成。请注意，NameNode 不把任何数据直接写入数据节点。但是，它确实给客户端有限的时间来完成该操作。如果它未在这个时间段中完成，则会取消操作。

读取数据以类似的方式发生。客户端向 NameNode 请求一个文件，后者返回要从中读取数据的最佳数据节点。随后客户端直接从数据节点访问数据。

因此，一旦元数据已交付到客户端，NameNode 就后退并允许客户端和数据节点之间的对话进行。正在进行数据传输时，NameNode 还通过监听从数据节点发送的检测信号监控数据节点。缺少检测信号表示可能的节点故障。在这种情况下，NameNode 会绕过出故障的数据节点并开始重新复制现在丢失的块。由于文件系统是冗余的，通过通知它的 NameNode 将其从 HDFS 池中排除，数据节点可以脱机（停用）用于维护。

数据块和物理数据节点之间的映射不保留在 NameNode 持久性存储上。出于性能原因，NameNode 在内存中存储所有元数据。在启动时，每个数据节点都向 NameNode 提供一个块报告（它在持久性存储中）。每隔 10 个检测信号将发送块报告。（报告之间的时间间隔是可配置的属性）。这些报告使得 NameNode 保留一份集群中所有数据块的最新账户。

在几乎所有的 Hadoop 部署中，都存在一个 SecondaryNameNode。虽然这不是 NameNode 明确要求的，但是强烈建议这么做。术语"SecondaryNameNode"（现在称为 CheckPointNode）是有些误导的。它不是活动的故障切换节点，不能在主 NameNode 出现故障时取代它。（请参阅本章后面的"NameNode 高可用性"一节的更多说明。）

SecondaryNameNode 的目的是执行评估 NameNode 状态的定期检查点操作。记住 NameNode 为了快速访问把所有系统元数据都保留在内存中。它还具有两个磁盘文件来跟踪元数据的更改。

- NameNode 启动时文件系统状态的映像。此文件以 `fsimage_*` 开头，并只在启动时供 NameNode 使用。
- 启动 NameNode 后对文件系统所做的一系列修改。这些文件以 `edit_*` 开头，并反映 `fsimage_*` 文件被读取后所做的更改。

这些文件的位置是在 `hdfs-site.xml` 文件中由 `dfs.namenode.name.dir` 属性设置的。

SecondaryNameNode 定期下载 `fsimage` 并编辑文件，将它们合并为新的 `fsimage`，

并将新的 `fsimage` 文件上载到 NameNode。因此，NameNode 重新启动时，`fsimage` 文件大致是最新的，并且只需要应用上一个检查点以后的编辑日志。如果因为对文件系统更改的数量很多而不运行 SecondaryNameNode，那么 NameNode 重新启动的时间可能长得令人望而却步。

因此，在 HDFS 中的各种角色可概括如下：
- HDFS 使用为大型文件读取/传输而设计的主/从模式。
- NameNode 是元数据服务器或"数据交通警察"。
- HDFS 提供由 NameNode 管理的单独命名空间。
- 数据冗余地存储在 DataNode 上，NameNode 上没有数据。
- SecondaryNameNode 执行 NameNode 文件系统的状态的检查点，但它不是一个故障切换节点。

HDFS 块复制

如前所述，当 HDFS 写入一个文件时，它将被复制到整个集群。复制的量取决于在 `hdfs xml` 文件中 `dfs.replication` 的值。此默认值可以用 `hdfs dfs-setrep` 命令改写。对于包含超过八个数据节点的 Hadoop 集群，复制值通常被设置为 3。对于有 8 个或更少的数据节点，但多于 1 个数据节点的 Hadoop 集群，复制因子 2 就足够了。对于一台像第 2 章中的伪分布式安装的机器，复制因子应设置为 1。

如果几台机器必须都参与某个文件的服务，那么可能因为那些机器中的任何一台的损失而导致此文件不可用。HDFS 通过将每个块都复制到多台机器（默认值是 3）解决这个问题。

此外，HDFS 默认块大小通常为 64 MB。在典型的操作系统中，块大小为 4 KB 或 8 KB。然而，HDFS 默认块大小不是最小块大小。如果一个 20 KB 的文件写入 HDFS，那么它将创建一个大小大约是 20 KB 的块（底层的文件系统可能会具有增加实际的文件大小的最小块大小）。如果写入 HDFS 的是大小为 80 MB 的文件，则将创建一个 64 MB 块和一个 16 MB 块。

第 1 章中提到，HDFS 块与 MapReduce 过程所使用的数据拆分并不完全相同。HDFS 块基于大小，而拆分则基于数据的一种逻辑分区。例如，如果文件包含离散的记录，那么逻辑拆分可以确保在处理过程中，一条记录不物理地拆分到两个单独的服务器上。每个 HDFS 块都可以包含一个或多个拆分。

图 3.2 所示为一个文件如何被分到多个块中并复制到整个集群的示例。在本例中，复制因子 3 可确保任何一个数据节点都允许出故障，而复制的块可在其他节点上提供，然后重新复制到其他数据节点上。

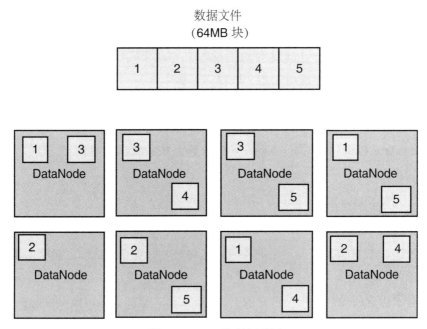

图 3.2　HDFS 块复制示例

HDFS 安全模式

NameNode 启动时，它将进入块不能被复制或删除的只读安全模式（safe mode）。安全模式允许 NameNode 执行两个重要进程。

1. 通过将 `fsimage` 文件加载到内存并重播编辑日志重建以前的文件系统状态。

2. 在块与数据节点之间创建映射的方法是为等待足够的数据节点注册以便至少有一份数据可用。在 HDFS 退出安全模式之前，并不是所有数据节点都需要注册。注册过程可能会持续一段时间。

为了对 HDFS 进行维护，或存在必须由管理员解决的文件系统问题时，也可以使用 `hdfs dfsadmin-safemode` 命令进入安全模式。

机架的识别

机架识别处理的是数据局部性。请记住，Hadoop MapReduce 的主要设计目标之一是把计算移动到数据上。假设大多数数据中心网络都不提供充分的对分带宽[①]，那么典型的 Hadoop 集群将展现数据局部性的三个层次：

1. 数据驻留在本地计算机上（最好）。
2. 数据驻留在同一个机架上（更好）。
3. 数据驻留在不同的机架上（好）。

当 YARN 调度程序正在分配 MapReduce 容器充当映射器时，它将尝试先将此容器放在本地计算机上，然后放在同一机架内，最后放在另一个机架上。

此外，NameNode 试图把复制的数据块放在多个机架上以便提高容错能力。在这种情况下，整个机架的故障都不会导致数据丢失或 HDFS 停止工作。然而，性能有可能会下降。

HDFS 可以利用用户导出的允许主控节点映射集群的网络拓扑图的脚本识别机架。默认 Hadoop 安装假定所有的节点都属于同一个（大）机架。在这种情况下，是没有备选方案 3 的。

NameNode 高可用性

对于早期的 Hadoop 安装，NameNode 是单一故障点，它可能会把整个 Hadoop 集群停机。NameNode 硬件通常采用冗余的电源供应和存储，以防止这类问题，但它仍然容易受到其他故障的伤害。解决办法是实施 NameNode 高可用性（HA）作为一种提供真正的故障转移服务的手段。

如图 3.3 所示，HA Hadoop 集群有两个（或更多个）单独的 NameNode 机器。每台机器都配置了完全相同的软件。

[①] 译者注："对分带宽（bisection bandwidth）"是考量具有逐级收敛特征的网络拓扑的带宽利用率的单位。这个概念可理解为："将网络中的主机分成同样大小的两组，且主机都使用相同的网络链路进行互联，'对分带宽'就是这两组主机之间通信的总链路带宽。"

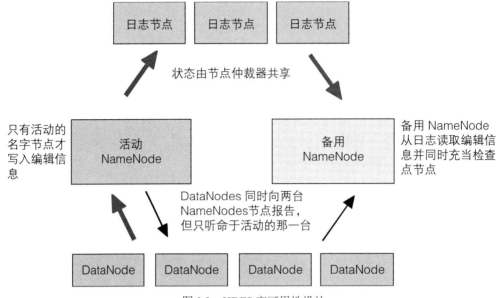

图 3.3　HDFS 高可用性设计

NameNode 机器中的一台处在活动状态，另一台处在待机状态。如同一个单 NameNode 集群，活动 NameNode 负责集群中的所有客户端的 HDFS 操作。待机 NameNode 保持足够的状态以便提供快速故障切换（如果需要）。

为了保证文件系统状态被保留，活动和备用 NameNodes 都从数据节点接收块报告。活动节点也将所有的文件系统编辑信息发送到日志节点仲裁器。至少需要三个物理上独立的 JournalNode（日志节点）守护程序，因为编辑日志修改内容必须写入绝大多数的日志节点。这种设计会使系统能够容忍一台 JournalNode 机器故障。备用节点不断从 JournalNodes 读取所做的编辑以确保其命名空间与活动节点保持同步。活动 NameNode 发生故障时，备用节点就先从 JournalNodes 读取剩余的所有编辑，再把自己提升到活动状态。

为了防止混淆 NameNodes，JournalNodes 一次只允许一台 NameNode 成为一个写入器。在故障转移期间，被选为变成活动的 NameNode 接管了写入 JournalNodes 的角色。在 HA 配置中不需要 SecondaryNameNode，因为备用节点也执行 SecondaryNameNode 的任务。

Apache ZooKeeper 用于监控 NameNode 的健康状况。ZooKeeper 是高度可用的服务，它负责维护少量的协调数据、通知客户数据中的更改，并监测客户端故障。HDFS 的故障转移依赖于 ZooKeeper 故障检测，并将其用于从备用到活动 NameNode 的选举。

ZooKeeper 组件没有在图 3.3 中展示。

HDFS NameNode 联邦

HDFS 的另一个重要功能是 NameNode 联邦。HDFS 的旧版为整个集群提供由单个 NameNode 管理的单个命名空间。因此，单个 NameNode 的资源决定了命名空间的大小。联邦通过为 HDFS 文件系统添加多个 NameNodes/命名空间的支持解决了这一限制。其主要优点如下：

- 命名空间的可扩展性。HDFS 集群存储水平扩展而没有添加 NameNode 的负担。
- 更好的性能。向集群添加更多 NameNodes，通过分割总的命名空间扩展了文件系统读/写操作的吞吐量。
- 系统隔离。多个 NameNodes 允许对不同类别的应用程序加以区别，并且用户可以被隔离到不同的命名空间中。

图 3.4 所示为 HDFS NameNode 联邦的实现方法。NameNode1 管理/research 和/marketing 命名空间，而 NameNode2 管理/data 和/project 命名空间。NameNodes 互相不通信，而 DataNodes "只是按照任意一台 NameNode 的指示存储数据块"。

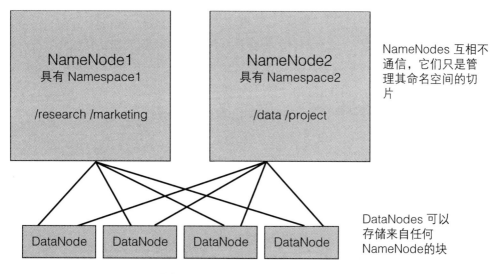

图 3.4 HDFS NameNode 联邦示例

HDFS 检查点和备份

如前所述，NameNode 将 HDFS 文件系统的元数据存储在一个名为 `fsimage` 的文件中。文件系统的修改被写入一个编辑日志文件，并且在启动时，NameNode 将所做的编辑都合并到新的 `fsimage` 中。SecondaryNameNode 或 CheckpointNode 定期从 NameNode 中取回编辑、合并它们，并把更新后的 `fsimage` 返回给 NameNode。

HDFS BackupNode 也是相似的，但它还同时在内存和磁盘上保持文件系统命名空间的最新副本。与 CheckpointNode 不同，BackupNode 上不需要从活动 NameNode 下载 `fsimage` 和编辑文件，因为它已经在内存中有一份最新的命名空间状态。NameNode 在同一时间支持一个 BackupNode。如果 BackupNode 正在使用中，则所有 CheckpointNodes 都不可以被注册。

HDFS 快照

HDFS 快照类似于备份，但都是由管理员使用 `hdfs dfs -snapshot` 命令创建的。HDFS 快照是文件系统的只读时间点副本。它们提供以下功能：

- 快照可以从文件系统的一个子树或整个文件系统创建。
- 快照可用于数据的备份，防止用户错误和用于灾难恢复。
- 创建快照是瞬时的。
- DataNode 上的块不会被复制，因为快照文件记录了块列表和文件大小。没有进行数据备份，虽然它在用户看来是重复的文件。
- 快照不影响常规的 HDFS 操作。

有关创建 HDFS 快照的信息，请参阅第 10 章。

HDFS NFS 网关

HDFS NFS 网关支持 NFSv3 并使 HDFS 能够作为客户端的本地文件系统的一部分安装。用户可以通过它们提供的 NFSv3 客户端兼容操作系统的本地文件系统浏览 HDFS 文件系统。此功能为用户提供了以下能力：

- 用户可以从本地文件系统下载/上传文件到 HDFS 文件系统。
- 用户可以通过挂载点直接向 HDFS 传输数据。支持追加到文件，但不支持随机写入能力。

通过 NFS 挂载 HDFS 将在第 10 章中讲解。

HDFS 用户命令

下面是一个简短的命令参考，将有助于在 HDFS 中浏览。请注意每个命令都有替代选项，这里给出的示例是简单的用例。接下来的也绝不是 HDFS 功能的完整描述。更多的信息，请参阅本章末尾的"总结和补充资料"部分。

简要 HDFS 命令参考

在 Hadoop2 中，与 HDFS 交互的首选方法是通过 `hdfs` 命令。以前的许多 Hadoop 示例中，采用 `hadoop dfs` 命令管理在 HDFS 中的文件。`hadoop dfs` 命令仍可在 Hodoop 2 中工作，但在使用它时，会显示一条消息指出 `hadoop dfs` 已被弃用。

下面的清单给出了 `hdfs` 命令的全方位的选项。下一节中，仅探讨部分 `dfs` 和 `hdfsadmin` 选项。第 10 章提供了使用 `hdfs` 命令管理的示例。

```
Usage: hdfs [--config confdir] COMMAND
       where COMMAND is one of:
  dfs                  在受 Hadoop 支持的文件系统上运行一个文件系统命令
  namenode -format     格式化 DFS 文件系统
  secondarynamenode    运行 DFS secondary namenode
  namenode             运行 DFS namenode
  journalnode          运行 DFS journalnode
  zkfc                 运行 ZK 故障切换控制器后台守护程序
  datanode             运行一个 DFS datanode
  dfsadmin             运行一个 DFS 管理客户端
  haadmin              运行一个 DFS HA 管理客户端
  fsck                 运行 DFS 文件系统检查实用程序
  balancer             运行集群负载均衡实用程序
  jmxget               获得 JMX 导出值
  mover                运行一个实用程序，跨存储类型移动块副本
  oiv                  将脱机 fsimage 查看器应用到 fsimage
  oiv_legacy           将脱机 fsimage 查看器应用到旧版的 fsimage
  oev                  将脱机编辑查看器应用到编辑文件
  fetchdt              从 NameNode 获得授权令牌
  getconf              从配置文件获取配置值
  groups               获取用户所属的组
  snapshotDiff         比较一个目录的两个快照或把当前目录内容与快照比较
  lsSnapshottableDir   列出当前用户拥有的全部可制作快照的目录，使用 -help 查看选项
  portmap              运行端口映射服务
  nfs3                 运行一个 NFS 第 3 版网关
```

cacheadmin	配置 HDFS 缓存
crypto	配置 HDFS 加密区
storagepolicies	得到所有现有块的存储策略
version	输出版本号

大多数命令带 w/o 参数调用时都输出帮助。

一般 HDFS 命令

HDFS 的版本可以从 version 选项查到。本节中的示例都是在这里显示的 HDFS 版本上运行的:

```
$ hdfs version
Hadoop 2.6.0.2.2.4.2-2
Subversion git@github.com:hortonworks/hadoop.git -r
22a563ebe448969d07902aed869ac13c652b2872
Compiled by jenkins on 2015-03-31T19:49Z
Compiled with protoc 2.5.0
From source with checksum b3481c2cdbe2d181f2621331926e267
This command was run using /usr/hdp/2.2.4.2-2/hadoop/hadoop-
common-2.6.0.2.2.4.2-2.jar
```

HDFS 提供了一系列的类似于标准的 POSIX 文件系统中的命令。通过发出以下命令，可以获得这些命令的列表。

这里强调几个在用户账户 hdfs 下执行的命令。

```
$ hdfs dfs
Usage: hadoop fs [generic options]
        [-appendToFile <localsrc> ... <dst>]
        [-cat [-ignoreCrc] <src> ...]
        [-checksum <src> ...]
        [-chgrp [-R] GROUP PATH...]
        [-chmod [-R] <MODE[,MODE]... | OCTALMODE> PATH...]
        [-chown [-R] [OWNER][:[GROUP]] PATH...]
        [-copyFromLocal [-f] [-p] [-l] <localsrc> ... <dst>]
        [-copyToLocal [-p] [-ignoreCrc] [-crc] <src> ... <localdst>]
        [-count [-q] [-h] <path> ...]
        [-cp [-f] [-p | -p[topax]] <src> ... <dst>]
        [-createSnapshot <snapshotDir> [<snapshotName>]]
        [-deleteSnapshot <snapshotDir> <snapshotName>]
        [-df [-h] [<path> ...]]
        [-du [-s] [-h] <path> ...]
        [-expunge]
        [-get [-p] [-ignoreCrc] [-crc] <src> ... <localdst>]
        [-getfacl [-R] <path>]
        [-getfattr [-R] {-n name | -d} [-e en] <path>]
```

```
[-getmerge [-nl] <src> <localdst>]
[-help [cmd ...]]
[-ls [-d] [-h] [-R] [<path> ...]]
[-mkdir [-p] <path> ...]
[-moveFromLocal <localsrc> ... <dst>]
[-moveToLocal <src> <localdst>]
[-mv <src> ... <dst>]
[-put [-f] [-p] [-l] <localsrc> ... <dst>]
[-renameSnapshot <snapshotDir> <oldName> <newName>]
[-rm [-f] [-r|-R] [-skipTrash] <src> ...]
[-rmdir [--ignore-fail-on-non-empty] <dir> ...]
[-setfacl [-R] [{-b|-k} {-m|-x <acl_spec>} <path>]|[--set
 <acl_spec> <path>]]
[-setfattr {-n name [-v value] | -x name} <path>]
[-setrep [-R] [-w] <rep> <path> ...]
[-stat [format] <path> ...]
[-tail [-f] <file>]
[-test -[defsz] <path>]
[-text [-ignoreCrc] <src> ...]
[-touchz <path> ...]
[-truncate [-w] <length> <path> ...]
[-usage [cmd ...]]
```

支持的一般选项是
```
-conf <configuration file>              指定应用程序配置文件
-D <property=value>                     使用给定属性的值
-fs <local|namenode:port>               指定 namenode
-jt <local|resourcemanager:port>        指定资源管理器
-files <comma separated list of files>     用逗号分隔的文件名来指定要复制到 map reduce 集群的文件
-libjars <comma separated list of jars>    用逗号分隔的 jar 文件名来指定要包含在 classpath 中的文件
-archives <comma separated list of archives>  用逗号分隔的存档文件名来指定要在计算机上释放的文件
```

一般的命令行格式是
```
bin/hadoop command [genericOptions] [commandOptions]
```

列出 HDFS 中的文件

要列出 HDFS 根目录中的文件，输入下列命令：

```
$ hdfs dfs -ls /

Found 10 items
drwxrwxrwx   - yarn    hadoop       0 2015-04-29 16:52 /app-logs
drwxr-xr-x   - hdfs    hdfs         0 2015-04-21 14:28 /apps
drwxr-xr-x   - hdfs    hdfs         0 2015-05-14 10:53 /benchmarks
drwxr-xr-x   - hdfs    hdfs         0 2015-04-21 15:18 /hdp
drwxr-xr-x   - mapred  hdfs         0 2015-04-21 14:26 /mapred
```

```
drwxr-xr-x   - hdfs    hdfs          0 2015-04-21 14:26 /mr-history
drwxr-xr-x   - hdfs    hdfs          0 2015-04-21 14:27 /system
drwxrwxrwx   - hdfs    hdfs          0 2015-05-07 13:29 /tmp
drwxr-xr-x   - hdfs    hdfs          0 2015-04-27 16:00 /user
drwx-wx-wx   - hdfs    hdfs          0 2015-05-27 09:01 /var
```

要列出你的主目录中的文件,输入下列命令:

```
$ hdfs dfs -ls

Found 13 items
drwx------   - hdfs hdfs          0 2015-05-27 20:00 .Trash
drwx------   - hdfs hdfs          0 2015-05-26 15:43 .staging
drwxr-xr-x   - hdfs hdfs          0 2015-05-28 13:03 DistributedShell
drwxr-xr-x   - hdfs hdfs          0 2015-05-14 09:19 TeraGen-50GB
drwxr-xr-x   - hdfs hdfs          0 2015-05-14 10:11 TeraSort-50GB
drwxr-xr-x   - hdfs hdfs          0 2015-05-24 20:06 bin
drwxr-xr-x   - hdfs hdfs          0 2015-04-29 16:52 examples
drwxr-xr-x   - hdfs hdfs          0 2015-04-27 16:00 flume-channel
drwxr-xr-x   - hdfs hdfs          0 2015-04-29 14:33 oozie-4.1.0
drwxr-xr-x   - hdfs hdfs          0 2015-04-30 10:35 oozie-examples
drwxr-xr-x   - hdfs hdfs          0 2015-04-29 20:35 oozie-oozi
drwxr-xr-x   - hdfs hdfs          0 2015-05-24 18:11 war-and-peace-input
drwxr-xr-x   - hdfs hdfs          0 2015-05-25 15:22 war-and-peace-output
```

发出下列命令可以得到同样的结果:

```
$ hdfs dfs -ls /user/hdfs
```

在 HDFS 中创建一个目录

要在 HDFS 中创建一个目录,请使用下面的命令。与-ls 命令一样,当没有提供路径时,使用用户的主目录(例如,/users/hdfs)。

```
$ hdfs dfs -mkdir stuff
```

将文件复制到 HDFS

要将当前的本地目录文件复制到 HDFS 中,请使用以下命令。如果未提供完整的路径,则假定使用用户的主目录。在这种情况下,文件 test 被放在先前创建的 stuff 目录中。

```
$ hdfs dfs -put test stuff
```

可以通过-ls 命令确认文件传输:

```
$ hdfs dfs -ls stuff
Found 1 items -rw-r--r--   2 hdfs hdfs  12857 2015-05-29 13:12 stuff/test
```

从 HDFS 复制文件

使用下面的命令可以将文件复制到你的本地文件系统。在本例中，我们复制到 HDFS 的文件 `test`，将以 `test-local` 为名字被复制回当前的本地目录。

```
$ hdfs dfs -get stuff/test test-local
```

在 HDFS 中复制文件

以下命令将文件在 HDFS 中复制：

```
$ hdfs dfs -cp stuff/test test.hdfs
```

删除在 HDFS 中的文件

以下命令将删除先前创建的 HDFS 文件 `test.dhfs`：

```
$ hdfs dfs -rm test.hdfs
Moved:'hdfs://limulus:8020/user/hdfs/stuff/test'totrashat:hdfs://limulus:8020/user/hdfs/.Trash/Current
```

注意，当 `core-site.xml` 中 `fs.trash.interval` 选项设置为一个非零值时，所有已删除的文件都被移到用户的 .Trash 目录。这可以通过包括 `-skipTrash` 选项来避免。

```
$ hdfs dfs -rm -skipTrash stuff/test
Deleted stuff/test
```

删除在 HDFS 中的目录

以下命令将删除 HDFS 目录 `stuff` 及其所有内容：

```
$ hdfs dfs -rm -r -skipTrash stuff
Deleted stuff
```

获取 HDFS 状态报告

普通用户可以使用以下命令获取简略的 HDFS 状态报告。具有 HDFS 管理员特权的那些用户将得到充分的（和可能很长的）报告。此外，此命令使用 `dfsadmin` 而不是 `dfs` 调用管理命令。状态报告是类似于 HDFS Web 图形用户界面中呈现的数据（请参阅"HDFS 的 Web 图形用户界面"一节）。

```
$ hdfs dfsadmin -report

Configured Capacity: 1503409881088 (1.37 TB)
Present Capacity: 1407945981952 (1.28 TB)
DFS Remaining: 1255510564864 (1.14 TB)
DFS Used: 152435417088 (141.97 GB)
DFS Used%: 10.83%
Under replicated blocks: 54
Blocks with corrupt replicas: 0
Missing blocks: 0
```

报告：用户截止日期的访问被拒绝。必须拥有超级用户权限

HDFS 的 Web 图形用户界面

HDFS 提供了包含许多信息的 Web 界面。界面的启动如第 2 章的"从 Hadoop Apache 源代码安装"一节所述。此界面也可以从 Ambari 管理界面内部启动（见第 9 章）。在图形用户界面可以使用之前，HDFS 必须启动，并在集群上运行。可查看由 GUI 报告的信息来研究在本章中给出的一些 HDFS 概念。HDFS 的 Web 图形用户界面将在第 10 章中进一步描述。

在程序中使用 HDFS

本节介绍了两种可以在用户应用程序内部使用 HDFS 的程序编写方法。

HDFS Java 应用程序示例

在使用 Java 时，从 Hadoop DFS 进行读写与其他文件系统的相应操作没有什么不同。清单 3.1 中的代码是一个从 HDFS 读取、写入和删除文件，以及创建目录的示例。本示例可从本书下载页面（请参见附录 A 或从 http://wiki.apache.org/hadoop/HadoopDfsRead

WriteExample 获得。

为了能够读取或写入 HDFS，你需要创建一个 Configuration 对象，并使用 Hadoop 配置文件将配置参数传递给它。清单 3.1 所示的示例假定 Hadoop 配置文件位于 /etc/hadoop/conf。如果你不分配配置对象到本地 Hadoop XML 文件，那么你的 HDFS 操作将会在本地文件系统上执行，而不是在 HDFS 上执行。

清单 3.1 HadoopDFSFileReadWrite.java

```java
package org.myorg;
import java.io.BufferedInputStream;
import java.io.BufferedOutputStream;
import java.io.File;
import java.io.FileInputStream;
import java.io.FileOutputStream;
import java.io.IOException;
import java.io.InputStream;
import java.io.OutputStream;

import org.apache.hadoop.conf.Configuration;
import org.apache.hadoop.fs.FSDataInputStream;
import org.apache.hadoop.fs.FSDataOutputStream;
import org.apache.hadoop.fs.FileSystem;
import org.apache.hadoop.fs.Path;

public class HDFSClient {
   public HDFSClient() {
   }
   public void addFile(String source, String dest) throws IOException {
      Configuration conf = new Configuration();
      // Conf 对象将从这些XML 文件读取 HDFS 配置参数
      conf.addResource(new Path("/etc/hadoop/conf/core-site.xml"));
      conf.addResource(new Path("/etc/hadoop/conf/hdfs-site.xml"));
      FileSystem fileSystem = FileSystem.get(conf);
      // 从文件路径中提取文件名
      String filename = source.substring(source.lastIndexOf('/') + 1,
         source.length());
      //创建目标路径，包括文件名
      if (dest.charAt(dest.length() - 1) != '/') {
         dest = dest + "/" + filename;
      } else {
         dest = dest + filename;
      }
      // System.out.println("Adding file to " + destination);
      // 检查文件是否已存在
      Path path = new Path(dest);
      if (fileSystem.exists(path)) {
```

```java
        System.out.println("File " + dest + " already exists");
        return;
    }
    // 创建一个新文件并写入数据
    FSDataOutputStream out = fileSystem.create(path);
    InputStream in = new BufferedInputStream(new FileInputStream(
        new File(source)));
    byte[] b = new byte[1024];
    int numBytes = 0;
    while ((numBytes = in.read(b)) > 0) {
        out.write(b, 0, numBytes);
    }
    // 关闭文件描述符
    in.close();
    out.close();
    fileSystem.close();
}


public void readFile(String file) throws IOException {
    Configuration conf = new Configuration();
    conf.addResource(new Path("/etc/hadoop/conf/core-site.xml"));
    FileSystem fileSystem = FileSystem.get(conf);
    Path path = new Path(file);
    if (!fileSystem.exists(path)) {
        System.out.println("File " + file + " does not exists");
        return;
    }
    FSDataInputStream in = fileSystem.open(path);
    String filename = file.substring(file.lastIndexOf('/') + 1,
        file.length());
    OutputStream out = new BufferedOutputStream(new FileOutputStream(
        new File(filename)));
    byte[] b = new byte[1024];
    int numBytes = 0;
    while ((numBytes = in.read(b)) > 0) {
        out.write(b, 0, numBytes);
    }
    in.close();
    out.close();
    fileSystem.close();
}

public void deleteFile(String file) throws IOException {
    Configuration conf = new Configuration();
    conf.addResource(new Path("/etc/hadoop/conf/core-site.xml"));
    FileSystem fileSystem = FileSystem.get(conf);
    Path path = new Path(file);
```

```java
      if (!fileSystem.exists(path)) {
         System.out.println("File " + file + " does not exists");
         return;
      }
      fileSystem.delete(new Path(file), true);
      fileSystem.close();
   }

   public void mkdir(String dir) throws IOException {
      Configuration conf = new Configuration();
      conf.addResource(new Path("/etc/hadoop/conf/core-site.xml"));
      FileSystem fileSystem = FileSystem.get(conf);
      Path path = new Path(dir);
      if (fileSystem.exists(path)) {
         System.out.println("Dir " + dir + " already not exists");
         return;
      }
      fileSystem.mkdirs(path);
      fileSystem.close();
   }

   public static void main(String[] args) throws IOException {
      if (args.length < 1) {
         System.out.println("Usage: hdfsclient add/read/delete/mkdir" +
            " [<local_path> <hdfs_path>]");
         System.exit(1);
      }
      HDFSClient client = new HDFSClient();
      if (args[0].equals("add")) {
         if (args.length < 3) {
            System.out.println("Usage: hdfsclient add <local_path> " +
            "<hdfs_path>");
            System.exit(1);
         }
         client.addFile(args[1], args[2]);
      } else if (args[0].equals("read")) {
         if (args.length < 2) {
            System.out.println("Usage: hdfsclient read <hdfs_path>");
            System.exit(1);
         }
         client.readFile(args[1]);
      } else if (args[0].equals("delete")) {
         if (args.length < 2) {
            System.out.println("Usage: hdfsclient delete <hdfs_path>");
            System.exit(1);
         }
         client.deleteFile(args[1]);
      } else if (args[0].equals("mkdir")) {
```

```
            if (args.length < 2) {
                System.out.println("Usage: hdfsclient mkdir <hdfs_path>");
                System.exit(1);
            }
            client.mkdir(args[1]);
        } else {
            System.out.println("Usage: hdfsclient add/read/delete/mkdir" +
                " [<local_path> <hdfs_path>]");
            System.exit(1);
        }
        System.out.println("Done!");
    }
}
```

在 Linux 系统上使用以下步骤，可以编译清单 3.1 中的 `HadoopDFSFileReadWrite.java` 示例。首先，创建一个用于存放类的目录：

```
$ mkdir HDFSClient-classes
```

接下来，使用 `'hadoop classpath'` 路径编译程序，确保所有类的路径都可用：

```
$ javac -cp 'hadoop classpath' -d HDFSClient-classes HDFSClient.java
```

最后，创建一个 Java 存档文件：

```
$ jar -cvfe HDFSClient.jar org/myorg.HDFSClient -C HDFSClient-classes/ .
```

运行此程序可以检查可用的选项，如下所示：

```
$ hadoop jar ./HDFSClient.jar
Usage: hdfsclient add/read/delete/mkdir [<local_path> <hdfs_path>]
```

可以使用下面的命令来完成从本地系统到 HDFS 的简单文件复制：

```
$ hadoop jar ./HDFSClient.jar add ./NOTES.txt /user/hdfs
```

可以利用 `hdfs dfs -ls` 命令在 HDFS 中看到此文件：

```
$ hdfs dfs -ls NOTES.txt
-rw-r--r--   2 hdfs hdfs        502 2015-06-03 15:43 NOTES.txt
```

HDFS C 应用程序示例

通过采用基于 Java 本机接口（JNI）——用于 Hadoop HDFS 的 C 应用程序编程接口（API），可以在 C 程序中使用 HDFS。库文件 `libhdfs` 提供了一个简单的 C API 操纵

HDFS 文件和文件系统。`libhdfs` 通常作为 Hadoop 安装的一部分获得。有关此 API 的详细信息可以在 Apache 的网页 http://wiki.apache.org/hadoop/LibHDFS 找到。

清单 3.2 是演示 API 的使用的小示例程序。此示例可从本书下载页面获得，参见附录 A。

清单 3.2　hdfs-simple-test.c

```c
#include <stdio.h>
#include <stdlib.h>
#include <string.h>
#include "hdfs.h"

int main(int argc, char **argv) {

    hdfsFS fs = hdfsConnect("default", 0);
    const char* writePath = "/tmp/testfile.txt";
    hdfsFile writeFile = hdfsOpenFile(fs, writePath, WRONGLY|O_CREAT, 0, 0, 0);
    if (!writeFile) {
        fprintf(stderr, "Failed to open %s for writing!\n", writePath);
        exit(-1);
    }
    char* buffer = "Hello, World!\n";
    tSize num_written_bytes = hdfsWrite(fs, writeFile, (void*)buffer, strlen(buffer)+1);
    if (hdfsFlush(fs, writeFile)) {
        fprintf(stderr, "Failed to 'flush' %s\n", writePath);
        exit(-1);
    }
    hdfsCloseFile(fs, writeFile);
}
```

这个示例可以使用以下步骤构建。假定软件环境如下：
- 操作系统：Linux
- 平台：RHEL 6.6
- Hortonworks HDP 2.2，配备 Hadoop 版本：2.6

第一步是加载 Hadoop 环境路径。尤其是编译器需要的 `$HADOOP_LIB` 路径。

```
$ . /etc/hadoop/conf/hadoop-env.sh
```

此程序使用 `gcc` 和下面的命令行编译。除了 `$HADOOP_LIB`，还假定在本地环境中具有 `$JAVA_HOME` 路径。如果编译器发出错误或警告，请确认 Hadoop 和 Java 环境的所有路径都正确。

```
$ gcc hdfs-simple-test.c -I$HADOOP_LIB/include -I$JAVA_HOME/include
➥ -L$HADOOP_LIB/lib -L$JAVA_HOME/jre/lib/amd64/server -ljvm -lhdfs
➥ -o hdfs-simple-test
```

运行时库路径的位置需要用下面的命令来设置:

```
$ export LD_LIBRARY_PATH=
➥ $LD_LIBRARY_PATH:$JAVA_HOME/jre/lib/amd64/server:$HADOOP_LIB/lib
```

Hadoop 类路径需要使用以下命令设置。`--glob` 选项是必需的,因为 Hadoop 2 使用 `hadoop classpath` 命令输出中的通配符语法。Hadoop 1 使用每个 jar 文件的完整路径,而不使用通配符。不幸的是,当通过 JNI 启动嵌入式的 JVM 时,Java 不会自动扩展通配符,所以旧脚本可能无法工作。`--glob` 选项扩展通配符。

```
$ export CLASSPATH=`hadoop classpath -glob`
```

可以使用下面的代码运行此程序。可能有一些可以忽略的警告。

```
$ /hdfs-simple-test
```

新文件的内容可以使用 `hdfs dfs -cat` 命令来检查:

```
$ hdfs dfs -cat /tmp/testfile.txt
Hello, World!
```

总结和补充资料

Apache Hadoop HDFS 已成为一种成熟的高性能大数据文件系统。它的设计从根本上不同于许多传统的文件系统,并提供 Hadoop 应用程序所需的许多重要功能——包括数据局部性。NameNode 和数据节点,这两个关键组件相结合,提供了一个在商品服务器上运作的可扩展且稳健的分布式存储解决方案。NameNode 可以由备用或检查点的节点增强,以提高性能和稳健性。诸如高可用性、NameNode 联邦、快照和 NFSv3 装载等高级特性也提供 HDFS 管理员使用。

用户使用类似于传统 POSIX 样式的文件系统命令接口与 HDFS 进行交互。只须少量 HDFS 用户命令的子集,就可立即使用 HDFS。此外,HDFS 还提供易于访问文件系统信息的 Web 界面。最后,HDFS 可以在最终用户使用 Java 或 C 语言编写的应用程序中方便地使用。

可以从下列资源获得有关 HDFS 的补充信息和背景知识:

- HDFS 背景知识
    - http://hadoop.apache.org/docs/stable1/hdfs_design.html
    - http://developer.yahoo.com/hadoop/tutorial/module2.html
    - http://hadoop.apache.org/docs/stable/hdfs_user_guide.html
- HDFS 用户命令
    - http://hadoop.apache.org/docs/stable/hadoop-project-dist/hadoop-hdfs/HDFSCommands.html
- HDFS Java 程序
    - http://wiki.apache.org/hadoop/HadoopDfsReadWriteExample
- 用 C 编写 HDFS libhdfs 程序
    - http://hadoop.apache.org/docs/stable/hadoop-project-dist/hadoop-hdfs/LibHdfs.html

4

运行示例程序和基准测试程序

本章内容：
- 提供了运行 Hadoop MapReduce 实例所需的步骤。
- 概述了 YARN 资源管理器 Web 图形用户界面。
- 提供了运行两个重要的基准测试程序所需的步骤。
- 介绍了作为列出和清除 MapReduce 作业的方式的 mapred 命令。

当使用新的或更新的硬件或软件时，简单的示例和基准测试程序有助于确定适当的操作。Apache Hadoop 包括许多示例和基准测试程序，以帮助完成这项任务。本章说明如何运行、监控和管理一些基本的 MapReduce 示例和基准。

运行 MapReduce 示例

所有的 Hadoop 版本都配备了 MapReduce 示例应用程序。运行已有的 MapReduce 示例是一个简单的过程——找到示例文件的位置就行了。例如，如果你利用 Apache 源代码在 /opt 中安装 Hadoop 2.6.0，则示例将位于以下目录中：

/opt/hadoop-2.6.0/share/hadoop/mapreduce/

在其他版本中，这些示例可能位于 /usr/lib/hadoop-mapreduce/ 或其他位置。可以使用 find 命令找到示例 jar 文件的确切位置：

$ find / -name "hadoop-mapreduce-examples*.jar" -print

本章，将使用以下软件环境：
- 操作系统：Linux
- 平台：RHEL 6.6

- Hortonworks HDP 2.2，配备 Hadoop 2.6 版

在这个环境中，示例的位置是 /usr/hdp/2.2.4.2-2/hadoop-mapreduce。出于此示例的目的，可以定义名为 HADOOP_EXAMPLES 的环境变量如下：

```
$ export HADOOP_EXAMPLES=/usr/hdp/2.2.4.2-2/hadoop-mapreduce
```

一旦你定义了示例路径，你可以使用以下各节讨论的命令来运行 Hadoop 示例。

列出可用的示例

通过运行以下命令，可以找到可用示例的列表。在某些情况下，版本号可能是 jar 文件的一部分（例如，在 2.6 版的 Apache 源代码中，此文件被命名为 `hadoop-mapreduce-examples-2.6.0.jar`）。

```
$ yarn jar $HADOOP_EXAMPLES/hadoop-mapreduce-examples.jar
```

> **注意**
>
> 在以前的版本中，使用 Hadoop 命令 `hadoop jar...` 运行 MapReduce 程序。新版本提供了 `yarn` 命令，它提供了更多的功能。这两个命令对于这些示例都有效。

可能的示例如下所示：

```
示例程序必须作为第一个参数给出。
有效的程序名称：
  Aggregatewordcount：基于聚合的统计输入文件中的单词数的 map/reduce 程序。
  Aggregatewordhist：基于聚合的计算输入文件中的单词的直方图的 map/reduce 程序。
  Bbp：使用 Bailey-Borwein-Plouffe 公式计算圆周率的确切数字的 map/reduce 程序。
  Dbcount：从数据库清点页面浏览量计数的示例作业。
  Distbbp：使用 BBP 型公式计算圆周率的精确位的 map/reduce 程序。
  Grep：清点输入中与一个正则表达式匹配的次数的 map/reduce 程序。
  Join：影响对已排序，同样分区的数据集的连接的作业。
  Multifilewc：从几个文件统计单词数的作业。
  Pentomino：寻找拼图问题解决办法的 map/reduce 瓷砖铺设程序。
  Pi：使用拟蒙特卡洛方法估计圆周率的 map/reduce 程序。
  Randomtextwriter：往每个节点写入 10 GB 的随机文本数据的 map/reduce 程序。
  Randomwriter：往每个节点写入 10 GB 的随机数据的 map/reduce 程序。
  Secondarysort：为 reduce 定义次要排序的示例。
  Sort：对随机写入器所写的数据进行排序的 map/reduce 程序。
  Sudoku：数独求解程序。
  Teragen：为 terasort 生成数据。
```

```
Terasort：运行 terasort。
Teravalidate：检查 terasort 的结果。
Wordcount：清点输入文件中的单词数的 map/reduce 程序。
Wordmean：计算输入文件中的单词的平均长度的 map/reduce 程序。
Wordmedian：计算输入文件中的单词的长度中位数的 map/reduce 程序。
Wordstandarddeviation：计算输入文件中的单词长度的标准差的 map/reduce 程序。
```

为了说明 Hadoop 和 YARN 资源管理器服务 GUI 的几个特点，下一步介绍 pi 和 terasort 的示例。要查找运行其他示例的帮助，请输入不带任何参数的示例名称。第 6 章涵盖了名为 `wordcount` 的另一种流行示例。

运行 Pi 示例

`pi` 示例使用拟蒙特卡洛方法计算 π 的数字。如果你未曾在 HDFS（见第 10 章）中添加用户，那么以用户 `hdfs` 运行这些测试。若要用 16 个 map 和每个 map 1,000,000 个样本运行 pi 示例，请输入以下命令：

```
$ yarn jar $HADOOP_EXAMPLES/hadoop-mapreduce-examples.jar pi 16 1000000
```

如果程序运行正常，你应该看到类似以下内容的输出。（为清楚起见，一些 Hadoop INFO 消息已被删除。）

```
Number of Maps  = 16
Samples per Map = 1000000
Wrote input for Map #0
Wrote input for Map #1
Wrote input for Map #2
Wrote input for Map #3
Wrote input for Map #4
Wrote input for Map #5
Wrote input for Map #6
Wrote input for Map #7
Wrote input for Map #8
Wrote input for Map #9
Wrote input for Map #10
Wrote input for Map #11
Wrote input for Map #12
Wrote input for Map #13
Wrote input for Map #14
Wrote input for Map #15
Starting Job
...
15/05/13 20:10:30 INFO mapreduce.Job:  map 0% reduce 0%
15/05/13 20:10:37 INFO mapreduce.Job:  map 19% reduce 0%
```

```
15/05/13 20:10:39 INFO mapreduce.Job:  map 50% reduce 0%
15/05/13 20:10:46 INFO mapreduce.Job:  map 56% reduce 0%
15/05/13 20:10:47 INFO mapreduce.Job:  map 94% reduce 0%
15/05/13 20:10:48 INFO mapreduce.Job:  map 100% reduce 100%
15/05/13 20:10:48 INFO mapreduce.Job: Job job_1429912013449_0047 completed
successfully
15/05/13 20:10:48 INFO mapreduce.Job: Counters: 49
        File System Counters
                FILE: Number of bytes read=358
                FILE: Number of bytes written=1949395
                FILE: Number of read operations=0
                FILE: Number of large read operations=0
                FILE: Number of write operations=0
                HDFS: Number of bytes read=4198
                HDFS: Number of bytes written=215
                HDFS: Number of read operations=67
                HDFS: Number of large read operations=0
                HDFS: Number of write operations=3
        Job Counters
                Launched map tasks=16
                Launched reduce tasks=1
                Data-local map tasks=16
                Total time spent by all maps in occupied slots (ms)=158378
                Total time spent by all reduces in occupied slots (ms)=8462
                Total time spent by all map tasks (ms)=158378
                Total time spent by all reduce tasks (ms)=8462
                Total vcore-seconds taken by all map tasks=158378
                Total vcore-seconds taken by all reduce tasks=8462
                Total megabyte-seconds taken by all map tasks=243268608
                Total megabyte-seconds taken by all reduce tasks=12997632
        Map-Reduce Framework
                Map input records=16
                Map output records=32
                Map output bytes=288
                Map output materialized bytes=448
                Input split bytes=2310
                Combine input records=0
                Combine output records=0
                Reduce input groups=2
                Reduce shuffle bytes=448
                Reduce input records=32
                Reduce output records=0
                Spilled Records=64
                Shuffled Maps=16
                Failed Shuffles=0
                Merged Map outputs=16
                GC time elapsed (ms)=1842
                CPU time spent (ms)=11420
```

```
                Physical memory（bytes）snapshot=13405769728
                Virtual memory（bytes）snapshot=33911930880
                Total committed heap usage（bytes）=17026777088
        Shuffle Errors
                BAD_ID=0
                CONNECTION=0
                IO_ERROR=0
                WRONG_LENGTH=0
                WRONG_MAP=0
                WRONG_REDUCE=0
        File Input Format Counters
                Bytes Read=1888
        File Output Format Counters
                Bytes Written=97
Job Finished in 23.718 seconds
Estimated value of Pi is 3.14159125000000000000
```

请注意，在 Hadoop 1 中，MapReduce 进度的显示方式与此相同，但应用程序统计信息却不同。大多数统计信息都一目了然。要注意的一个重要条目是，运行该程序用到了 YARN MapReduce 框架。（有关 YARN 框架的更多详细信息，参见第 1 章和第 8 章。）

使用 Web 界面监控示例

本节举例说明了如何使用 YARN 资源管理器 Web 界面监控和查找有关 YARN 作业的信息。Hadoop 2 的 YARN 资源管理器 Web 界面明显区别于在 Hadoop 1 中的 MapReduceWeb 界面。图 4.1 所示为 YARN Web 主界面。集群度量指标显示在最上面一行，而运行的应用程序会显示在主表中。左边的菜单提供到节点表、各种作业类别（例如，新建、接受、运行、已完成、失败）和容量调度程序的访问（将在第 10 章中介绍）。此界面可以直接从 Ambari YARN 服务快速链接菜单打开，或通过直接在本地 Web 浏览器中输入 http://hostname:8088 打开。此示例使用的是 `pi` 应用程序。请注意，应用程序可能会快速地运行，并且可能在你充分研究图形用户界面之前就完成了。在研究图形用户界面中的各种链接时，那种需要长时间运行的应用程序，如 `terasort`，可能会非常有用。

对于那些使用过或读过关于 Hadoop 1 的文章的读者，如果你查看集群度量指标表，你将看到一些新的信息。首先，你会注意到"map/reduce 任务能力"被正在运行的容器的数量所取代。如果 YARN 正在运行 MapReduce 作业，那么这些容器可以同时用于 map 和 reduce 任务。不同于 Hadoop 1，在这里映射程序和缩减程序的数量不是固定的。这里还有内存指标和节点状态的链接。如果你单击节点链接[左侧"关于（About）"菜单下面]，你可以得到节点的活动和状态的总结信息。例如，图 4.2 所示为 pi 应用程序正在运行时的节点活动截图。请注意，可由 MapReduce 框架作为映射程序或缩减程序的容器数量。

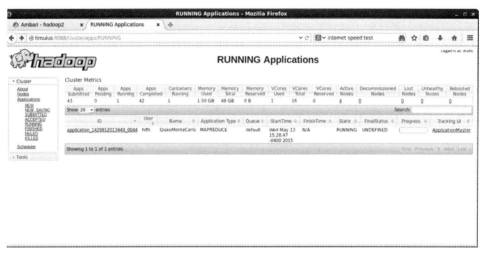

图 4.1　Hadoop 运行 pi 示例应用程序的 Web 界面

回到主应用程序/运行窗口（图 4.1），如果你单击 `application_14299...` 上的链接，则将显示如图 4.3 所示的应用程序状态窗口。此窗口提供应用程序的概述和度量指标，包括运行 ApplicationMaster 容器所在的集群节点。

单击图 4.3 中紧接着"跟踪 URL:"的 ApplicationMaster 链接，将出现如图 4.4 所示的窗口。请注意，指向应用程序的 ApplicationMaster 的链接也能在图 4.1 所示界面的最后一列找到。

在 MapReduce 应用程序窗口中，你可以看到 MapReduce 应用程序的详情和映射程序或缩减程序的总体进度。单击 `job_14299...` 将会打开如图 4.5 所示的窗口，此窗口显示更多的详细情况，包括待定、运行、完成和失败的映射程序和缩减程序的数量，包括这个作业启动后的运行时间。

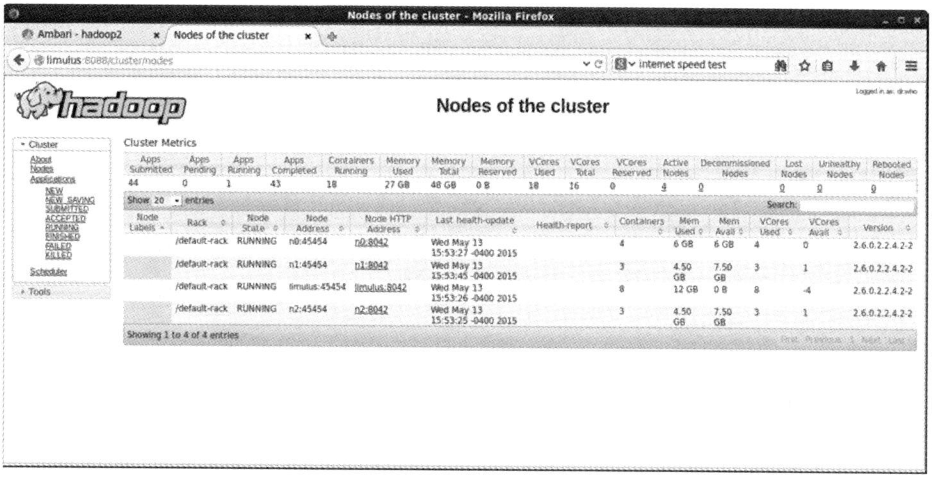

4 运行示例程序和基准测试程序

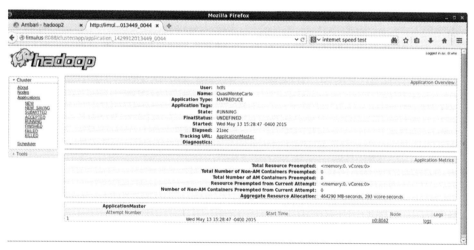

图 4.2 Hadoop YARN 资源管理器节点状态窗口

图 4.3 Hadoop YARN 应用状态 pi 示例

当作业取得进展时，图 4.5 所示中的作业状态将被更新（此窗口需要手动刷新）。ApplicationMaster 收集并报告每个映射程序和缩减程序的任务的进度。当这项作业完成后，此窗口被更新为如图 4.6 所示。它报告总的运行时间，并提供分解的 MapReduce 作业的关键阶段（映射、派发、合并、缩减）的计时情况。

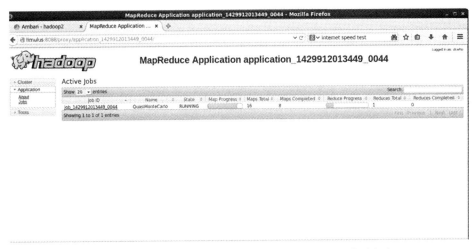

图 4.4　Hadoop YARN ApplicationMaster MapReduce 应用程序

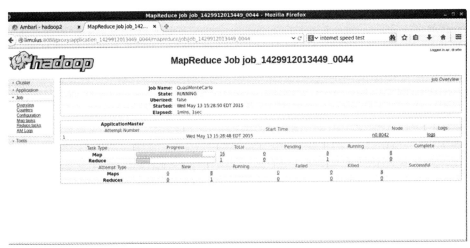

图 4.5　Hadoop YARN MapReduce 作业进度

如果你单击用来运行 ApplicationMaster 的节点（图 4.6 中的 n0:8042），则会打开图 4.7 所示的窗口，并提供来自 NodeManager 的对节点 n0 的总结。再次，NodeManager 只跟踪容器，在容器中运行的实际任务由 ApplicationMaster 决定。

4　运行示例程序和基准测试程序　　99

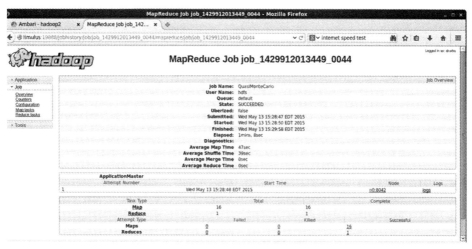

图 4.6　Hadoop YARN 完成的 MapReduce 作业总结

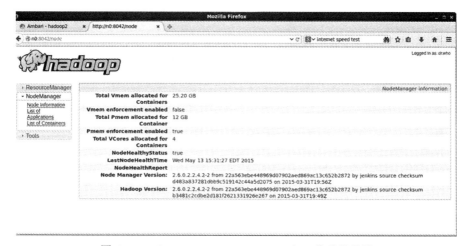

图 4.7　Hadoop YARN NodeManager 对 n0 作业的总结

回到作业总结页（图 4.6），你可以通过单击"日志"链接检查 ApplicationMaster 的日志。要查找关于映射程序和缩减程序的信息，请单击失败、清除和成功列下面的数字。在此示例中，有 16 个成功的映射程序和一个成功的缩减程序。这些列中的所有数字指向关于各个 map 或 reduce 过程的更多信息。例如，单击图 4.6 所示的"成功"下面的 16，将显示图 4.8 所示的 map 任务表。应用程序主容器的度量指标值以表格形式显示。这里也有每个进程（在本例中，是 map 过程）的日志文件的链接。要查看这些日志，需要设置 `yarn-site.xml` 文件中的 `yarn.log.aggregation-enable` 变量。有关更改 Hadoop 设置的详细信息，请参阅第 9 章。

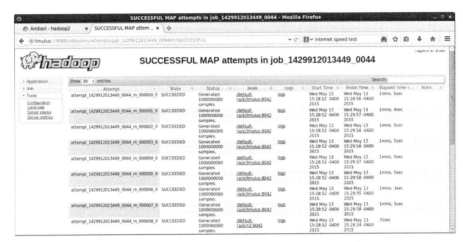

图 4.8　Hadoop YARN 可供浏览的 MapReduce 日志

如果你返回主集群窗口(图 4.1)，选择应用程序/已完成，然后选择我们的应用程序，你将看到图 4.9 所示的总结页。

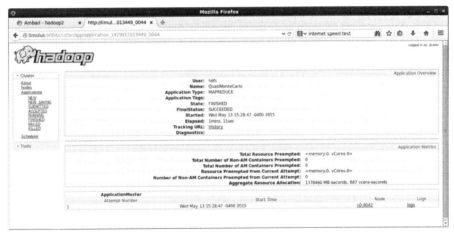

图 4.9　Hadoop YARN 的应用总结页

在上一个窗口中，有几点要注意。第一，因为 YARN 管理应用程序，所以 ResourceManager 报告的所有信息涉及所提供的资源和应用程序类型（在本例中，是 MAPREDUCE）。在图 4.1 和图 4.4 中，YARN ResourceManager 通过其应用程序 id （application_1429912013449_0044）指向 pi 示例。YARN 不拥有实际的应用程序的相关数据，除了一个事实，即它是一个 MapReduce 作业。来自实际 MapReduce 作业的数据是 MapReduce 框架所提供的，并且由图 4.6 所示的作业 id （job_1429912013449_0044）引用。因此，在 Web 图形用户界面中结合了两个明显不同的数据流：YARN 的应用程序（applications）和 MapReduce 框架的作业（jobs）。如果框架不提供作业信息，那么 Web 界面的某些部分将没有可显示的内容。

上一个窗口的另一个有趣的方面是映射程序和缩减程序任务的动态性质。这些任务作为 YARN 容器执行，它们的数量将在应用程序运行时更改。用户可以请求特定数量的映射程序和缩减程序，但 ApplicationMaster 会以动态的方式使用它们。当映射程序完成时，ApplicationMaster 将把容器返回资源管理器并请求较小数量的缩减程序容器。此功能提供了好很多的集群利用率，因为映射程序和缩减程序是动态的资源，而不是固定的。

运行基本 Hadoop 基准测试程序

许多 Hadoop 基准测试程序都可以用来观测集群性能。最佳的基准测试程序始终是那些反映真实应用程序性能的。本节讨论的两个基准测试程序，`terasort` 和 `TestDFSIO`，可以对你的 Hadoop 安装的运行良好程度进行测试，并且可以与其他 Hadoop 系统公布的公开数据相比。然而，这个结果不应被作为全系统在所有应用程序上的性能的单一指标。

以下基准测试程序是为完整的 Hadoop 集群安装设计的。这些测试假设有一个多磁盘 HDFS 环境。不建议在 Hortonworks 沙箱或伪-分布式单节点安装中运行这些基准测试程序，因为它们都使用单个系统磁盘驱动器完成所有的输入和输出（I/O）。

运行 Terasort 测试

`terasort` 基准测试程序对指定数量的随机生成数据进行排序。这个基准测试程序对 Hadoop 集群的 HDFS 和 MapReduce 层提供一种合并测试。一个完整的 `terasort` 基准测试程序的运行由如下三个步骤组成。

1. 通过 `teragen` 程序生成输入数据。
2. 在输入数据上运行实际的 `terasort` 基准测试程序。
3. 通过 `teravalidate` 程序验证排序后的输出数据。

一般来说，每行的长度都是 100 字节，这样写入的总数据量是 100 乘以行数，这是作为基准测试程序的一部分指定的（即要写入 100GB 数据，需要使用 10 亿行）。输入和输出目录需要在 HDFS 中指定。下列命令序列将以用户 `hdfs` 的身份对 50GB 数据运行此基准测试程序。在运行基准测试程序之前，请确保在 HDFS 中存在/user/hdfs 目录。

1. 运行 `teragen` 生成要进行排序的随机数据行。
   ```
   $ yarn jar $HADOOP_EXAMPLES/hadoop-mapreduce-examples.jar teragen 500000000
   ➥/user/hdfs/TeraGen-50GB
   ```

2. 运行 `terasort` 对数据库进行排序。
   ```
   $ yarn jar $HADOOP_EXAMPLES/hadoop-mapreduce-examples.jar terasort
   ➥/user/hdfs/TeraGen-50GB /user/hdfs/TeraSort-50GB
   ```

3. 运行 `teravalidate` 验证排序。
   ```
   $ yarn jar $HADOOP_EXAMPLES/hadoop-mapreduce-examples.jar teravalidate
   ➥/user/hdfs/TeraSort-50GB /user/hdfs/TeraValid-50GB
   ```

为了报告结果，实际排序（`terasort`）的时间会被测量，并且以兆字节每秒（MB/s）表示的基准速率会被计算。为了获得最佳性能，应使用复制因子1来运行实际的 `terasort` 基准测试程序。此外，默认的 `terasort` 缩减程序任务数被设置为1。增加缩减程序经常有助于提高基准测试程序性能。例如，下面的命令将指示 `terasort` 使用四个缩减程序任务。

```
$ yarn jar $HADOOP_EXAMPLES/hadoop-mapreduce-examples.jar terasort
➥ -Dmapred.reduce.tasks=4 /user/hdfs/TeraGen-50GB /user/hdfs/TeraSort-50GB
```

另外，在多次测试运行之间（和测试完毕后）不要忘记清理 `terasort` 数据。以下命令将执行前一个示例的清除：

```
$ hdfs dfs -rm -r -skipTrash Tera*
```

运行 TestDFSIO 基准

Hadoop 还包括一个称为 `TestDFSIO` 的 HDFS 基准测试应用程序。`TestDFSIO` 基准测试程序是一种 HDFS 读取和写入测试。那就是，它将往 HDFS 写入或从 HDFS 读取一定数量的文件，并被设计为以每个文件使用一个 `map` 任务的方式运行。文件大小和文件的数量作为命令行参数指定。类似于 `terasort` 基准测试程序，你应以用户 `hdfs` 的身份运行此测试。

类似于 `terasort`，`TestDFSIO` 也有几个步骤。在以下示例中，指定了16 个大小为 1 GB 的文件。请注意，`TestDFSIO` 基准测试程序是 `hadoop-mapreduce-client-jobclient.jar` 的一部分。此 jar 文件中也包括其他基准测试程序。不带任何参数地运行它，将产生一个列表。此外，`TestDFSIO`、NNBench（**NameNode** 负载测试）和

MRBench（MapReduce 框架负载测试）也是常用的 Hadoop 基准测试程序。然而，在这些基准测试程序中，TestDFSIO 也许是最广为报道的。运行 TestDFSIO 的步骤如下所示：

1. 在写模式下运行 TestDFSIO 并创建数据。

   ```
   $ yarn jar $HADOOP_EXAMPLES/hadoop-mapreduce-client-jobclient-tests.jar
   ➥ TestDFSIO -write -nrFiles 16 -fileSize 1000
   ```

   示例结果如下（删除日期和时间前缀）。

   ```
   fs.TestDFSIO:     ----- TestDFSIO ----- : write（写）
   fs.TestDFSIO:            Date & time: Thu May 14 10:39:33 EDT 2015（日期与时间）
   fs.TestDFSIO:        Number of files: 16（文件数量）
   fs.TestDFSIO: Total MBytes processed: 16000.0（处理的总兆字节数）
   fs.TestDFSIO:      Throughput mb/sec: 14.890106361891005（吞吐量 兆字节/秒）
   fs.TestDFSIO: Average IO rate mb/sec: 15.690713882446289（平均IO速率 兆字节/秒）
   fs.TestDFSIO:  IO rate std deviation: 4.0227035201665595（IO 速率标准差）
   fs.TestDFSIO:     Test exec time sec: 105.631（测试经过时间秒数）
   ```

2. 在读模式下运行 TestDFSIO。

   ```
   $ yarn jar $HADOOP_EXAMPLES/hadoop-mapreduce-client-jobclient-tests.jar
   ➥ TestDFSIO -read -nrFiles 16 -fileSize 1000
   ```

   示例结果如下（删除的日期和时间前缀）。标准差较大是由于在一个小的四节点集群的集群中放置任务。

   ```
   fs.TestDFSIO:     ----- TestDFSIO ----- : read
   fs.TestDFSIO:            Date & time: Thu May 14 10:44:09 EDT 2015
   fs.TestDFSIO:        Number of files: 16
   fs.TestDFSIO: Total MBytes processed: 16000.0
   fs.TestDFSIO:      Throughput mb/sec: 32.38643494172466
   fs.TestDFSIO: Average IO rate mb/sec: 58.72880554199219
   fs.TestDFSIO:  IO rate std deviation: 64.60017624360337
   fs.TestDFSIO:     Test exec time sec: 62.798
   ```

3. 清理 TestDFSIO 数据。

   ```
   $ yarn jar $HADOOP_EXAMPLES/hadoop-mapreduce-client-jobclient-tests.jar
   ➥ TestDFSIO -clean
   ```

运行 TestDFSIO 和 terasort 基准测试程序帮助你获得 Hadoop 安装的信心并检测任何潜在的问题。在测试运行时，查看 Ambari 的仪表板和 YARN Web 图形用户界面（如前面所述）也是很有益的。

管理 Hadoop MapReduce 作业

可以使用 `mapred job` 命令管理 Hadoop MapReduce 作业。对示例和基准测试而言，此命令最重要的选项是 `-list`、`-kill` 和 `-status`。尤其是，如果你需要清除某个示例或基准测试的时候，你可以使用 `mapred job -list` 命令找到作业 id，然后使用 `mapred job -kill <Job-id>` 在整个集群中清除这个作业。MapReduce 作业也可以使用 `yarn application` 命令在应用程序级别进行控制（见第 10 章）。`mapred job` 的可能选项如下：

```
$ mapred job
Usage: CLI <command> <args>
        [-submit <job-file>]
        [-status <job-id>]
        [-counter <job-id> <group-name> <counter-name>]
        [-kill <job-id>]
        [-set-priority <job-id> <priority>]. Valid values for priorities
         are: VERY_HIGH HIGH NORMAL LOW VERY_LOW
        [-events <job-id> <from-event-#> <#-of-events>]
        [-history <jobHistoryFile>]
        [-list [all]]
        [-list-active-trackers]
        [-list-blacklisted-trackers]
        [-list-attempt-ids <job-id> <task-type> <task-state>]. Valid values
         for <task-type> are REDUCE MAP. Valid values for <task-state> are
         running, completed
        [-kill-task <task-attempt-id>]
        [-fail-task <task-attempt-id>]
        [-logs <job-id> <task-attempt-id>]

Generic options supported are
-conf <configuration file>     specify an application configuration file（指定应用程序配置文件）
-D <property=value>            use value for given property（为给出的属性使用指定值）
-fs <local|namenode:port>      specify a namenode（指定一个 namenode）
-jt <local|resourcemanager:port>    specify a ResourceManager（指定一个资源管理器）
-files <comma separated list of files>    specify comma separated files to
  be copied to the map reduce cluster（指定以逗号分隔的要被复制到 map reduce 集群的文件）
-libjars <comma separated list of jars>    specify comma separated jar
  files to include in the classpath.（指定以逗号分隔的要被包括到 classpath 的 jar 文件）
-archives <comma separated list of archives>    specify comma separated
  archives to be unarchived on the compute machines.（指定以逗号分隔的要被恢复到计算机器的归档文件）
```

一般的命令行语法是

```
bin/hadoop command [genericOptions] [commandOptions]
```

总结和补充资料

无论 Hadoop 集群的规模有多大，确认并测量此集群的 MapReduce 性能都是首要的一步。Hadoop 包括一些可用于此用途的简单的应用程序和基准测试程序。YARN 资源管理器 Web 界面是一种监控任何应用程序进度的好办法。运行在 MapReduce 框架下的作业直接向图形用户界面汇报大量运行时度量指标（包括日志），这些指标随后以一种清晰而有条理的方式展现给用户。如果运行这些示例和基准测试程序时发生问题，则可以用 `mapred job` 命令清除某个 MapReduce 作业。

每个示例和基准测试程序的额外信息和背景知识可以从如下资料找到。

- Pi 基准测试程序
  - https://hadoop.apache.org/docs/current/api/org/apache/hadoop/examples/pi/package-summary.html
- Terasort 基准测试程序
  - https://hadoop.apache.org/docs/current/api/org/apache/hadoop/examples/terasort/package-summary.html
- 对一个 Hadoop Cluster 执行基准测试和压力测试
  - http://www.michael-noll.com/blog/2011/04/09/benchmarking-and-stress-testing-an-hadoop-cluster-with-terasort-testdfsio-nnbench-mrbench（使用 Hadoop V1，将在 V2 中工作）

5

Hadoop MapReduce 框架

本章内容：
- 使用简单的示例介绍了 MapReduce 计算模型。
- 解释了 Apache Hadoop MapReduce 框架数据流。
- 讨论了 MapReduce 容错、推测执行和硬件。

MapReduce 编程模型的概念是很简单的。它基于两个简单的步骤——应用映射过程，然后缩减（凝聚/收集）结果——它可以应用于许多现实世界的问题。本章，我们使用基本的命令行工具研究 MapReduce 过程。之后我们会把这一概念扩展为并行的 MapReduce 模型。

MapReduce 模型

Apache Hadoop 经常被与 MapReduce 计算联系起来。在 Hadoop 2 之前，这种假设是千真万确的。Hadoop 2 维持了 MapReduce 能力并且提供给用户其他处理模型。几乎所有为 Hadoop 开发的工具，如 Pig 和 Hive，都将无缝地在 Hadoop 2 的 MapReduce 上工作。

MapReduce 计算模型为很多应用程序提供非常强大的工具，并且比大多数用户以为的还普遍。MapReduce 的基本思想是非常简单的。它包括两个阶段：映射（map）阶段和缩减（reduce）阶段。在映射阶段，映射程序（mapping procedure）被用于输入数据。映射通常是某种形式的筛选或排序过程。

例如，假设你需要清点"Kutuzov"这个名字在小说《战争与和平》中出现了多少次。一种解决方案是请 20 个朋友，给他们每人分配书的一部分来搜索。这一步是映射阶段。当每个人都完成计数工作而你把朋友们告诉你的其计数汇总为总数，则缩减阶段发生。

现在考虑如何使用简单的 *nix 命令行工具完成这个同样的过程。下面的 `grep` 命令把特定的映射应用于一个文本文件中：

```
$ grep " Kutuzov " war-and-peace.txt
```

此命令将在名为 `war-and-peace.txt` 的文本文件中搜索单词 `Kutuzov`（带前导和尾随空格）。文本中包含搜索词的每个匹配都报告为单独的行。实际文本文件是小说《战争与和平》的 3.2 MB 文本转储，并且可从本书下载页面获得（请参见附录 A）。搜索词 `Kutuzov`，是书中的人物。

就目前而言，如果我们忽略 `grep` 计数（`-c`）选项，就可以通过把 `grep` 的结果发送（用管道输送）到 `wc -l`，将实例的数量缩减到单个数字（257）。

（`wc -l` 或"word count"报告接收到的行的数）。

```
$ grep " Kutuzov " war-and-peace.txt|wc -l
257
```

虽然这种思路不是严格的 MapReduce 过程，但是很相似，并且比在印刷书籍中清点 Kutuzov 实例的手动过程快得多。利用清单 5.1 和清单 5.2 所示的这两个简单的 shell 脚本类比可以更进一步。这些 shell 脚本可从本书下载页面获得（请参见附录 A）。我们可以执行相同的操作（慢得多）并同时标记文本中的 `Kutuzov` 和 `Petersburg` 字符串：

```
$ cat war-and-peace.txt |./mapper.sh |./reducer.sh
Kutuzov,315
Petersburg,128
```

注意这次找到了更多的 Kutuzov 实例（第一个 `grep` 命令忽略了类似"Kutuzov."或"Kutuzov,"的实例）。映射程序输入一个文本文件，然后把数据输出到（标记名称，计数）格式的（键，值）对中。严格地讲，此脚本的输入是文件，而键是 `Kutuzov` 和 `Petersburg`。缩减程序脚本需要这些键-值对并把类似标记合并并计算每个标记实例的总数。其结果是新的键-值对（标记名称，总数）。

清单 5.1　简单的映射程序脚本

```
#!/bin/bash
while read line ; do
 for token in $line; do
  if [ "$token" = "Kutuzov" ] ; then
   echo "Kutuzov,1"
  elif [ "$token" = "Petersburg" ] ; then
   echo "Petersburg,1"
  fi
 done
```

```
done
```

清单 5.2   简单的缩减程序脚本
```
#!/bin/bash
kcount=0
pcount=0
while read line ; do
  if [ "$line" = "Kutuzov,1" ] ; then
   let kcount=kcount+1
  elif [ "$line" = "Petersburg,1" ] ; then
   let pcount=pcount+1
  fi
done
echo "Kutuzov,$kcount"
echo "Petersburg,$pcount"
```

MapReduce 过程可以形式化地描述如下。映射程序和缩减程序的功能都是根据（键，值）对的数据结构定义的。

映射程序在一个数据域中取得带有一种类型的一对数据，并返回一个在不同域中的对列表：

Map（key1,value1） → list（key2,value2）

缩减程序功能，然后应用于每个键-值对，反过来又产生同一个域中的值的集合：

Reduce（key2, list（value2）） → list（value3）

缩减程序的每次调用通常会产生一个值（value3）或空响应。因此，MapReduce 框架把（键，值）对列表转换为一个值列表。

MapReduce 模型受到许多函数式编程语言中常用的映射和缩减功能的启发。MapReduce 的函数性质具有一些重要的属性：

- 数据流是朝着一个方向的（从映射向缩减流动）。有可能使用某个缩减步骤的输出作为另一个 MapReduce 过程的输入。
- 与函数式编程一样，输入的数据不会被更改。通过将映射和缩减函数应用于输入数据，产生了新的数据。实际上，Hadoop 数据湖的原始状态一直是保存的（见第 1 章）。
- 因为不依赖于映射和缩减函数处理数据的方法，所以可以用多种方式实现映射程序和缩减程序的数据流，以提供更好的性能。

MapReduce 的分布式（并行）实现能使大量的数据得到快速分析。一般情况下，映射过程是完全可扩展的，并可以适用于任何的输入数据的子集。来自多个并行的映射函数的结果随后在缩减阶段相结合。

如第 1 章所述，Hadoop 利用分布式文件系统将数据切片并分布到多个服务器来完成并行性。Apache Hadoop MapReduce 尝试把映射任务移到包含数据切片的服务器上。然后在缩减步骤中，把来自每个数据切片的结果合并。下一节更详细地解释了这个过程。

然而，HDFS 不是 Hadoop MapReduce 的必要条件。足够快速的并行文件系统可以用来取代它。在这些设计中，每个集群中的服务器都具有访问可以迅速提供任何数据切片的高性能并行文件系统的权限。这些设计通常比用于许多 Hadoop 集群的商品服务器更昂贵。

MapReduce 并行数据流

从程序员的角度来看，MapReduce 算法是相当简单的。程序员必须提供映射函数和缩减函数。然而，在业务上，Apache Hadoop 的并行 MapReduce 数据流可能相当复杂。并行执行的 MapReduce 需要在映射程序和缩减程序的流程中有其他额外步骤。基本步骤如下。

1．输入拆分。如前所述，HDFS 在多个服务器上分布并复制数据。默认数据块或块大小为 64MB。因此，500MB 的文件会分解成 8 块并写入集群中的不同机器。这些数据也复制到多台计算机（通常是三台机器）。这些数据切片是由 HDFS 决定的物理边界，与文件中的数据无关。而且，虽然不被认为是映射-缩减过程的一部分，但在整个 HDFS 的服务器中加载和分布数据所需的时间可以被认为是总处理时间的一部分。

MapReduce 所使用的输入拆分是基于输入数据的逻辑边界。例如，拆分大小可以基于文件中的记录数（如果数据以记录的形式存在）或以字节为单位的实际大小。拆分的大小几乎总是小于 HDFS 块的大小。拆分的数量对应于在映射阶段中使用的映射进程数。

2．映射的步骤。映射进程是 Hadoop 的并行性质发挥作用的地方。对于大量的数据，可以在同一时间运行许多映射程序。用户提供特定的映射过程。MapReduce 将尝试在块所在的机器上执行此映射程序。因为文件在 HDFS 中是被复制多份的，所以将选择拥有此数据的最空闲的节点。如果持有数据的所有节点都太繁忙，MapReduce 会尝试选择最接近承载数据块节点的节点（称为机架识别的特性）。最后的选择是有权访问 HDFS 的集群中的任何节点。

3．合并的步骤。 如果在下一阶段之前需要合并键-值对，则有可能把优化或预缩减作为映射阶段的一部分提供。合并阶段是可选的。

4．派发的步骤。 在并行缩减阶段完成之前，所有类似的键必须由相同的缩减过程合并和计数。因此，映射阶段的结果必须按照键-值对进行收集，并派发给同一个缩减过程。如果只使用单个缩减进程，就不需要此派发阶段。

5．缩减的步骤。 最后一步是实际缩减。在这一阶段，根据程序员的设计执行数据缩减。Reduce 步骤也是可选的。结果被写到 HDFS。每个缩减程序都将写入一个输出文件。例如，运行四个缩减程序的 MapReduce 作业将创建名为 `part-0000`、`part-0001`、`part-0002` 和 `part-0003` 的文件。

图 5.1 所示为用于单词计数程序的简单的 Hadoop MapReduce 数据流的示例。映射过程中计算在拆分中的单词数，而缩减过程计算每个单词的总计数。正如前面提到的，映射和缩减阶段的实际计算是由程序员决定的。无论具体的映射和缩减任务是什么，图 5.1 所示的 MapReduce 数据流都是相同的。

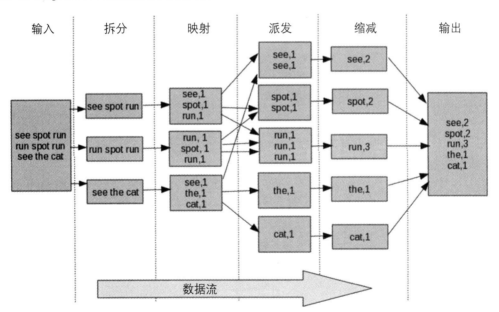

图 5.1　Apache Hadoop 并行 MapReduce 数据流

MapReduce 应用程序的输入是在 HDFS 中的文件,它具有如下 3 行文本。目的是对每个单词的使用次数进行计数。

```
see spot run
run spot run
see the cat
```

MapReduce 做的第一件事是创建数据拆分。简单起见,每行都将是一个拆分。由于每个拆分都需要映射任务,所以存在三个映射程序对拆分中的单词数进行计数。在集群上,每个映射任务的结果都写到本地磁盘,而不写到 HDFS 中。下一步,类似键需要被收集并发送到一个缩减进程。派发步骤需要进行数据移动,并可能在处理时间上成本高昂。根据应用程序的性质不同,必须派发到整个集群的数据量可大可小。

一旦数据被收集并按关键字排好序,缩减步骤就可以开始(哪怕只有部分结果是可用的)。不必——通常也不推荐——为每个键-值对分配一个缩减程序,如图 5.1 所示。在某些情况下,单个缩减程序将提供足够的性能,在其他情况下,可能需要多个缩减程序来加速缩减阶段。在许多应用程序中,缩减程序数量都是可调整的选项。最后一步是将输出写入 HDFS。

如前所述,合并步骤可以执行一些映射输出数据的预缩减。例如,在前面的示例中,一个映射会生成以下计数:

```
(run,1)
(spot,1)
(run,1)
```

如图 5.2 所示,run 的计数可以在派发之前合并成(run,2)。这种优化有助于尽量减少派发阶段所需传输的数据量。

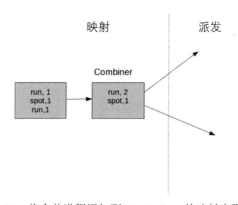

图 5.2 将合并进程添加到 MapReduce 的映射步骤中

Hadoop YARN 资源管理器和 MapReduce 框架确定映射程序和缩减程序的实际位置。正如前面提到的，MapReduce 框架会尝试将映射任务放置在尽可能接近数据的地方。它将向 YARN 调度器请求这种放置，但由于集群的负载，可能不会得到最佳的放置。一般情况下，节点可以同时运行映射程序和缩减程序任务。事实上，YARN 的动态性质使得已完成的映射任务所用的工作容器能返回到可用资源池中。

图 5.3 所示为一个简单的三节点 MapReduce 流程。一旦映射过程完成，相同的节点就开始缩减的过程。派发阶段确保必要的数据被发送到每个映射程序。此外请注意，不要求所有映射程序都在同一时间完成，或特定的节点上的映射程序完成后缩减程序才能开始。可以基于映射程序已经完成的百分比阈值设置缩减程序开始派发。

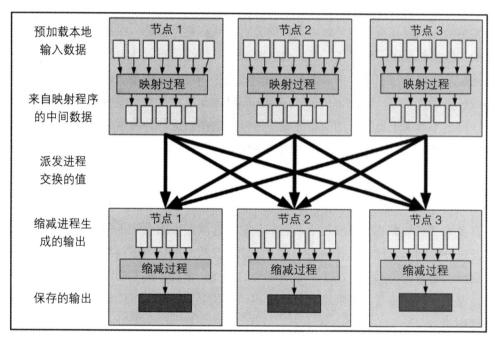

图 5.3 在 MapReduce 过程中的进程放置（摘录自雅虎 Hadoop 文档）

最后，虽然这只是一个简单的示例，但并行 MapReduce 算法可以被扩展到极大的数据规模。例如，Hadoop 单词计数示例应用程序（请参阅第 6 章）可以运行在前面给出的三行文件上，也可以运行在 3TB 的文件上。不需要针对问题的规模修改应用程序——这种功能，是 MapReduce 处理的重大优势之一。

容错和推测执行

并行 MapReduce 操作最有趣的方面之一是程序执行过程中对数据流的严格控制。例如，映射进程不与其他映射进程交换数据，而数据只能从映射程序流向缩减程序——而不是反方向。密闭的数据流使得 MapReduce 能够以容错的方式操作。

MapReduce 的设计使得它很容易从一个或很多映射进程的故障中恢复。例如，如果某台服务器发生故障，那么在那台机器上运行的映射任务可以在另一台工作正常的服务器中重新启动，因为映射任务不依赖于任何其他映射任务。用函数式语言的术语表述，映射任务"不与其他映射程序共享状态"。当然，应用程序的运行将更慢，因为工作需要重做，但它会完成。

发生故障的缩减程序也可以以类似的方式重新启动。但是，在这种情况下，可能有附加的工作需要重做。请记住，已完成的缩减任务将结果写入 HDFS。如果此后一个节点发生故障，由于在 HDFS 中有冗余，则此数据仍应可用。如果在停止运行的节点上仍有缩减任务尚待完成，MapReduce ApplicationMaster 将重新启动缩减程序任务。如果映射程序输出不可用于重新启动的新缩减程序，则这些映射任务将重新启动。这一过程对用户是完全透明的，并提供了一个容错的系统来运行应用程序。

推测执行

许多大型集群面临的挑战之一是无法预测或管理意外的系统瓶颈或故障。理论上讲，对资源进行控制和监控，以使网络流量和处理器负载均衡是可以做到的，然而，在实践中，这一问题对大型系统提出了一个高难度的挑战。因此，拥塞的网络，很慢的磁盘控制器、发生故障的磁盘、处理器高负载或其他一些类似的问题可能导致性能降低而不被人注意到。

当 MapReduce 过程的一部分运行缓慢时，它最终会减慢其余的一切东西，除非所有进程都完成，否则应用程序就不能完成。并行 MapReduce 模型的性质为这一问题提供了一个有趣的解决方案。请记得，在 MapReduce 过程中输入的数据是不可变的。因此，可以启动一个运行中的映射进程的副本而不会干扰正在运行的其他任何映射进程。例如，假设大部分映射任务都接近完成，而 ApplicationMaster 注意到，有些任务仍然在运行，并调度其他不太繁忙或空闲的服务器执行那些作业的冗余备份。假如辅助进程先完成，那么首先运行的其他进程随后终止（或反之亦然）。这一过程被称为推测执行（speculative execution)。同样的方法可以适用于似乎要花很长时间的缩减过程。推测执行会降低集群的效率，因为把冗余资源分配给了看起来具有"慢速点"的应用程序。这项功能也可以在 mapred-site.xml 配置文件中关闭和打开（见第 9 章）。

Hadoop MapReduce 硬件

Hadoop MapReduce 和 HDFS 容忍服务器——或甚至整个机架——故障的能力会影响硬件的设计。Hadoop 集群使用的商品服务器（通常为 x86_64）使得许多数据中心的低成本、高可用性 Hadoop 实现成为可能。事实上，Apache Hadoop 哲学似乎假定服务器始终会发生故障，并采取措施防止故障造成集群上的应用程序停止运行。

将服务器节点同时用于存储（HDFS）和处理（映射，缩减程序）与传统的数据中心对这两种任务的分离稍有不同。虽然建立 Hadoop 系统并使角色分离（将存储和处理节点分离）是可能的，然而，大多数 Hadoop 系统一般都使用服务器同时承担这两个角色的方法。动态 MapReduce 执行的另一个有趣的特点是，它能容忍不同的服务器。也就是说，旧硬件和新硬件可以一起使用。当然，二者性能的差距将会限制较快系统的性能发挥，但是 MapReduce 执行的动态性质仍然会在这样的系统中有效地工作。

总结和补充资料

Apache Hadoop MapReduce 框架是功能强大而又简单的计算模型，其规模可以从一个处理器扩展到成千上万个外理器。MapReduce 的函数式性质使得操作可伸缩而无须修改用户的应用程序。从本质上说，程序员可以专注于应用程序的需求而不是并行执行的方法。

通过检查并行 MapReduce 数据流的多种组成步骤并确定键-值对如何在集群中遍历，也很容易理解它的运行机理。Hadoop MapReduce 设计也使得透明容错功能成为可能，并可以通过推测执行实现优化。关于 Apache Hadoop MapReduce 的进一步信息可从以下资源找到：

- https://developer.yahoo.com/hadoop/tutorial/module4.html （基于 Hadoop 1，但仍是一篇良好的 MapReduce 背景知识介绍）
- http://en.wikipedia.org/wiki/MapReduce
- http://research.google.com/pubs/pub36249.html

6

MapReduce 编程

本章内容：

- 编译和运行用于 Hadoop 的经典 Java WordCount 程序。
- 介绍了使用 Hadoop 流接口的 Python WordCount 应用程序。
- 用 Hadoop 管道接口运行 WordCount 的 C++版本。
- 介绍了使用 Hadoop Grep 示例的 MapReduce 链的实例。
- 介绍了 MapReduce 的调试策略。

在基础层，Hadoop 为基于 Java 的 MapReduce 编程提供了一个平台。这些应用程序在大多数 Hadoop 安装版本上都以本机方式运行。为了提供更大的变异性，流式接口允许用户的几乎任何编程语言利用 Hadoop MapReduce 引擎。此外，还提供可以直接与 MapReduce 组件一起工作的管道 C++接口。本章提供这些接口的编程示例，并介绍了一些调试策略。

编译和运行 Hadoop WordCount 的示例

清单 6.1 所示的 Hadoop 2 Apache Hadoop WordCount.java 程序相当于 C 编程语言的 `hello-world.c` 示例。应该指出的是，可以在互联网上找到此程序的两个版本。Hadoop 1 的示例使用旧式 `org.apache.hadoop.mapred` API，而清单 6.1 所示的 Hadoop 2 示例使用较新的 `org.apache.hadoop.mapreduce` API。如果你在编译 WordCount.java 时遇到错误，请仔细检查源代码和 Hadoop 的版本。

清单 6.1　WordCount.java

```
import java.io.IOException;
import java.util.StringTokenizer;
```

```java
import org.apache.hadoop.conf.Configuration;
import org.apache.hadoop.fs.Path;
import org.apache.hadoop.io.IntWritable;
import org.apache.hadoop.io.Text;
import org.apache.hadoop.mapreduce.Job;
import org.apache.hadoop.mapreduce.Mapper;
import org.apache.hadoop.mapreduce.Reducer;
import org.apache.hadoop.mapreduce.lib.input.FileInputFormat;
import org.apache.hadoop.mapreduce.lib.output.FileOutputFormat;

public class WordCount {

  public static class TokenizerMapper
       extends Mapper<Object, Text, Text, IntWritable>{

    private final static IntWritable one = new IntWritable(1);
    private Text word = new Text();

    public void map(Object key, Text value, Context context
                    ) throws IOException, InterruptedException {
      StringTokenizer itr = new StringTokenizer(value.toString());
      while (itr.hasMoreTokens()) {
        word.set(itr.nextToken());
        context.write(word, one);
      }
    }
  }

  public static class IntSumReducer
       extends Reducer<Text,IntWritable,Text,IntWritable> {
    private IntWritable result = new IntWritable();

    public void reduce(Text key, Iterable<IntWritable> values,
                       Context context
                       ) throws IOException, InterruptedException {
      int sum = 0;
      for (IntWritable val : values) {
        sum += val.get();
      }
      result.set(sum);
      context.write(key, result);
    }
  public static void main(String[] args) throws Exception {
    Configuration conf = new Configuration();
    Job job = Job.getInstance(conf, "word count");
    job.setJarByClass(WordCount.class);
    job.setMapperClass(TokenizerMapper.class);
    job.setCombinerClass(IntSumReducer.class);
```

```
    job.setReducerClass(IntSumReducer.class);
    job.setOutputKeyClass(Text.class);
    job.setOutputValueClass(IntWritable.class);
    FileInputFormat.addInputPath(job, new Path(args[0]));
    FileOutputFormat.setOutputPath(job, new Path(args[1]));
    System.exit(job.waitForCompletion(true) ? 0 : 1);
  }
}
```

WordCount 是一个在一组给定的输入中清点每个单词的出现次数的简单应用程序。此示例适用于前面第 2 章介绍的所有安装方法（即 HDP 沙箱、伪分布式、完整的集群或云）。

如第 5 章所述，MapReduce 框架独占地操作键-值对，也就是说，框架把作业的输入当作一组键-值对，并产生一组不同类型的键-值对。MapReduce 作业的流程如下：

（输入）<k1, v1> → **映射** → <k2, v2> → **合并** → <k2, v2> → **缩减** → <k3, v3>（输出）

映射程序的实现通过 `map` 方法一次处理由指定的 `TextInputFormat` 类提供的一行。然后使用 `StringTokenizer` 将此行分割成由空格分隔的标记，并发出<word, 1>键-值对。有关代码段如下例所示：

```
public void map(Object key, Text value, Context context
               ) throws IOException, InterruptedException {
  StringTokenizer itr = new StringTokenizer(value.toString());
  while (itr.hasMoreTokens()) {
    word.set(itr.nextToken());
    context.write(word, one);
  }
}
```

根据两个输入文件的内容，`Hello World Bye World` 和 `Hello Hadoop Goodbye Hadoop`，WordCount 映射程序将生成以下两个映射，即：

```
< Hello, 1>
< World, 1>
< Bye, 1>
< World, 1>
```
和
```
< Hello, 1>
< Hadoop, 1>
< Goodbye, 1>
< Hadoop, 1>
```

从清单 6.1 中可以看出，WordCount 设置了一个映射程序

```
job.setMapperClass(TokenizerMapper.class)
```

合并程序

```
job.setCombinerClass(IntSumReducer.class)
```

和一个缩减程序

```
job.setReducerClass(IntSumReducer.class)
```

因此，每个映射的输出都通过本地合并程序（它像缩减程序一样对值求和）在本地聚合，然后把数据发送到最后的缩减程序。因此，每个合并程序上的映射都执行以下预缩减：

```
< Bye, 1>
< Hello, 1>
< World, 2>

< Goodbye, 1>
< Hadoop, 2>
< Hello, 1>
```

缩减程序的实现通过 reduce 方法简单地汇总这些值，得出每个键的出现次数。有关代码段的示例如下：

```
public void reduce(Text key, Iterable<IntWritable> values,
                   Context context
                   ) throws IOException, InterruptedException {
    int sum = 0;
    for (IntWritable val : values) {
      sum += val.get();
    }
    result.set(sum);
    context.write(key, result);
}
```

缩减程序的最终输出如下：

```
< Bye, 1>
< Goodbye, 1>
< Hadoop, 2>
< Hello, 2>
< World, 2>`
```

WordCount.java 的源代码可从本书下载页面得到（参见附录 A）。要从命令行编译并运行该程序，请执行以下步骤：

1. 创建一个本地的 `wordcount_classes` 目录。

   ```
   $ mkdir wordcount_classes
   ```

2. 使用 `'hadoop classpath'` 命令包括所有可用的 Hadoop 类路径来编译 `WordCount.java` 程序。

   ```
   $ javac -cp `hadoop classpath` -d wordcount_classes WordCount.java
   ```

3. 使用以下命令创建 jar 文件：

   ```
   $ jar -cvf wordcount.jar -C wordcount_classes/
   ```

4. 要运行此示例，在 HDFS 中创建输入目录并在新目录中放置一个文本文件。对于这个示例，我们将使用 `war-and-peace.txt` 文件（可从本书下载页得到，参见附录 A）：

   ```
   $ hdfs dfs -mkdir war-and-peace-input
   $ hdfs dfs -put war-and-peace.txt war-and-peace-input
   ```

5. 运行 WordCount 应用程序使用以下命令：

   ```
   $ hadoop jar wordcount.jar WordCount war-and-peace-input
   ↪ war-and-peace-output
   ```

如果一切正常，这个作业的 Hadoop 消息应该如下所示（缩写版）：

```
15/05/24 18:13:26 INFO impl.TimelineClientImpl: Timeline service address:
http://limulus:8188/ws/v1/timeline/（时间轴服务地址）
15/05/24 18:13:26 INFO client.RMProxy: Connecting to ResourceManager at
limulus/10.0.0.1:8050（连接到资源管理器）
15/05/24 18:13:26 WARN mapreduce.JobSubmitter: Hadoop command-line option parsing
not performed. Implement the Tool interface and execute your application with
ToolRunner to remedy this.（Hadoop 命令行选项解析不执行。为了解决这个问题，执行工具界面并用 ToolRunner
执行此应用程序）
15/05/24 18:13:26 INFO input.FileInputFormat: Total input paths to process : 1（要处理的总输入
路径）
15/05/24 18:13:27 INFO mapreduce.JobSubmitter: number of splits:1（拆分的数量）
[...]
File Input Format Counters（文件输入格式计数器）
        Bytes Read=3288746（读取字节数）
File Output Format Counters（文件输出格式计数器）
        Bytes Written=467839（写入字节数）
```

此外，应在 `war-and-peace-output` 目录中产生以下文件。实际的文件名可能略有不同，具体取决于你的 Hadoop 版本。

```
-$ hdfs dfs -ls war-and-peace-output
Found 2 items
-rw-r--r--   2 hdfs hdfs          0 2015-05-24 11:14 war-and-peace-output/_SUCCESS
-rw-r--r--   2 hdfs hdfs     467839 2015-05-24 11:14 war-and-peace-output/
part-r-00000
```

可以用下面的命令将单词个数的完整清单从 HDFS 复制到工作目录:

```
$ hdfs dfs -get war-and-peace-output/part-r-00000.
```

如果再次使用相同的输出运行 WordCount 程序,那么当它试图改写 war-and-peace-output 目录时将会失败。可以用下面的命令删除输出目录和其中所有内容:

```
$ hdfs dfs -rm -r -skipTrash war-and-peace-output
```

使用流式接口

Apache Hadoop 流式接口允许几乎任何程序使用 MapReduce 引擎。对于任何可以读取和写入标准输入和标准输出的程序,流接口都将与其配合工作。

在采用 Hadoop 流式处理模式工作时,只有映射程序和缩减程序是由用户创建的。这种方法的确有如下好处,即可以很容易地从命令行测试映射程序和缩减程序。在此示例中,将使用 Python 映射程序和缩减程序,如清单 6.2 和清单 6.3 所示。它们的源代码可以在本书下载页面上找到(见附录 A)或在 http://www.michael-noll.com/tutorials/writing-an-hadoop – mapreduce -program-in-python 找到。

清单 6.2 Python 映射程序脚本(mapper.py)

```python
#!/usr/bin/env python

import sys

# 输入来自 STDIN (标准输入)
for line in sys.stdin:
    # 删除前导和尾随空格
    line = line.strip()
    # 把这一行拆分成单词
    words = line.split()
    # 增加计数器的计数
    for word in words:
        # 把结果写到 STDOUT (标准输出)
        # 我们这里输出的将是用于
        # Reduce 步骤的输入,即 reducer.py 的输入
        #
```

```python
# 制表符分隔的普通单词计数是 1
print '%s\t%s' % (word, 1)
```

清单 6.3　Python 缩减程序脚本（reducer.py）

```python
#!/usr/bin/env python

from operator import itemgetter
import sys

current_word = None
current_count = 0
word = None

# 输入来自 STDIN
for line in sys.stdin:
    # 删除前导和尾随空格
    line = line.strip()
    # 解析我们从 mapper.py 得到的输入
    word, count = line.split('\t', 1)
    # 把计数（目前是一个字符串）转换为 int
    try:
        count = int(count)
    except ValueError:
        # 计数不是一个数字，于是默默地
        # 忽略/丢弃这一行
        continue

    # 此 IF 开关之所以工作，只是因为 Hadoop 把映射输出
    # 先按照键（在这里：单词）排序，然后再传递到缩减进程
    if current_word == word:
        current_count += count
    else:
        if current_word:
            # 把结果写入 STDOUT
            print '%s\t%s' % (current_word, current_count)
        current_count = count
        current_word = word

# 别忘了如果需要，输出最后一个单词！
if current_word == word:
    print '%s\t%s' % (current_word, current_count)
```

Mapper.py 脚本的操作可以通过运行命令来观察，如下所示：

```
$ echo "foo foo quux labs foo bar quux" | ./mapper.py
Foo    1
```

```
Foo     1
Quux    1
Labs    1
Foo     1
Bar     1
Quux    1
```

把映射结果通过管道输送到 sort 命令可以创建一个模拟的派发阶段：

```
$$ echo "foo foo quux labs foo bar quux" | ./mapper.py|sort -k1,1
Bar     1
Foo     1
Foo     1
Foo     1
Labs    1
Quux    1
Quux    1
```

最后，可以通过将 reducer.py 脚本添加到下面的命令管道来模拟完整的 MapReduce 过程：

```
$ echo "foo foo quux labs foo bar quux" | ./mapper.py|sort
➥ -k1,1|./reducer.py
Bar     1
Foo     3
Labs    1
Quux    2
```

若要使用一个 Hadoop 安装版本运行此应用程序，可根据需要创建一个目录，并把 war-and-peace.txt 输入文件移入 HDFS：

```
$ hdfs dfs -mkdir war-and-peace-input
$ hdfs dfs -put war-and-peace.txt war-and-peace-input
```

请确保从以前运行的所有测试中删除输出目录：

```
$ hdfs dfs -rm -r -skipTrash war-and-peace-output
```

在你的发行版中找到 hadoop-streaming.jar 文件。其位置可能会发生变化，并且它可能包含版本标记。在此示例中，使用了 Hortonworks HDP 2.2 发行版。下面的命令行将使用 mapper.py 和 reducer.py 来清点输入文件的单词数。

```
$ hadoop jar /usr/hdp/current/hadoop-mapreduce-client/hadoop-streaming.jar
➥ \
-file ./mapper.py \
-mapper ./mapper.py \
-file ./reducer.py -reducer ./reducer.py \
```

```
-input war-and-peace-input/war-and-peace.txt \
-output war-and-peace-output
```

输出将是熟悉的（`_SUCCESS` 和 `part-00000`），它在 `war-and-peace-output` 目录中。实际的文件名可能略有不同，具体取决于你的 Hadoop 版本。此外请注意，此示例中使用的 Python 脚本也可以是 Bash、Perl、Tcl、Awk、编译后的 C 代码，或任何可以从 `Stdin` 和 `Stdout` 读取和写入的编程语言。

尽管流式接口是相当简单的，但与直接使用 Java 相比，它确实有一些不足之处。特别是，并非所有应用程序都是基于字符串和字符的，并且，试图用标准输入和标准输出作为传输二进制数据的方法会很尴尬。另一个缺点是，许多可通过完整的 Java Hadoop API 获得的调优参数在流中都不可用。

使用管道接口

管道是一个允许用 C++ 源代码编写映射程序和缩减程序代码的库。需要高性能地处理数字的应用程序，如果用 C++ 编写并通过管道接口使用，则可能会达到更好的吞吐量。

输入管道程序的键和值都作为 STL 字符串（`std::string`）提供。如清单 6.4 所示，程序必须定义一个映射程序的实例和一个缩减程序的实例。配合管道使用的程序是通过编写扩展 `Mapper` 和 `Reducer` 的类定义的。然后必须让 Hadoop 了解哪些类用于运行此作业。

每台机器上分配给你的作业的管道框架都将启动你的 C++ 程序的一个实例。因此，在使用可执行文件前，必须将其放置在 HDFS 中。

清单 6.4 wordcount.cpp 和使用 C++ 的 Hadoop 管道接口示例

```cpp
#include <algorithm>
#include <limits>
#include <string>
#include "stdint.h"  // <--- 防止uint64_t 错误!
#include "Pipes.hh"
#include "TemplateFactory.hh"
#include "StringUtils.hh"

using namespace std;
class WordCountMapper : public HadoopPipes::Mapper {
public:
  // 构造函数：什么也不干
  WordCountMapper( HadoopPipes::TaskContext& context ) {
```

```cpp
    }
    // map 函数：接收一行，把（单词,"1"）输出到
    // 缩减程序
    void map ( HadoopPipes::MapContext& context ) {
      //--- 读取一行文本 ---
      string line = context.getInputValue ( ) ;
      //--- 把它拆分成单词 ---
      vector< string > words =
        HadoopUtils::splitString ( line, " " );
      //--- 发出每个单词元组（单词, "1"）---
      for ( unsigned int i=0; i < words.size ( ) ; i++ ) {
        context.emit ( words[i], HadoopUtils::toString ( 1 ) );
      }
    }
};
class WordCountReducer : public HadoopPipes::Reducer {
public:
  // 构造函数：什么也不干
  WordCountReducer(HadoopPipes::TaskContext& context) {
  }
  // reduce 函数
  void reduce ( HadoopPipes::ReduceContext& context ) {
    int count = 0;
    //--- 获得具有相同键的所有元组，并清点其数量 ---
    while ( context.nextValue ( ) ) {
      count += HadoopUtils::toInt ( context.getInputValue ( ) );
    }
//--- 发出（单词, 计数）---
    context.emit(context.getInputKey ( ), HadoopUtils::toString ( count ));
  }
};
int main(int argc, char *argv[]) {
  return HadoopPipes::runTask(HadoopPipes::TemplateFactory<
                    WordCountMapper,
                    WordCountReducer >( ) );
}
```

Wordcount.cpp 源代码可从本书下载页面（请参见附录 A）或从 http://wiki.apache.org/hadoop/C++WordCount 得到。在编译代码时可能需要指定 Hadoop 的 include 文件和库位置。如果定义了 $HADOOP_HOME，则下列选项都应该提供正确的路径。请检查路径，以确保它们对于你安装的版本是正确的。

-L$HADOOP_HOME/lib/native/ -I$HADOOP_HOME/include

另外，取决于包含文件所在的位置，原始的源代码可能需要修改（即有些发行版可

能不使用 hadoop 前缀)。

在清单 6.4 中,以下各行(从原始程序)移除了 hadoop 前缀:

```
#include "hadoop/Pipes.hh"
#include "hadoop/TemplateFactory.hh"
#include "hadoop/StringUtils.hh"
```

该程序可以用下面的命令行(根据 include 文件和库位置调整)编译。在此示例中,假定使用 Hortonworks HDP 2.2。

```
$ g++ wordcount.cpp -o wordcount -L$HADOOP_HOME/lib/native/
➥ -I$HADOOP_HOME/../usr/include -lhadooppipes -lhadooputils
➥ -lpthread -lcrypto
```

如果需要,创建 war-and-peace-input 目录,并将文本文件移入 HDFS 中:

```
$ hdfs dfs -mkdir war-and-peace-input
$ hdfs dfs -put war-and-peace.txt war-and-peace-input
```

如前所述,可执行文件必须放入 HDFS 中,以便 YARN 可以找到该程序。此外,必须在运行程序之前删除输出目录:

```
$ hdfs dfs -put wordcount bin
$ hdfs dfs -rm -r -skipTrash war-and-peace-output
```

若要运行此程序,请输入以下行(为清楚起见,用多行来显示)。

指定 recordreader 和 recordwriter 的行指示应使用的默认 Java 文本版本。此外请注意,必须指定程序在 HDFS 中的位置。

```
$ mapred pipes \
-D hadoop.pipes.java.recordreader=true \
-D hadoop.pipes.java.recordwriter=true \
-input war-and-peace-input  \
-output war-and-peace-output \
-program bin/wordcount
```

在运行时,程序将在 war-and-peace-output 目录中产生熟悉的输出(_SUCCESS 和 part-00000)。part-00000 文件应与 WordCount 的 Java 版本产生的完全相同。

编译和运行 Hadoop Grep 链示例

Hadoop Grep.java 示例从文本文件中提取匹配的字符串,并清点它们的出现次数。

此命令的工作方式不同于 *nix `grep` 命令，因为它不会显示完整的匹配行，而只显示匹配的字符串。如果需要提取与字符串 `foo` 匹配的行，则使用 `.*foo.*` 正则表达式。

此程序顺序运行两个映射/缩减作业，并且是一个 MapReduce 链（MapReduce chaining）的示例。第一个作业清点匹配字符串在输入中出现的次数，而第二个作业根据匹配字符串的出现频率对其进行排序，并将输出存储在单个文件中。清单 6.5 显示 `Grep.java` 的源代码。它也可从本书下载页面（请参见附录 A）或直接从 Hadoop 示例源代码的 jar 文件中获取。

请注意，可以通过定位 `hadoop-mapreduce-examples-*-sources.jar` 提取所有 Hadoop 示例源代码文件，此文件可以从 Hadoop 发行版或从 Apache Hadoop 网站获取（作为一个完整的 Hadoop 包的一部分），然后使用下面的命令提取（你的文件版本标记可能是不同的）：

```
$ jar xf hadoop-mapreduce-examples-2.6.0-sources.jar
```

清单 6.5　Hadoop Grep.java 示例

```java
package org.apache.hadoop.examples;

import java.util.Random;
import org.apache.hadoop.conf.Configuration;
import org.apache.hadoop.conf.Configured;
import org.apache.hadoop.fs.FileSystem;
import org.apache.hadoop.fs.Path;
import org.apache.hadoop.io.LongWritable;
import org.apache.hadoop.io.Text;
import org.apache.hadoop.mapreduce.*;
import org.apache.hadoop.mapreduce.lib.input.FileInputFormat;
import org.apache.hadoop.mapreduce.lib.input.SequenceFileInputFormat;
import org.apache.hadoop.mapreduce.lib.map.InverseMapper;
import org.apache.hadoop.mapreduce.lib.map.RegexMapper;
import org.apache.hadoop.mapreduce.lib.output.FileOutputFormat;
import org.apache.hadoop.mapreduce.lib.output.SequenceFileOutputFormat;
import org.apache.hadoop.mapreduce.lib.reduce.LongSumReducer;
import org.apache.hadoop.util.Tool;
import org.apache.hadoop.util.ToolRunner;

/* 从输入文件提取匹配正则表达式，并清点它们。 */
public class Grep extends Configured implements Tool {
  private Grep() {}                               // 单例
  public int run(String[] args) throws Exception {
    if (args.length < 3) {
      System.out.println("Grep <inDir> <outDir> <regex> [<group>]");
```

```java
      ToolRunner.printGenericCommandUsage(System.out);
      return 2;
    }
    Path tempDir =
      new Path("grep-temp-"+
          Integer.toString(new Random().nextInt(Integer.MAX_VALUE)));
    Configuration conf = getConf();
    conf.set(RegexMapper.PATTERN, args[2]);
    if (args.length == 4)
      conf.set(RegexMapper.GROUP, args[3]);

    Job grepJob = new Job(conf);
    try {
      grepJob.setJobName("grep-search");
      FileInputFormat.setInputPaths(grepJob, args[0]);
      grepJob.setMapperClass(RegexMapper.class);
      grepJob.setCombinerClass(LongSumReducer.class);
      grepJob.setReducerClass(LongSumReducer.class);
      FileOutputFormat.setOutputPath(grepJob, tempDir);
      grepJob.setOutputFormatClass(SequenceFileOutputFormat.class);
      grepJob.setOutputKeyClass(Text.class);
      grepJob.setOutputValueClass(LongWritable.class);
      grepJob.waitForCompletion(true);

      Job sortJob = new Job(conf);
      sortJob.setJobName("grep-sort");
      FileInputFormat.setInputPaths(sortJob, tempDir);
      sortJob.setInputFormatClass(SequenceFileInputFormat.class);
      sortJob.setMapperClass(InverseMapper.class);
      sortJob.setNumReduceTasks(1);            //写入单个文件
      FileOutputFormat.setOutputPath(sortJob, new Path(args[1]));
      sortJob.setSortComparatorClass(          //按频率降序排列
        LongWritable.DecreasingComparator.class);
      sortJob.waitForCompletion(true);
    }
    finally {
      FileSystem.get(conf).delete(tempDir, true);
    }
    return 0;
  }
  public static void main(String[] args) throws Exception {
    int res = ToolRunner.run(new Configuration(), new Grep(), args);
    System.exit(res);
  }
}
```

在前面的代码中,第一个作业的每个映射程序都需要一行作为输入,并与用户提供的正则表达式匹配。`RegexMapper` 类用于执行此项任务，并使用给定的正则表达式提取匹配的文本。匹配字符串作为< 匹配字符串, 1 >对输出。在前面的单词计数示例中，每个缩减程序都汇总匹配字符串的数量，并调用合并程序来执行本地的汇总。实际的缩减程序使用 `LongSumReducer` 类，它输出每个缩减程序输入键的 long 值的总和。

第二个作业需要第一个作业的输出作为其输入。映射程序是将其输入<键，值>对反转（或者互换）为<值，键>的逆映射。因为没有缩减步骤，所以默认情况下使用 `IdentityReducer` 类。所有输入都被简单地传递到输出。（注：也是一个 `IdentityMapper` 类。）缩减程序的数量被设置为 1，因此输出将存储在一个文件中，它按匹配的数量降序排序。文本输出文件每行都包含一个数量和一个字符串。

此示例还演示如何将命令行参数传递给一个映射程序或缩减程序。

下面的讨论描述了如何编译并运行 Grep.java 示例。

步骤类似于前面的 WordCount 示例：

1. 为应用程序类创建一个目录，如下所示：

    ```
    $ mkdir Grep_classes
    ```

2. 使用下面的行编译 WordCount.java 程序：

    ```
    $ javac -cp `hadoop classpath` -d Grep_classes Grep.java
    ```

3. 使用以下命令创建 Java 归档文件：

    ```
    $ jar -cvf Grep.jar -C Grep_classes/ .
    ```

如果需要，创建一个目录，并将 war-and-peace.txt 文件移入 HDFS：

```
$ hdfs dfs -mkdir war-and-peace-input
$ hdfs dfs -put war-and-peace.txt war-and-peace-input
```

一如往常，请通过发出以下命令确保输出目录被删除：

```
$ hdfs dfs -rm -r -skipTrash war-and-peace-output
```

输入以下命令将运行此 Grep 程序：

```
$ hadoop jar Grep.jar org.apache.hadoop.examples.Grep war-and-peace-input
➥ war-and-peace-output Kutuzov
```

在此示例运行时，将明显地分成两个阶段。在程序输出中很容易辨认每个阶段。程序的运行结果可以通过检查生成的输出文件找到。

```
$ hdfs dfs -cat war-and-peace-output/part-r-00000
530    Kutuzov
```

调试 MapReduce

给调试并行（*parallel*）MapReduce 的应用程序最好的忠告是：不要这样做。这里的关键词是并行。在分布式系统上进行调试很困难，应不惜一切代价避免。

最好的办法是确保在简单系统（即 HDP 沙箱或伪分布式的单机安装）上运行具有较小的数据集的应用程序。在这些系统上的错误更容易定位和跟踪。此外，应用程序在大规模集群中投入运行之前，必须先进行单元测试。如果应用程序可以在单个系统上使用完整真实数据的一个子集运行成功，那么以并行方式运行它应该是一个简单的任务，因为 MapReduce 算法是透明地可扩展的。请注意，许多较高级的工具（例如，Pig 和 Hive）都为此启用本地模式开发。如果在大规模中运行时发生错误，可以从日志文件跟踪问题（参见"Hadoop 日志管理"一节），这个问题可能源于一个系统问题，而不是一个程序部件。

当调查程序在较大规模中的行为时，最好的办法是使用应用程序日志检查实际的 MapReduce 进度。在日志中，经受了时间考验的调试打印语句也是可见的。

作业的列举、清除和状态查询

如第 4 章所述，可以使用 mapred job 命令管理作业，其最重要的选项是 -list、-kill 和 -status。此外，可以用 yarn application 命令控制集群上运行的所有应用程序（见第 10 章）。

Hadoop 日志管理

MapReduce 日志提供映射程序和缩减程序的全面清单。

实际的应用程序日志输出包含三个文件——stdout、stderr 和 syslog（Hadoop 系统消息）。有两种模式的日志存储。第一种（并且最好）方法是使用日志聚合。在此模式下，日志在 HDFS 中聚合并可以在 YARN 资源管理器用户界面中显示（如图 6.1 所示）或使用 yarn logs 命令查看（请参阅"命令行日志查看"一节）。

如果未启用日志聚合，那么日志将被放置在运行映射程序或缩减程序的集群节点的本地。未聚合的本地日志的位置，在 `yarn-site.xml` 文件中的 `yarn.nodemanager.log-dirs` 属性中给出。若没有使用日志聚合，那么必须记录作业所用的集群节点，然后必须直接从此节点获取日志文件。强烈推荐（highly recommended）日志聚合。

启用 YARN 日志聚合

如果 Apache Hadoop 是从官方的 Apache Hadoop 源代码安装的，如下设置将确保为系统启用日志聚合功能。

如果你正在使用 Ambari 或某些其他管理工具，那么请使用工具更改此设置（见第 9 章）。不要手工修改配置文件。例如，如果你使用 Apache Ambari，请在 YARN 服务配置选项卡中检查 `yarn.log-aggregation-enable`。默认设置为启用。

图 6.1　映射进程的日志信息（标准输出、标准错误输出和 syslog）

> **注意**
> 在第 2 章中介绍的伪分布式安装中，日志聚合被禁用。

为了手动启用日志聚合，请遵循以下步骤：

1. 以 HDFS 超级用户管理员身份（通常是用户 `hdfs`），在 HDFS 中创建以下目录：

```
$ hdfs dfs -mkdir -p /yarn/logs
$ hdfs dfs -chown -R yarn:hadoop /yarn/logs
$ hdfs dfs -chmod -R g+rw /yarn/logs
```

2. 在（所有节点上的）yarn-site.xml 中添加以下属性并在所有节点上重新启动 YARN 服务（ResourceManager、NodeManagers 和 JobHistoryServer）。

```xml
<property>
    <name>yarn.nodemanager.remote-app-log-dir</name>
    <value>/yarn/logs</value>
</property>
<property>
    <name>yarn.log-aggregation-enable</name>
    <value>true</value>
</property>
```

Web 界面日志查看

查看日志的最简便方法是使用 YARN 资源管理器 Web 用户界面查看。第 4 章中的图 4.8 所示为映射程序任务列表。每个任务都有一个链接到该任务的日志。如果启用了日志聚合，则通过单击日志链接显示一个类似于图 6.1 所示的窗口。

在那个图中，在单个页面上显示标准输出、标准错误输出和系统日志的内容。如果不启用日志聚合，则将显示一条日志不可用的消息。

命令行日志查看

MapReduce 日志也可以从命令行进行查看。`yarn logs` 使日志可以轻松地合在一起查看，而不必寻找集群节点上的单独日志文件。一如既往，需要使用日志聚合。`yarn logs` 的选项如下：

```
$ yarn logs
Retrieve logs for completed YARN applications.（提取完整的 YARN 应用程序日志）
usage: yarn logs -applicationId <application ID> [OPTIONS]

general options are:
 -appOwner <Application Owner>     AppOwner（应用程序所有者，如果未指定，
                                   则假定为当前用户）
 -containerId <Container ID>       ContainerId（容器 ID，如果指定节点地址，
                                   则必须指定它）
 -nodeAddress <Node Address>       NodeAddress in the format nodename:port
                                   （节点地址，格式为节点名:端口，如果指定容器 ID，
                                   则必须指定它）
```

例如，在运行（第 4 章中讨论的）pi 示例程序之后，可以查看其日志，命令如下所示：

```
$ hadoop jar $HADOOP_EXAMPLES/hadoop-mapreduce-examples.jar pi 16 100000
```

Pi 示例完成后，请记录其应用程序 Id，它既可以从应用程序输出中找到，也可以利用 yarn application 命令获取。应用程序 Id 将以 application_ 开头并在应用程序 Id 列下显示。

```
$ yarn application -list -appStates FINISHED
```

接下来，运行以下命令以生成那个应用程序的所有日志的转储文件。请注意，输出可能会很长，最好保存到一个文件。

```
$ yarn logs -applicationId application_1432667013445_0001 > AppOut
```

可以使用文本编辑器检查 AppOut 文件。注意，对于每个容器，都提供标准输出、标准错误输出和系统日志（与图 6.1 所示的图形用户界面版本相同）。可以通过使用以下命令找到的实际容器列表如下：

```
$ grep -B 1 ===== AppOu
```

例如（输出被截断）：

```
[...]
Container: container_1432667013445_0001_01_000008 on limulus_45454
==============================================================
--
Container: container_1432667013445_0001_01_000010 on limulus_45454
==============================================================
--
Container: container_1432667013445_0001_01_000001 on n0_45454
==============================================================
--
Container: container_1432667013445_0001_01_000023 on n1_45454
==============================================================
[...]
```

可以通过使用前面输出中的 containerId 和 nodeAddress 检查特定容器。例如，可以通过输入这一段后的命令检查 container_1432667013445_0001_01_000023。注意，节点名称（n1）和端口号在命令输出中是写为 n1_45454 的。

若要获得节点地址,只需把其中的"_"替换为":"(即,-nodeAddress n1:45454)。因此,通过输入这一行,可以查看单个容器的结果:

```
$ yarn logs -applicationId application_1432667013445_0001 -containerId
➥ container_1432667013445_0001_01_000023 -nodeAddress n1:45454|more
```

总结和补充资料

Hadoop MapReduce 程序可以用各种方式编写。最直接的方法是使用 Java 和当前的 MapReduce API。`WordCount.java` 示例是一个好的起点,可以从中研究这一过程。

Apache Hadoop 还提供一个流式的接口,使用户可以用任何支持标准输入和标准输出接口的语言编写映射程序和缩减程序。这些基于文本的应用程序几乎可以用任何编程语言编写。

Hadoop 管道接口使得 MapReduce 应用程序可以用 C++编写,并直接在集群上运行。Hadoop `Grep.java` 应用程序提供了级联 MapReduce 的一个示例,可以用作进一步研究的一个起点。

最后,在大规模(在集群中的许多服务器上)运行这些应用程序之前对其进行严谨的测试和分步调试,可以使调试 MapReduce 应用程序的需求降到最小。Hadoop 日志分析提供了足够的信息来帮助进行调试,并可在 YARN 资源管理器 Web 图形界面和命令行中使用。

MapReduce 编程方法的附加信息和背景知识可以从以下资源找到:

- Apache Hadoop Java MapReduce 示例
    - http://hadoop.apache.org/docs/current/hadoop-mapreduce-client/hadoop-mapreduce-client-core/MapReduceTutorial.html#Example:_WordCount_v1.0
- Apache Hadoop 流式传输的示例
    - http://hadoop.apache.org/docs/r1.2.1/streaming.html
    - http://www.michael-noll.com/tutorials/writing-an-hadoop-mapreduce-program-in-python
- Apache Hadoop 管道示例
    - http://wiki.apache.org/hadoop/C++WordCount
    - https://developer.yahoo.com/hadoop/tutorial/module4.html#pipes

- Apache Hadoop Grep 示例
  - http://wiki.apache.org/hadoop/Grep
  - https://developer.yahoo.com/hadoop/tutorial/module4.html#chaining
- 调试 MapReduce
  - http://wiki.apache.org/hadoop/HowToDebugMapReducePrograms
  - http://hadoop.apache.org/docs/current/hadoop-mapreduce-client/hadoop-mapreduce-client-core/MapReduceTutorial.html#Debugging

7

基本的 Hadoop 工具

本章内容：
- 介绍用 Pig 脚本工具快速检查本地和 Hadoop 集群上的数据。
- 用两个示例说明类似于 SQL 的 Hive 查询工具。
- Sqoop RDBMS 工具用来在 MySQL 和 HDFS 之间导入和导出数据。
- 配置 Flume 流数据传输实用程序，把 Web 日志数据收集到 HDFS 中。
- 用 Oozie 工作流管理器运行基本和复杂的 Hadoop 工作流。
- 用分布式的 HBase 数据库存储和访问 Hadoop 集群上的数据。

Hadoop 生态系统提供了许多工具来帮助完成数据输入、高级别处理、工作流管理和建立巨大的数据库。每种工具都作为一个单独的 Apache 软件基金会项目管理，但被设计为与核心 Hadoop 服务，包括 HDFS、YARN 和 MapReduce 配合工作。本章提供了每种工具的背景知识，以及从开始到完成的示例。

使用 Apache Pig

Apache Pig 是一种高级语言，使程序员能够使用简单的脚本语言编写复杂的 MapReduce 转换。Pig Latin（实际语言）在数据集上定义一组诸如聚合、联接和排序的转换。Pig 经常用于提取、转换和加载数据管道、快速研究原始数据和迭代数据处理。

Apache Pig 有几种使用模式。第一种模式是所有处理都在本地计算机执行的本地模式。非本地（集群）模式是 MapReduce 和 Tez。这些模式在集群上执行作业时，使用 MapReduce 引擎或优化的 Tez 引擎。（Tez 是"速度"的印地语，它优化多步的 Hadoop 作业，如在许多 Pig 查询中出现的）。也有交互式和批处理模式可用，它们使我们可以在本地的交互模式下，使用少量的数据对 Pig 应用程序进行开发，然后再在生产模式下在集群上大规模运行它们。表 7.1 对模式进行了概述。

表 7.1　Apache Pig 的使用模式

	本地模式	Tez 本地模式	MapReduce 模式	Tez 模式
交互模式	是	实验	是	是
批处理模式	是	实验	是	是

Pig 示例演练

对于此示例,我们假定以下的软件环境。其他环境应以类似的方式工作。
- 操作系统：Linux
- 平台：RHEL 6.6
- Hortonworks HDP 2.2,配备 Hadoop 版本：2.6
- Pig 的版本：0.14.0

如果你使用第 2 章介绍的伪分布式安装,那么请在那一章中查阅 Pig 的安装说明。更多的手工安装 Pig 的信息可以在 Pig 网站上找到,网址是 http://pig.apache.org/#Getting+Started。Apache Pig 也是作为 Hortonworks HDP 沙箱的一部分安装的。

在这个简单的示例中,Pig 用于提取 /etc/passwd 文件中的用户名。

Pig Latin 语言的完整说明超出了本文介绍的范围,但有关 Pig 的详细信息可在 http://pig.apache.org/docs/r0.14.0/start.html 找到。下面的示例假定用户是 hdfs,但是有权访问 HDFS 的任何有效用户都可以运行此示例。

执行该示例前,先将 passwd 文件复制到本地 Pig 操作的工作目录：

```
$ cp /etc/passwd .
```

接下来,将数据文件复制到 HDFS,用于 Hadoop MapReduce 操作：

```
$ hdfs dfs -put passwd passwd
```

你可以通过输入以下命令确认此文件在 HDFS 中：

```
hdfs dfs -ls passwd
-rw-r--r--   2 hdfs hdfs       2526 2015-03-17 11:08 passwd
```

在以下本地 Pig 操作的示例中,所有处理都在本地计算机上完成(不使用 Hadoop)。首先,启动交互式命令行：

```
$ pig -x local
```

如果 Pig 正确启动，你将看到 `grunt>` 提示符。你还可能看到一堆 INFO（信息）消息，你可以忽略它们。接下来，输入下面的命令加载 `passwd` 文件，然后提取用户名并将其转储到终端。请注意，Pig 命令必须以分号（;）结尾。

```
grunt> A = load 'passwd' using PigStorage(':');
grunt> B = foreach A generate $0 as id;
grunt> dump B;
```

处理将会启动，而屏幕将会输出用户名的列表。若要退出交互式会话，请输入 `quit` 命令。

```
$ grunt> quit
```

若要使用 Hadoop MapReduce，请用如下命令启动 Pig（或者仅输入 `pig`）：

```
$ pig -x mapreduce
```

在 `grunt>` 提示符中可以输入相同的命令序列。你可能希望更改 `$0` 参数来提取 `passwd` 文件中的其他条目。在这个简单的脚本中，你会发现 MapReduce 版本需要花费更长时间。此外，因为我们是在 Hadoop 下运行此应用程序，请确保此文件被放在 HDFS 中。

如果你使用安装了 `Tez` 的 Hortonworks HDP 发行版，可以用如下命令使用 `Tez` 引擎：

```
$ pig -x tez
```

Pig 也可以从脚本运行。示例脚本（id.pig）可从示例代码下载（见附录 A）。此脚本被设计为与交互式版本做同样的事情，再次显示如下：

```
/* id.pig */
A = load 'passwd' using PigStorage(':'); -- 加载 passwd 文件
B = foreach A generate $0 as id; -- 提取用户 ID
dump B;
store B into 'id.out'; -- 将结果写入名为 id.out 的目录
```

注释是用 `/* */` 和行末的 "--" 划定的。此脚本将创建一个名为 `id.out` 的目录存放结果。首先，确保 `id.out` 目录不在本地目录中，然后在命令行中用此脚本启动 Pig：

```
$ /bin/rm -r id.out/
$ pig -x local id.pig
```

如果此脚本工作正常，你应该看到至少一个包含结果的数据文件和一个长度为零的名为_SUCCESS 的文件。若要运行 MapReduce 版本，可采用相同的过程，唯一不同的是，现在所有的读取和写入都在 HDFS 中发生。

```
$ hdfs dfs -rm -r id.out
$ pig id.pig
```

如果安装了 Apache tez，那么你可以使用-x tez 选项运行示例脚本。

你可以从 http://pig.apache.org/docs/r0.14.0/start.html 中了解更多有关编写 Pig 脚本的知识。

使用 Apache Hive

Apache Hive 是在 Hadoop 基础上构建的一种数据仓库基础设施，它使用一种叫作 HiveQL 的类似于 SQL 的语言提供数据汇总、即时查询和分析大型数据集的功能。Hive 被认为是使用 Hadoop 对海量数据进行交互式 SQL 查询的事实上的标准，它提供以下功能：

- 易用的数据提取、转换和加载工具
- 一种对各种数据格式施加结构的机制
- 访问直接存储在 HDFS 中或其他数据存储系统（如 HBase）中的文件
- 通过 MapReduce 和 Tez（优化的 MapReduce）执行查询

Hive 为已经熟悉 SQL 的用户提供了查询 Hadoop 集群上的数据的功能。同时，Hive 使得熟悉 MapReduce 框架的程序员可以往Hive 查询中添加自己的自定义映射程序和缩减程序。在 Hadoop 2 的 YARN 下使用 Apache Tez 框架，也可大大加速 Hive 的查询。

Hive 示例演练

对于此示例，我们假定采用以下软件环境。其他环境应以类似的方式工作。

- 操作系统：Linux
- 平台：RHEL 6.6
- Hortonworks HDP 2.2，配备 Hadoop 版本：2.6
- Hive 版本：0.14.0

如果你使用第 2 章介绍的伪分布式安装，那么请在第2章中查阅安装 Hive 的说明。有关安装的详细信息可以在 Hive 网站上找到，网址是 http://hive.apache.org。Hive 也是作为 Hortonworks HDP 沙箱的一部分安装的。下面的示例假定用户是 hdfs，但是任何有权访问 HDFS 的有效用户都可以运行此示例。

要启动 Hive，只须输入 hive 命令。如果 Hive 正常启动，你应该得到一个 hive> 提示符。

```
$ hive
(某些消息可能在这里显示)
hive>
```

作为一个简单的测试，我们创建并删除表。请注意，Hive 命令必须以分号（;）结尾。

```
hive> CREATE TABLE pokes (foo INT, bar STRING);
OK
Time taken: 1.705 seconds
hive> SHOW TABLES;
OK
pokes
Time taken: 0.174 seconds, Fetched: 1 row(s)
hive> DROP TABLE pokes;
OK
Time taken: 4.038 seconds
```

下面来编写一个更详细的对 Web 服务器日志文件中的消息类型进行汇总的示例。首先，使用以下命令创建一个表：

```
hive> CREATE TABLE logs(t1 string, t2 string, t3 string, t4 string,
➥ t5 string, t6 string, t7 string) ROW FORMAT DELIMITED FIELDS
➥ TERMINATED BY ' ';
OK
Time taken: 0.129 seconds
```

下一步，加载数据——在本例中，从 sample.log 文件加载。此文件可从示例代码下载（见附录 A）。请注意，此文件保存在本地目录中，而不在 HDFS 中。

```
hive> LOAD DATA LOCAL INPATH 'sample.log' OVERWRITE INTO TABLE logs;
Loading data to table default.logs
Table default.logs stats: [numFiles=1, numRows=0, totalSize=99271, rawDataSize=0]
OK
Time taken: 0.953 seconds
```

最后，将查询步骤应用于此文件。请注意，这将调用 Hadoop MapReduce 操作。结果出现在输出的末尾（例如，类型为 DEBUG、ERROR 等的消息合计数）。

```
hive> SELECT t4 AS sev, COUNT(*) AS cnt FROM logs WHERE t4 LIKE '[%' GROUP BY t4;
Query ID = hdfs_20150327130000_d1e1a265-a5d7-4ed8-b785-2c6569791368
```

```
Total jobs = 1
Launching Job 1 out of 1
Number of reduce tasks not specified. Estimated from input data size: 1
In order to change the average load for a reducer [in bytes]:
  set hive.exec.reducers.bytes.per.reducer=<number>
In order to limit the maximum number of reducers:
  set hive.exec.reducers.max=<number>
In order to set a constant number of reducers:
  set mapreduce.job.reduces=<number>
Starting Job = job_1427397392757_0001, Tracking URL = http://norbert:8088/proxy/
application_1427397392757_0001/
Kill Command = /opt/hadoop-2.6.0/bin/hadoop job  -kill job_1427397392757_0001
Hadoop job information for Stage-1: number of mappers: 1; number of reducers: 1
2015-03-27 13:00:17,399 Stage-1 map = 0%,  reduce = 0%
2015-03-27 13:00:26,100 Stage-1 map = 100%,  reduce = 0%, Cumulative CPU 2.14 sec
2015-03-27 13:00:34,979 Stage-1 map = 100%,  reduce = 100%, Cumulative CPU 4.07 sec
MapReduce Total cumulative CPU time: 4 seconds 70 msec
Ended Job = job_1427397392757_0001
MapReduce Jobs Launched:
Stage-Stage-1: Map: 1 Reduce: 1   Cumulative CPU: 4.07 sec   HDFS Read: 106384
HDFS Write: 63 SUCCESS
Total MapReduce CPU Time Spent: 4 seconds 70 msec
OK
[DEBUG]  434
[ERROR]  3
[FATAL]  1
[INFO]   96
[TRACE]  816
[WARN]   4
Time taken: 32.624 seconds, Fetched: 6 row(s)
```

若要退出 Hive，只须输入 `exit;`：

```
hive> exit;
```

更高级的 Hive 示例

下面，我们来编写一个来自 Hive 文档的更高级的应用实例，它可以利用从 GroupLens Research（http://group-lens.org/datasets/movielens）网页获取的电影评分数据文件。此数据文件是从电影镜头网站（http://movielens.org）收集的，包含不同数量的电影评论的文件，从 10 万条开始，最多达 2000 万条。数据文件和在下面示例中使用的查询语句都可从本书网站获取（见附录 A）。

在此示例中，使用 Apache Hive 和 Python 程序将 100000 条记录从用户 id、电影 id、评分、UNIX 时间（`userid`、`movieid`、`rating`、`unixtime`）转换为用户 id、电影

id、评分和星期几（userid、movieid、rating、weekday）（即，UNIX 时间符号将变为星期几）。第一步是下载并解压缩数据：

```
$ wget http://files.grouplens.org/datasets/movielens/ml-100k.zip
$ unzip ml-100k.zip
$ cd ml-100k
```

在使用 Hive 之前，我们先创建一个名为 weekday_mapper.py 的简短 Python 程序，它包含以下内容：

```python
import sys
import datetime

for line in sys.stdin:
    line = line.strip()
    userid, movieid, rating, unixtime = line.split('\t')
    weekday = datetime.datetime.fromtimestamp(float(unixtime)).isoweekday()
    print '\t'.join([userid, movieid, rating, str(weekday)])LOAD DATA LOCAL INPATH
'./u.data' OVERWRITE INTO TABLE u_data;
```

接下来，启动 Hive 并通过在 hive> 提示符输入以下命令创建数据表（u_data）：

```
CREATE TABLE u_data (
  userid INT,
  movieid INT,
  rating INT,
  unixtime STRING)
ROW FORMAT DELIMITED
FIELDS TERMINATED BY '\t'
STORED AS TEXTFILE;
```

使用以下命令将电影数据加载到此表中：

```
hive> LOAD DATA LOCAL INPATH './u.data' OVERWRITE INTO TABLE u_data;
```

表中的行数可以通过输入以下命令得出：

```
hive > SELECT COUNT(*) FROM u_data;
```

此命令将启动一个 MapReduce 作业，并应在结束时显示下列行

```
...
MapReduce Jobs Launched:
Stage-Stage-1: Map: 1  Reduce: 1   Cumulative CPU: 2.26 sec   HDFS Read: 1979380
HDFS Write: 7 SUCCESS
Total MapReduce CPU Time Spent: 2 seconds 260 msec
OK
100000
```

```
Time taken: 28.366 seconds, Fetched: 1 row(s)
```

现在，u_data 表中的数据已被加载，请使用下面的命令生成新表（u_data_new）：

```
hive> CREATE TABLE u_data_new (
  userid INT,
  movieid INT,
  rating INT,
  weekday INT)
ROW FORMAT DELIMITED
FIELDS TERMINATED BY '\t';
```

下一个命令将 weekday_mapper.py 添加到 Hive 资源中：

```
hive> add FILE weekday_mapper.py;
```

一旦成功加载 weekday_mapper.py 文件，我们就可以输入转换查询语句：

```
Hhive> INSERT OVERWRITE TABLE u_data_new
SELECT
  TRANSFORM (userid, movieid, rating, unixtime)
  USING 'python weekday_mapper.py'
  AS (userid, movieid, rating, weekday)
FROM u_data;
```

如果转换成功，则输出的最后部分应如下所示：

```
...
Table default.u_data_new stats: [numFiles=1, numRows=100000, totalSize=1179173, rawDataSize=1079173]
MapReduce Jobs Launched:
Stage-Stage-1: Map: 1   Cumulative CPU: 3.44 sec   HDFS Read: 1979380 HDFS Write: 1179256 SUCCESS
Total MapReduce CPU Time Spent: 3 seconds 440 msec
OK
Time taken: 24.06 seconds
```

最后的查询将按星期几对评论进行排序和分组：

```
hive> SELECT weekday, COUNT(*) FROM u_data_new GROUP BY weekday;
```

按照星期几来分组的评论条数的最终输出应如下所示：

```
...
MapReduce Jobs Launched:
Stage-Stage-1: Map: 1 Reduce: 1   Cumulative CPU: 2.39 sec   HDFS Read: 1179386 HDFS Write: 56 SUCCESS
Total MapReduce CPU Time Spent: 2 seconds 390 msec
OK
```

```
1       13278
2       14816
3       15426
4       13774
5       17964
6       12318
7       12424
Time taken: 22.645 seconds, Fetched: 7 row(s)
```

如先前所示，你可以使用 DROP TABLE 命令删除此示例中使用的表。在本例中，我们也使用了-e 命令行选项。

请注意，查询也可以使用-f 选项从文件加载。

```
$ hive -e 'drop table u_data_new'
$ hive -e 'drop table u_data'
```

使用 Apache Sqoop 获取关系型数据

Sqoop 是一个在 Hadoop 和关系数据库之间传输数据的工具。你可以使用 Sqoop 把某个关系数据库管理系统（RDBMS）数据导入 Hadoop 分布式文件系统，在 Hadoop 中执行数据转换，然后将数据导回 RDBMS。

Sqoop 可用于任何与 Java 数据库连接兼容的数据库，并且已经在 Microsoft SQL Server、PostgresSQL、MySQL 和 Oracle 上进行了测试。在 Sqoop 1 中，数据使用为特定数据库编写的连接器访问。第 2 版（在测试中）不支持连接器，不支持第 1 版的把数据从某个 RDBMS 直接传输到 Hive 或 HBase，也不支持把数据从 Hive 或 HBase 传输到你的 RDBMS。相反，第 2 版提供了更通用的方式来完成这些任务。

本节的其余部分简要地概述了如何将 Sqoop 与 Hadoop 配合使用。此外，还演示了一个基本的 Sqoop 示例演练。为了充分地研究 Sqoop，可以查询 Sqoop 项目网站 http://sqoop.apache.org 找到更多的资料。

Apache Sqoop 导入和导出方法

图 7.1 描述了 Sqoop 数据导入（到 HDFS 的）过程。数据导入是在两个步骤中完成的。第一步，Sqoop 检查数据库以收集要导入的数据的必要元数据。第二步是一个只有映射（没有缩减步骤）的 Hadoop 作业，它是由 Sqoop 提交到集群的。这个作业使用在上一步中收集的元数据执行实际的数据传输。注意，执行导入的每个节点必须具有对数

据库的访问权限。

导入的数据保存在 HDFS 目录中。Sqoop 将使用与数据库同名的目录，用户也可以指定任何替代的目录来保存文件。默认情况下，这些文件包含以逗号分隔的字段，用换行符来分隔不同的记录。通过显式指定字段分隔符和记录终止符，可以很容易地改变数据的复制格式。一旦数据被放在 HDFS 中，它就可以用于处理。

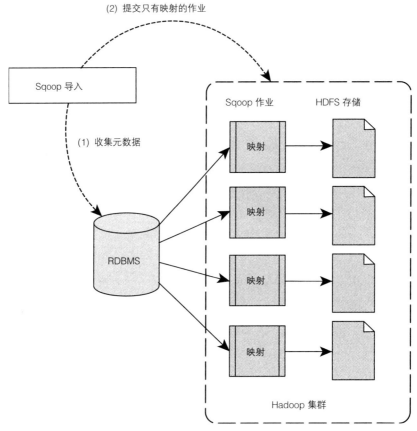

图 7.1 两步骤 Apache Sqoop 数据导入方法 （从 Apache Sqoop 文档摘录）

从集群导出数据的工作方式与导入类似。如图 7.2 所示，导出也在两个步骤中完成。与导入过程一样，第一步是检查数据库的元数据。导出步骤同样使用只有映射的 Hadoop 作业将数据写入数据库。Sqoop 将输入的数据集进行拆分，然后使用单独的映射任务将拆分的各部分推送到数据库。同样，这一过程也假定映射任务具有对数据库的访问权限。

Apache Sqoop 版本更改

Sqoop 1 使用专门的连接器访问外部系统。这些连接器经常对各种 RDBMS 或不支持 JDBC 的系统进行优化。

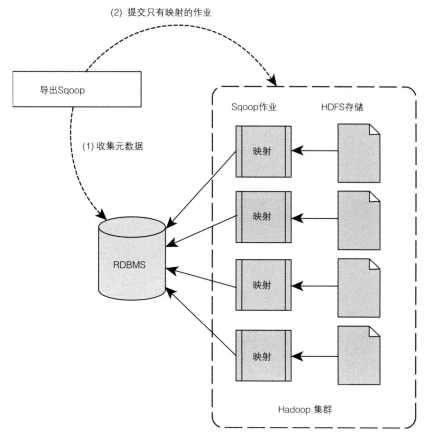

图 7.2　两步骤 Sqoop 数据导出方法（从 Apache Sqoop 文档摘录）

连接器是基于 Sqoop 的扩展框架的插件组件，并可以添加到任何现有的 Sqoop 安装中。一旦安装了连接器，Sqoop 就可以使用它在 Hadoop 和由连接器提供的外部存储之间有效地传输数据。默认情况下，Sqoop 1 包括用于流行数据库，如 MySQL、PostgreSQL、Oracle、SQL Server 和 DB2 等的连接器。它还支持直接在 RDBMS 和 HBase 或 Hive 之间传输。

不过，为了简化 Sqoop 的输入方法，Sqoop 2 不再支持专门的连接器，也不支持把数据直接导入 HBase 或 Hive。所有导入及导出都通过 JDBC 接口完成。表 7.2 总结了第

2 版对第 1 版的改变。因为有这些改变，所以任何新的开发项目都应采用 Sqoop 2。

表 7.2　Apache Sqoop 版本比较

功　能	Sqoop 1	Sqoop 2
所有主要的 RDBMS 连接器	支持	不支持。使用通用 JDBC 连接器
Kerberos 安全集成	支持	不支持
把数据从 RDBMS 传输到 Hive 或 HBase	支持	不支持。首先从 RDBMS 导入数据到 HDFS，然后手动将数据加载到 Hive 或 HBase。
把数据从 Hive 或 HBase 传输到 RDBMS	不支持。首先从 Hive 或 HBase 导出数据到 HDFS，然后用 Sqoop 导出	不支持。首先从 Hive 或 HBase 导出数据到 HDFS，然后用 Sqoop 导出

Sqoop 示例演练

下面的简单示例演示了 Sqoop 的用法。它可以用作一个从中发掘 Apache Sqoop 提供的其他功能的基础。请执行以下步骤。

1．下载 Sqoop。
2．下载并加载示例 MySQL 数据。
3．为 Sqoop 用户添加本地计算机和集群权限。
4．将数据从 MySQL 导入 HDFS。
5．将数据从 HDFS 导出到 MySQL。

对于此示例，我们假定采用以下的软件环境。其他环境也应以类似的方式工作。

- 操作系统：Linux
- 平台：RHEL 6.6
- Hortonworks HDP 2.2，配备 Hadoop 版本：2.6
- Sqoop 版本：1.4.5
- 一个在主机上正常工作的 MySQL 安装

如果你使用第 2 章介绍的伪分布式安装，或想手工安装 Sqoop，请参阅在 Sqoop 网站上的安装说明，网址是 http://sqoop.apache.org。Sqoop 也是作为 Hortonworks HDP 沙箱的一部分安装的。

步骤 1：下载 Sqoop 并加载样本 MySQL 数据库

如果你还没有这样做，请确保 Sqoop 安装在集群上。Sqoop 只需要你的集群中的单个节点。然后，此 Sqoop 节点将作为所有连接的 Sqoop 客户端的入口点。Sqoop 节点是一个 Hadoop MapReduce 客户端，因为它同时需要 Hadoop 安装和对 HDFS 的访问权限。

若要使用 HDP 发行版本的 RPM 文件安装 Sqoop，只须输入：

```
# yum install sqoop sqoop-metastore
```

对于这个示例，我们将使用 MySQL 网站（http://dev.mysql.com/doc/ world-setup /en/index.html）的 world 示例数据库。此数据库包含三个表：

- Country：世界上的各国的信息
- City：有关这些国家的城市的一些信息
- CountryLanguage：在每个国家使用的语言

若要获取数据库，可使用 wget 下载如下文件，然后提取此文件：

```
$ wget http://downloads.mysql.com/docs/world_innodb.sql.gz
$ gunzip world_innodb.sql.gz
```

下一步，登录到 MySQL（假定你有创建一个数据库的权限）并通过执行以下步骤导入所需的数据库：

```
$ mysql -u root -p
mysql> CREATE DATABASE world;
mysql> USE world;
mysql> SOURCE world_innodb.sql;
mysql> SHOW TABLES;
+-----------------+
| Tables_in_world |
+-----------------+
| City            |
| Country         |
| CountryLanguage |
+-----------------+
3 rows in set (0.01 sec)
```

下面的 MySQL 命令用于查看表的详细信息（为清楚起见，省略输出）：

```
mysql> SHOW CREATE TABLE Country;
mysql> SHOW CREATE TABLE City;
mysql> SHOW CREATE TABLE CountryLanguage;
```

步骤 2：为 Sqoop 用户添加本地计算机与集群的权限

在 MySQL 中，为用户 sqoop 添加在 MySQL 中的以下权限。

请注意，为使 Sqoop 正常工作，你必须同时使用本地主机名和集群子网。

并且，出于此示例的目的，把 sqoop 密码设置为 sqoop。

```
mysql> GRANT ALL PRIVILEGES ON world.* To 'sqoop'@'limulus' IDENTIFIED BY 'sqoop';
mysql> GRANT ALL PRIVILEGES ON world.* To 'sqoop'@'10.0.0.%' IDENTIFIED BY 'sqoop';
mysql> quit
```

下一步，以 sqoop 用户身份登录测试权限：

```
$ mysql -u sqoop -p
mysql> USE world;
  mysql> SHOW TABLES;
  +-----------------+
  | Tables_in_world |
  +-----------------+
  | City            |
  | Country         |
  | CountryLanguage |
  +-----------------+
  3 rows in set (0.01 sec)

  mysql> quit
```

步骤 3：使用 Sqoop 导入数据

作为一个测试，我们可以使用 Sqoop 列出 MySQL 中的数据库。结果将出现在输出最后的警告之后。请注意在 JDBC 语句中使用的本地主机名（limulus）。

```
$ sqoop list-databases --connect jdbc:mysql://limulus/world --username sqoop
➥ --password sqoop
  Warning: /usr/lib/sqoop/../accumulo does not exist! Accumulo imports will fail.（Accumulo
不存在！Accumulo 导入将会失败。）
  Please set $ACCUMULO_HOME to the root of your Accumulo installation.（请将$ACCUMULO_HOME 设
置为你的 Accumulo 安装的主目录。）
  14/08/18 14:38:55 INFO sqoop.Sqoop: Running Sqoop version: 1.4.4.2.1.2.1-471
  14/08/18 14:38:55 WARN tool.BaseSqoopTool: Setting your password on the
command-line is insecure. Consider using -P instead.（在命令行上设置你的密码是不安全的。请考虑改用-P。）
  14/08/18 14:38:55 INFO manager.MySQLManager: Preparing to use a MySQL streaming
resultset.
  information_schema
  test
  world
```

以类似的方式，你可以使用 Sqoop 连接到 MySQL，并列出 world 数据库中的表：

```
  sqoop list-tables --connect jdbc:mysql://limulus/world --username sqoop
➥ --password sqoop
  ...
  14/08/18 14:39:43 INFO sqoop.Sqoop: Running Sqoop version: 1.4.4.2.1.2.1-471
  14/08/18 14:39:43 WARN tool.BaseSqoopTool: Setting your password on the
command-line is insecure. Consider using -P instead.
  14/08/18 14:39:43 INFO manager.MySQLManager: Preparing to use a MySQL streaming
```

```
resultset.
  City
  Country
  CountryLanguage
```

若要导入数据，我们需要在 HDFS 中创建一个目录：

```
$ hdfs dfs -mkdir sqoop-mysql-import
```

下面的命令把 Country 表导入 HDFS。选项 -table 表示要导入的表，--target-dir 是前面创建的目录和，而 -m 1 告诉 Sqoop 使用一个映射任务来导入数据。

```
$ sqoop import --connect jdbc:mysql://limulus/world --username sqoop
➥ --password sqoop --table Country -m 1 --target-dir
➥ /user/hdfs/sqoop-mysql-import/country
...
 14/08/18 16:47:15 INFO mapreduce.ImportJobBase: Transferred 30.752 KB in
12.7348 seconds
  (2.4148 KB/sec)
 14/08/18 16:47:15 INFO mapreduce.ImportJobBase: Retrieved 239 records.
```

可以通过检查 HDFS 确认导入成功：

```
$$ hdfs dfs -ls sqoop-mysql-import/country
   Found 2 items
   -rw-r--r--   2 hdfs hdfs          0 2014-08-18 16:47 sqoop-mysql-import/
world/_SUCCESS
   -rw-r--r--   2 hdfs hdfs      31490 2014-08-18 16:47 sqoop-mysql-import/world/
part-m-00000
```

可以使用 `hdfs dfs -cat` 命令查看文件：

```
$ hdfs dfs -cat sqoop-mysql-import/country/part-m-00000
  ABW,Aruba,North America,Caribbean,193.0,null,103000,78.4,828.0,793.0,Aruba,
Nonmetropolitan
   Territory of The Netherlands,Beatrix,129,AW
   ...
   ZWE,Zimbabwe,Africa,Eastern Africa,390757.0,1980,11669000,37.8,5951.0,8670.0,
Zimbabwe,
   Republic,Robert G. Mugabe,4068,ZW
```

为了使 Sqoop 命令更方便，你可以创建选项文件并在命令行上使用它。这样的文件使你避免重复写相同的选项。例如，一个名为 world-options.txt 的文件，将包含 import 命令，--connect、--username 和 --password 选项：

```
  import
  --connect
```

```
jdbc:mysql://limulus/world
--username
sqoop
--password
sqoop
```

可以用下面的短行执行相同的导入命令：

```
$ sqoop --options-file world-options.txt --table City -m 1 --target-dir
➥ /user/hdfs/sqoop-mysql-import/city
```

它也是可以在导入步骤中包含的 SQL 查询。例如，我们只想要在加拿大的城市：

```
SELECT ID,Name from City WHERE CountryCode='CAN'
```

在本例中，我们可以在 Sqoop 导入请求中包含 --query 选项。--query 选项也需要一个名为 $CONDITIONS 的变量，下一步将对其进行解释。在下面的查询示例中，使用 -m 1 选项指定了单一映射程序任务：

```
sqoop --options-file world-options.txt -m 1 --target-dir
➥/user/hdfs/sqoop-mysql-import/canada-city --query "SELECT ID,Name
➥ from City WHERE CountryCode='CAN' AND \$CONDITIONS"
```

检测结果证实，只导入了加拿大的城市：

```
$ hdfs dfs -cat sqoop-mysql-import/canada-city/part-m-00000

1810,Montréal
1811,Calgary
1812,Toronto
...
1856,Sudbury
1857,Kelowna
1858,Barrie
```

由于只有一个映射程序进程，因此只需要在数据库上运行查询的一个副本。结果也在单个文件中报告（part-m-0000）。

如果使用了 --split-by 选项，则可以使用多个映射程序处理查询。split-by 选项用于并行化 SQL 查询。每个并行任务都运行主查询的一个子集，每一个子查询的结果都根据 Sqoop 推断的边界条件进行分区。你的查询必须包含 $CONDITIONS 标记，每个 Sqoop 进程将根据 split-by 选项把 $CONDITIONS 替换为一个唯一的条件表达式。请注意，$CONDITIONS 不是环境变量。虽然 Sqoop 会尝试基于主键的范围创建平衡的子查询，但如果你的主键分布不均匀，它可能需要根据另一列来拆分。

7 基本的 Hadoop 工具

下面的示例说明了 --split-by 选项的用法。首先，删除以前的查询结果：

```
$ hdfs dfs -rm -r -skipTrash sqoop-mysql-import/canada-city
```

接下来，使用四个映射程序（-m 4）运行查询，我们按 ID 号划分映射程序 (--split-by ID)：

```
sqoop --options-file world-options.txt -m 4 --target-dir
➥ /user/hdfs/sqoop-mysql-import/canada-city --query "SELECT ID,Name
➥ from City WHERE CountryCode='CAN' AND \$CONDITIONS" --split-by ID
```

如果我们查看结果文件的数量，会发现有对应于我们在命令中要求的四个映射程序的四个文件：

```
$ hdfs dfs -ls sqoop-mysql-import/canada-city
Found 5 items
-rw-r--r--   2 hdfs hdfs          0 2014-08-18 21:31 sqoop-mysql-import/
canada-city/_SUCCESS
-rw-r--r--   2 hdfs hdfs        175 2014-08-18 21:31 sqoop-mysql-import/canada-city/
part-m-00000
-rw-r--r--   2 hdfs hdfs        153 2014-08-18 21:31 sqoop-mysql-import/canada-city/
part-m-00001
-rw-r--r--   2 hdfs hdfs        186 2014-08-18 21:31 sqoop-mysql-import/canada-city/
part-m-00002
-rw-r--r--   2 hdfs hdfs        182 2014-08-18 21:31 sqoop-mysql-import/canada-city/
part-m-00003
```

步骤 4：把数据从 HDFS 导到 MySQL

Sqoop 也可从 HDFS 中导出数据。第一步是创建导出数据的表。每个导出的表，实际上都需要两个表。第一个表保存导出的数据（CityExport），而第二个表用于暂存导出的数据（CityExportStaging）。输入下面的 MySQL 命令，创建这些表：

```
mysql> CREATE TABLE 'CityExport' (
       'ID' int(11) NOT NULL AUTO_INCREMENT,
       'Name' char(35) NOT NULL DEFAULT '',
       'CountryCode' char(3) NOT NULL DEFAULT '',
       'District' char(20) NOT NULL DEFAULT '',
       'Population' int(11) NOT NULL DEFAULT '0',
       PRIMARY KEY ('ID'));
mysql> CREATE TABLE 'CityExportStaging' (
       'ID' int(11) NOT NULL AUTO_INCREMENT,
       'Name' char(35) NOT NULL DEFAULT '',
       'CountryCode' char(3) NOT NULL DEFAULT '',
       'District' char(20) NOT NULL DEFAULT '',
       'Population' int(11) NOT NULL DEFAULT '0',
```

```
    PRIMARY KEY ('ID'));
```

接下来，类似于以前创建的 `world-options.txt`，创建一个 `cities-export-options.txt` 文件，但使用 `export` 命令而不是 `import` 命令。

以下命令将把我们以前导出的城市数据导回 MySQL：

```
sqoop --options-file cities-export-options.txt --table CityExport
➥ --staging-table CityExportStaging --clear-staging-table -m 4
➥ --export-dir /user/hdfs/sqoop-mysql-import/city
```

最后，若要确保一切运行正常，请检查 MySQL 中的表，看城市是否在表中：

```
$ mysql> select * from CityExport limit 10;
+----+----------------+-------------+---------------+------------+
| ID | Name           | CountryCode | District      | Population |
+----+----------------+-------------+---------------+------------+
|  1 | Kabul          | AFG         | Kabol         |    1780000 |
|  2 | Qandahar       | AFG         | Qandahar      |     237500 |
|  3 | Herat          | AFG         | Herat         |     186800 |
|  4 | Mazar-e-Sharif | AFG         | Balkh         |     127800 |
|  5 | Amsterdam      | NLD         | Noord-Holland |     731200 |
|  6 | Rotterdam      | NLD         | Zuid-Holland  |     593321 |
|  7 | Haag           | NLD         | Zuid-Holland  |     440900 |
|  8 | Utrecht        | NLD         | Utrecht       |     234323 |
|  9 | Eindhoven      | NLD         | Noord-Brabant |     201843 |
| 10 | Tilburg        | NLD         | Noord-Brabant |     193238 |
+----+----------------+-------------+---------------+------------+
10 rows in set (0.00 sec)
```

一些方便清理的命令

如果你不是特别熟悉 MySQL，下面清理示例的命令可能有用。若要在 MySQL 中删除表，请输入以下命令：

```
mysql> drop table 'CityExportStaging';
```

若要在一个表中删除数据，请输入以下命令：

```
mysql> delete from CityExportStaging;
```

若要清理导入的文件，请输入此命令：

```
$ hdfs dfs -rm -r -skipTrash sqoop-mysql-import/{country,city, canada-city}
```

使用 Apache Flume 获取数据流

Apache Flume 是一种旨在收集、传输，并将数据存储到 HDFS 的独立代理程序。数据传输通常会涉及一些 Flume 代理，它们可能会遍历一系列的机器和位置。Flume 通常用于日志文件、社交媒体生成的数据、电子邮件和任何连续的数据源。

如图 7.3 所示，Flume 代理是由三个组件组成的。

- 源。源组件接收数据并将其发送到通道。它可以将数据发送到多个通道。输入数据可以来自实时源（例如，网络日志）或另一个 Flume 代理。
- 通道。通道是把源数据转发到接收器目的地的数据队列。它可以被看作是管理输入（源）和输出（接收器）流速率的缓冲区。
- 接收器。接收器将数据传递到目的地，如 HDFS、本地文件或另一个 Flume 代理等。

Flume 代理必须定义所有这三个组件。一个 Flume 代理可以有多个源、通道和接收器。源可以写入多个通道，但接收器只能从单个通道取得数据。写入通道的数据保留在通道中，直到一个接收器删除此数据为止。默认情况下，通道中的数据保存在内存中，但它也可以选择性地存储在磁盘上，以防止在网络出现故障时数据丢失。

如图 7.4 所示，Sqoop 代理可以放在一个管道中，可能遍历几台机器或域。

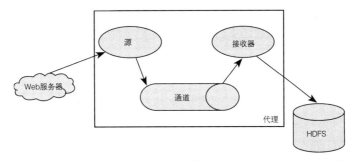

图 7.3　Flume 代理，包含源、通道和接收器（从 Apache Flume 文档摘录）

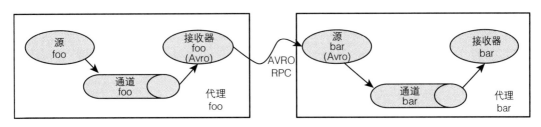

图 7.4　由连接 Flume 代理建立的管道（从 Apache Flume Sqoop 文档摘录）

当数据在一台计算机（如一台 Web 服务器）进行收集并发送到另一台具有 HDFS 访问权限的计算机时，通常使用此配置。

在 Flume 管道中，来自一个代理的接收器是另一个代理的源。

Flume 常使用的数据传输格式称为 Apache Avro，它提供几种有用的功能。首先，Avro 是一个数据序列化/反序列化系统，它采用紧凑的二进制格式。模式作为数据交换的一部分发送，并且使用 JSON（JavaScript 对象符号）定义。Avro 还使用远程过程调用（Rpc）来发送数据，即 Avro 接收器将联系 Avro 源发送数据。

另一种有用的 Flume 配置如图 7.5 所示。在此配置中，Flume 先整合几个数据源，然后将它们提交给 HDFS。

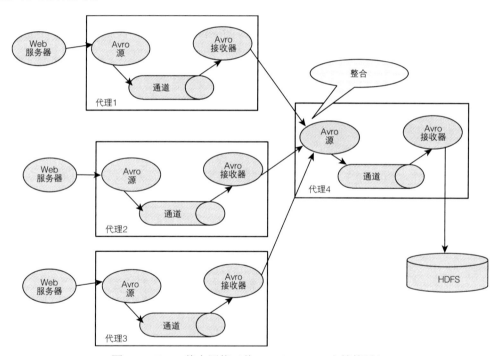

图 7.5　Flume 整合网络（从 Apache Flume 文档摘录）

构建 Flume 传输网络有多种可能的方式。此外，未在这里深入介绍的其他 Flume 功能，包括可以用来加强 Flume 管道的插件和拦截器。更多信息和示例的配置，请参阅在 https://flume.apache.org/FlumeUserGuide.html 上的 Flume 用户指南。

Flume 的示例演练

我们按照以下步骤演练一个 Flume 示例。

步骤 1：下载并安装 Apache Flume

对于此示例，我们假定有以下软件环境。其他环境应以类似的方式工作。
- 操作系统：Linux
- 平台：RHEL 6.6
- Hortonworks HDP 2.2，配备 Hadoop 版本：2.6
- Flume 版本：1.5.2

如果你使用第 2 章介绍的伪分布式安装，则可以手工安装 Flume。请查看 Flume 网站上的安装说明，地址是 https://flume.apache.org。Flume 也作为 Hortonworks HDP 沙箱的一部分安装。

如果未安装 Flume，并且你正在使用 Hortonworks HDP 存储库，则可以用下面的命令添加 Flume：

```
# yum install flume flume-agent
```

此外，对于这个简单的示例，将需要 `telnet`：

```
# yum install telnet
```

下面的示例还需要一些配置文件。它们的下载说明，请参阅附录 A。

步骤 2：Flume 的简单测试

可以在一台机器上完成一个简单的测试。若要启动 Flume 代理，请输入这里所示的 `flume-ng` 命令。此命令使用简单的 `example.conf` 文件配置代理。

```
$ flume-ng agent --conf conf --conf-file simple-example.conf --name simple_agent
➥ -Dflume.root.logger=INFO,console
```

在另一个终端窗口中，使用 `telnet` 联系代理：

```
$ telnet localhost 44444
  Trying ::1...
  telnet: connect to address ::1: Connection refused
  Trying 127.0.0.1...
  Connected to localhost.
  Escape character is '^]'.
  testing 1 2 3
  OK
```

如果 Flume 正常工作，则启动 Flume 代理的窗口将显示在 telnet 窗口中输入的测试消息：

```
14/08/14 16:20:58 INFO sink.LoggerSink: Event: { headers:{} body: 74 65 73 74 69
6E 67 20 20 31 20 32 20 33 0D             testing 1 2 3. }
```

步骤 3：Web 日志示例

在此示例中，使用 Flume 将本地机器（Ambari 输出）的 Web 日志中的记录放入 HDFS。这个示例很容易修改为使用不同的机器上的其他 Web 日志。配置 Flume 需要两个文件。（文件下载说明见侧边栏和附录 A）。

- `web-server-target-agent.conf`——将数据写入 HDFS 的目标 Flume 代理
- `web-server-source-agent.conf`——收集 Web 日志数据的源 Flume 代理

Web 日志也被写入 HDFS 的代理镜像到本地文件系统上。要运行该示例，请以 `root` 身份创建如下目录：

```
# mkdir /var/log/flume-hdfs
# chown hdfs:hadoop /var/log/flume-hdfs/
```

下一步，以用户 `hdfs` 的身份在 HDFS 中建立 Flume 数据目录：

```
$ hdfs dfs -mkdir /user/hdfs/flume-channel/
```

现在，数据目录已创建，我们可以启动 Flume 目标代理（以用户 `hdfs` 的身份执行）：

```
$ flume-ng agent -c conf -f web-server-target-agent.conf -n collector
```

此代理将数据写入 HDFS 并应在启动源代理之前被启动。（源读取 Web 日志。）这种配置允许自动使用 Flume 代理。为达到此目的，需要配置 `/etc/flume/conf/{flume.conf,flume-env.sh.template}` 文件。对于此示例，`/etc/flume/conf/flume.conf` 文件可以与 `web-server-target.conf` 文件相同（根据你的环境修改）。

> **注意**
> 使用 HDP 发行版，Flume 可以在系统引导时作为一种服务启动（例如，`service start flume`）。

在此示例中，源代理以 `root` 身份启动，它将把 Web 日志数据输入到目标代理。另外，如果需要，源代理也可以在另一台机器上。

```
# flume-ng agent -c conf -f web-server-source-agent.conf -n source_agentt
```

若要查看 Flume 是否正常工作，可利用 `tail` 命令检查本地日志。此外还要确认，`flume-ng` 代理不报告任何错误（文件名称将会发生变化）。

```
$ tail -f /var/log/flume-hdfs/1430164482581-1
```

`flume-hdfs` 下的本地日志的内容应与写入 HDFS 的相同。你可以利用 `hdfs-tail` 检查此文件（文件名称将会发生变化）。请注意，在运行 Flume 时，在 HDFS 中最新的文件后面可能有附加的 `.tmp` 扩展名。`.tmp` 表明 Flume 仍然在写入此文件。通过在配置文件中设置 `rollCount`、`rollSize`、`rollInterval`、`idleTimeout` 和 `batchSize` 中的一部分或所有选项，可以配置目标代理写入此文件（并开始另一个 `.tmp` 文件）。

```
$ hdfs dfs -tail flume-channel/apache_access_combined/150427/FlumeData.
➥ 1430164801381
```

这两个文件应包含相同的数据。例如，前面的示例在这两个文件中都有以下数据：

```
10.0.0.1 - - [27/Apr/2015:16:04:21 -0400] "GET /ambarinagios/nagios/
nagios_alerts.php?q1=alerts&alert_type=all HTTP/1.1" 200 30801 "-" "Java/1.7.0_65"
10.0.0.1 - - [27/Apr/2015:16:04:25 -0400] "POST /cgi-bin/rrd.py HTTP/1.1" 200 784
"-" "Java/1.7.0_65"
10.0.0.1 - - [27/Apr/2015:16:04:25 -0400] "POST /cgi-bin/rrd.py HTTP/1.1" 200 508
"-" "Java/1.7.0_65"
```

你可以修改目标和源文件，以适合你的系统。

A Flume 配置文件

Flume 配置的完整解释超出了本章的范围。Flume 网站具有 Flume 配置的其他信息，地址为 http://flume.apache.org/FlumeUserGuide.html#configuration。之前使用的配置也具有帮助解释设置的链接。在上一个示例中使用的一些重要设置如下。

在 `web-server-source-agent.conf` 中，下面几行设置了源。注意 Web 日志是利用 `tail` 命令来记录日志文件获得的。

```
source_agent.sources = apache_server
source_agent.sources.apache_server.type = exec
source_agent.sources.apache_server.command = tail -f /etc/httpd/
logs/access_log
```

在文件较后面的部分，接收器被定义。`Source_agent.sinks.avro_`

sink.hostname 用于分配将写入 HDFS 的 Flume 节点。端口号也是在目标配置文件中设置的。

```
source_agent.sinks = avro_sink
source_agent.sinks.avro_sink.type = avro
source_agent.sinks.avro_sink.channel = memoryChannel
source_agent.sinks.avro_sink.hostname = 192.168.93.24
source_agent.sinks.avro_sink.port = 4545
```

HDFS 设置都放置在 web-server-target-agent.conf 文件中。请注意数据规范和前面的示例中使用的路径。

```
collector.sinks.HadoopOut.type = hdfs
collector.sinks.HadoopOut.channel = mc2
collector.sinks.HadoopOut.hdfs.path = /user/hdfs/flume-channel/%{log_type}/
%y%m%d
collector.sinks.HadoopOut.hdfs.fileType = DataStream
```

目标文件还定义了端口和两个通道（mc1 和 mc2）。这些通道中的一个将数据写入本地文件系统，另一个通道写入 HDFS。有关行如下所示：

```
collector.sources.AvroIn.port = 4545
collector.sources.AvroIn.channels = mc1 mc2
collector.sinks.LocalOut.sink.directory = /var/log/flume-hdfs
collector.sinks.LocalOut.channel = mc1
```

HDFS 文件翻转计数在超过阈值时创建一个新文件。在此示例中，这个阈值被定义为允许任何文件大小并在 10000 个事件或 600 秒后写入新的文件。

```
collector.sinks.HadoopOut.hdfs.rollSize = 0
collector.sinks.HadoopOut.hdfs.rollCount = 10000
collector.sinks.HadoopOut.hdfs.rollInterval = 600
```

有关 Flume 的完整讨论可以在 Flume 的网站上找到。

使用 Apache Oozie 管理 Hadoop 工作流

Oozie 是设计来运行和管理多个相关的 Apache Hadoop 作业的工作流指挥系统。例如，完整的数据输入和分析可能需要多个单独的 Hadoop 作业作为工作流来运行，其中一个作业的输出作为一个后续作业的输入。Oozie 旨在构建和管理这些工作流。Oozie 不是 YARN 调度程序的代替品。YARN 管理单独的 Hadoop 作业的资源，而 Oozie 提供一种方法对 Hadoop 集群上的作业进行连接和控制。

Oozie 工作流作业被表示为一种操作的有向无环图（DAG）。（DAG 基本上是一种不含有向循环的图。）允许的 Oozie 作业有三种类型：

- 工作流——带有以成果为基础的决策点和控制依赖的 Hadoop 作业规范序列。除非第一个操作已完成，否则不能从一个操作前进到另一个操作。
- 协调器——一个预定的工作流作业，可以按照不同的时间间隔或当数据变得可用时运行。
- 批处理——将一组协调员作业进行批处理的更高级别的 Oozie 抽象。

Oozie 与其余的 Hadoop 栈集成，它直接支持几种类型的 Hadoop 作业（例如，Java MapReduce、流式 MapReduce、Pig、Hive 和 Sqoop）及特定于系统的作业（例如 Java 程序和 shell 脚本）。Oozie 也提供用于监控作业的 CLI 和 Web 用户界面。

图 7.6 描写了一个简单的 Oozie 工作流。在本例中，Oozie 运行基本的 MapReduce 操作。如果应用程序成功运行，则作业就结束；如果发生错误，则作业被清除。

Oozie 工作流是用 hPDL（一种 XML 过程定义语言）定义的。这样的工作流包含下面几种类型的节点。

- **控制流节点**用于定义工作流开始和结束的节点，包括开始节点、结束节点和可选的失败节点。
- **操作节点**用于定义实际处理任务的节点。当一个操作节点完成时，远程系统通知 Oozie 并执行工作流中的下一个节点。操作节点还可以包括 HDFS 命令。
- **分叉/结合节点**用于使工作流中的任务能并行执行。**分叉**（fork）节点使两个或更多的任务能够在同一时间运行。**结合**（join）节点表示一个交汇点，它必须等待，直到所有的分叉任务都完成为止。
- **控制流节点**用于针对前一个任务做出决定。控制决定基于前一个操作的结果（例如，文件大小或文件存在）做出。决定节点基本是使用 JSP EL（Java 服务器网页——表达式语言）的 switch-case 语句，其计算结果为 true 或 false。

图 7.7 描写了一个更复杂的工作流，它使用到了所有这些节点类型。在 http://oozie.apache.org/docs/4.1.0/index.html 中，可以找到 Oozie 的详细信息。

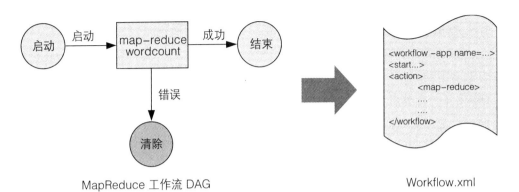

图 7.6 简单的 Oozie DAG 工作流（从 Apache Oozie 文档摘录）

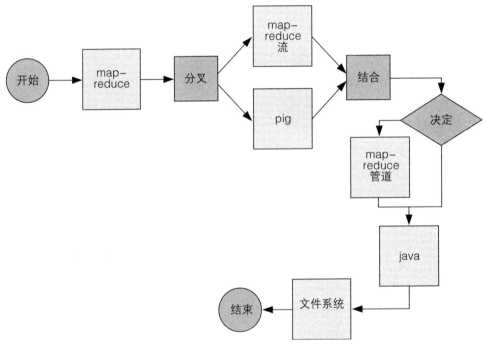

图 7.7 更复杂的 Oozie DAG 工作流（从 Apache Oozie 文档摘录）

Oozie 示例演练

对于此示例，我们假定采用以下软件环境。其他环境应以类似的方式工作。

- 操作系统：Linux
- 平台：CentOS 6.6

- Hortonworks HDP 2.2，配备 Hadoop 版本：2.6
- Oozie 版本：4.1.0

如果你使用第 2 章介绍的伪分布式安装，或想要手工安装 Oozie，请参阅 Oozie 网站的安装说明，地址是 http://oozie.apache.org。Oozie 也作为 Hortonworks HDP 沙箱的一部分安装。

步骤 1：下载 Oozie

本节使用的 Oozie 示例可以在本书的网站上找到（请参见附录 A）。它们也可作为 Hortonworks HDP 2.x 包中 `oozie-client.noarch` RPM 的一部分得到。对于 HDP 2.1，可以用以下命令将文件解压缩到用于演示的工作目录中：

```
$ tar xvzf /usr/share/doc/oozie-4.0.0.2.1.2.1/oozie-examples.tar.gz
```

对于 HDP 2.2，以下命令将解压缩文件：

```
$ tar xvzf /usr/hdp/2.2.4.2-2/oozie/doc/oozie-examples.tar.gz
```

解压缩文件后，把示例目录重命名为 `oozie-examples`，以便它不会与其他示例目录混淆。

```
$ mv examples oozie-examples
```

此示例也必须放置在 HDFS 上。输入以下命令将示例文件移动到 HDFS：

```
$ hdfs dfs -put oozie-examples/ oozie-examples
```

Oozie 共享库必须被安装在 HDFS 上。如果你使用 Ambari 安装的 HDP 2.x，那么此库已经在 HDFS 的如下目录中：`/user/oozie/share/lib`。

> **注意**
> 在 HDP 2.2 及更高版本中，这个路径下面可能出现一些额外的标记了版本的目录。如果你手工安装并构建 Oozie，那么请确保`/user/oozie`在 HDFS 中存在，并且以用户 `oozie` 和组 `hadoop` 的身份将 oozie-sharelib 文件放入此目录。

示例应用程序位于 oozie-examples/app 目录，每个示例都在一个目录下。每个目录中至少包含 workflow.xml 和 job.properties 文件。每个示例所需的其他文件也在其目录中。

所有示例的输入都在 oozie-examples/input-data 目录中。示例将在 HDFS 的 examples/output-data 目录下创建输出。

步骤 2：运行简单的 MapReduce 示例

转到简单的 MapReduce 示例目录：

```
$ cd oozie-examples/apps/map-reduce/
```

此目录包含两个文件和一个 lib 目录。这些文件是：
- job.properties 文件定义一个作业的参数（例如，路径名和端口）。此文件可以针对每个作业修改。
- workflow.xml 文件为这个作业提供实际的工作流。在本例中，它是简单的 MapReduce（通过/失败）。在作业之间，此文件通常保持不变。

包含在示例中的 job.properties 文件需要编辑几处才能正常工作。使用一个文本编辑器，通过添加 NameNode 和 ResourceManager（由文件中的 jobTracker 指示）的主机名来更改以下行。

把

```
nameNode=hdfs://localhost:8020
jobTracker=localhost:8032
```

修改为以下内容（注意，要为 jobTracker 更改端口号）：

```
nameNode=hdfs://_HOSTNAME_:8020
jobTracker=_HOSTNAME_:8050
```

例如，对于使用在第 2 章介绍的 Ambari 创建的集群，把这些行改为

```
nameNode=hdfs://limulus:8020
jobTracker=limulus:8050
```

examplesRoot 变量也必须更改为 oozie-examples，以反映以前所做的更改：

```
examplesRoot=oozie-examples
```

必须对你选择运行的 Oozie 示例中的所有 job.properties 文件完成这些修改。

用于简单 MapReduce 示例的 DAG 如图 7.6 所示。workflow.xml 文件描述这些简单的步骤，并具有以下工作流节点：

```
<start to="mr-node"/>
<action name="mr-node">
```

```
<kill name="fail">
<end name="end"/>
```

Oozie 工作流的完整说明超出了本章的范围。

在此处介绍的简单案例中，文件的基本方面可以得到强调。第一，在`<action name="mr-node">`标记下，MapReduce 过程使用`<map-reduce>`标记设置。作为此描述的一部分，`<prepare>`和`<configuration>`标签设置了这个作业。请注意，`mapred.{mapper,reducer}.class` 指当地的 `lib` 目录。如图 7.6 所示，这个简单的工作流运行了一个示例 MapReduce 作业，并且，如果它失败，则输出错误消息。

若要从 `oozie-examples/apps/map-reduce` 目录运行 Oozie MapReduce 示例作业，请输入以下行：

```
$ oozie job -run -oozie http://limulus:11000/oozie -config job.properties
```

当 Oozie 接受这个作业时，将输出作业 ID：

```
job: 0000001-150424174853048-oozie-oozi-W
```

你需要更改 "limulus" 主机名，以与运行 Oozie 服务器的节点的名称相匹配。作业 ID 可以用于跟踪和控制工作进度。

"Oozie 不允许模拟 Oozie" 错误

当试图运行 Oozie 时，你可能会得到令人费解的错误：

```
oozie is not allowed to impersonate oozie (oozie 不允许模拟 oozie)
```

如果你收到此消息，请确保在 core-site.xml 文件中定义以下内容：

```xml
<property>
    <name>hadoop.proxyuser.oozie.hosts</name>
    <value>*</value>
</property>
<property>
    <name>hadoop.proxyuser.oozie.groups</name>
    <value>*</value>
</property>
```

如果你使用 Ambari，那么在 Services/HDFS/Config 窗口做出这个更改（或添加行）并重新启动 Hadoop。否则，手工进行更改并重新启动所有 Hadoop 的守护程序。

此设置是必需的，因为 Oozie 需要模拟其他用户来运行作业。

组属性可以设置为特定的用户组或通配符。此设置允许运行 Oozie 服务器的账户作为用户组的一部分运行。

为了避免每次你运行 oozie 命令时都在 Oozie URL 中提供 -oozie 选项,可以设置 OOZIE_URL 环境变量,如下所示(使用 Oozie 服务器主机名代替"limulus"):

```
$ export OOZIE_URL="http://limulus:11000/oozie"
```

你现在可以运行后面的所有 Oozie 命令,无须指定 -oozie URL 选项。例如,使用作业 ID,你可以通过发出以下命令来了解有关某个作业的进展情况:

```
$ oozie job -info 0000001-150424174853048-oozie-oozi-W
```

产生的输出(行长度被压缩)如下面的清单所示。

因为这个作业只是一个简单的测试,所以在你发出 -info 命令的时候,它可能已经完成。如果它未完成,则会在清单中显示其进度。

```
Job ID : 0000001-150424174853048-oozie-oozi-W
------------------------------------------------------------------------
Workflow Name : map-reduce-wf
App Path      : hdfs://limulus:8020/user/hdfs/examples/apps/map-reduce
Status        : SUCCEEDED
Run           : 0
User          : hdfs
Group         : -
Created       : 2015-04-29 20:52 GMT
Started       : 2015-04-29 20:52 GMT
Last Modified : 2015-04-29 20:53 GMT
Ended         : 2015-04-29 20:53 GMT
CoordAction ID: -
Actions
------------------------------------------------------------------------
ID                                Status  Ext ID                Ext Status  Err Code
------------------------------------------------------------------------
0000001-150424174853048-oozie
 -oozi-W@:start:                  OK      -                     OK          -
------------------------------------------------------------------------
0000001-150424174853048-oozie
 -oozi-W@mr-node                  OK      job_1429912013449_0006 SUCCEEDED  -
------------------------------------------------------------------------
0000001-150424174853048-oozie
 -oozi-W@end                      OK      -                     OK          -
------------------------------------------------------------------------
```

在输出中显示的各种步骤可与前面提到的 workflow.xml 直接关联。请注意,命令中提供了 MapReduce 作业编号。这个作业也将在资源管理器 Web 用户界面列出。这个应用程序输出位于 HDFS 中的 `oozie-examples/output-data/map-reduce` 目录下。

步骤 3：运行 Oozie 演示应用程序

可以在 demo 目录（oozie-examples/apps/demo）中发现一个更复杂的示例。此工作流包括 MapReduce、Pig 和文件系统任务，以及分叉、结合、决定、操作、开始、停止、清除和结束节点。

转到 demo 目录并按照前述内容编辑 `job.properties` 文件。输入以下命令运行工作流（假设 OOZIE_URL 环境变量已经被设置）：

```
$ oozie job -run -config job.properties
```

你可以使用 Oozie 命令行界面或 Oozie Web 控制台跟踪作业。若要从 Ambari 内启动该 Web 控制台，单击"Oozie"服务，然后单击"快速链接"下拉菜单并选择 Oozie Web 用户界面。

或者，你可以直接连接到 Oozie 服务器启动 Oozie Web 用户界面。例如，以下命令将弹出 Oozie 用户界面（使用你的 Oozie 服务器主机名来代替"limulus"）：

```
$ firefox http://limulus:11000/oozie/
```

图 7.8 所示为主 Oozie 控制台窗口。注意在此窗口中有直接到 Oozie 文档的链接。

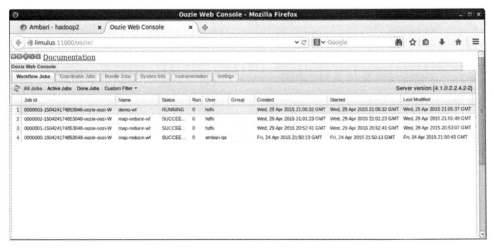

图 7.8　Oozie 主控制台窗口

工作流作业以表格的形式列出，最近的作业出现在前面。

如果你点击一个工作流，将显示图 7.9 所示的作业信息窗口。

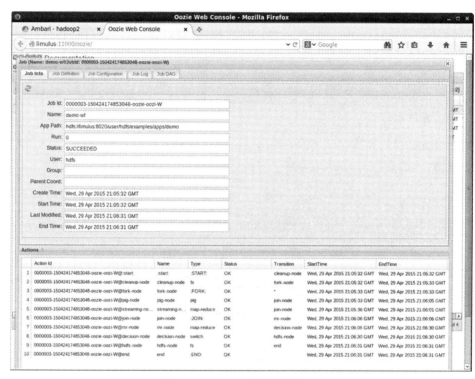

图 7.9　Oozie 工作流信息窗口

在底部的操作窗口中显示工作进展结果，它与 Oozie 命令行的输出类似。

通过单击窗口中的其他选项卡，可以查看作业的其他方面。

最后一个选项卡实际上提供工作流 DAG 的图形化表示。如果这个作业未完成，它将突出显示迄今已完成的步骤。demo 示例图的 DAG 图如图 7.10 所示。实际图像被分拆，以便更好地在本页上显示。与前一示例一样，与 `workflow.xml` 文件中的信息做比较可以更深入地了解 Oozie 如何运作。

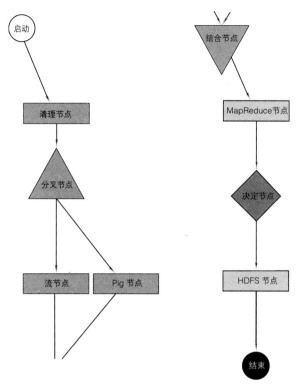

图 7.10　Oozie 生成的演示示例的工作流 DAG，如它在屏幕上所示

Oozie job 命令的简短总结

以下总结列出了一些常见的 Oozie 命令。更详细的信息参见 http://ooZie.apache org。（请注意，这里的示例都假定 OOZIE_URL 已被定义。）

- 运行工作流作业（返回_OOZIE_JOB_ID_）：

    ```
    $ oozie job -run -config JOB_PROPERITES
    ```

- 提交一个工作流作业（返回_OOZIE_JOB_ID_但不启动它）：

    ```
    $ oozie job -submit -config JOB_PROPERTIES
    ```

- 启动提交的作业：

    ```
    $ oozie job -start _OOZIE_JOB_ID_
    ```

- 检查作业状态：

    ```
    $ oozie job -info _OOZIE_JOB_ID_
    ```

- 暂停工作流：

    ```
    $ oozie job -suspend _OOZIE_JOB_ID_
    ```

- 恢复工作流：

    ```
    $ oozie job -resume _OOZIE_JOB_ID_
    ```

- 重新运行工作流：

    ```
    $ oozie job -rerun _OOZIE_JOB_ID_ -config JOB_PROPERTIES
    ```

- 清除一个作业：

    ```
    $ oozie job -kill _OOZIE_JOB_ID_
    ```

- 查看服务器日志：

    ```
    $ oozie job -logs _OOZIE_JOB_ID_
    ```

完整日志位于 Oozie 服务器上的 `/var/log/oozie` 中。

使用 Apache HBase

Apache HBase 是一个开放源码的，具有版本控制功能的分布式非关系型数据库。它仿照自 Google 的 Bigtable（http://research.google.com/archive/bigtable.html）。像 Bigtable 一样，HBase 利用由底层分布式文件系统提供跨商品服务器的分布式数据存储。Apache HBase 提供 Bigtable 一样在 Hadoop 和 HDFS 的功能，它包括以下这些更重要的功能。

- 线性和模块化的可扩展性
- 严格一致的读取和写入
- 自动和可配置的表切分
- RegionServers 之间的自动故障转移支持
- 用 Apache HBase 表支持 Hadoop MapReduce 作业的易于使用的基类
- 用于客户端访问的容易使用的 Java API

HBase 数据模型概述

HBase 中的表类似于其他数据库中的表，它具有行和列。HBase 中的列被分组为列族，列族中所有的列都具有相同的前缀。例如，假设有一张每天的股票价格的表。可能有一个被称为"price"的列族，它有四个成员——price:open、price:close、price:low 和 price:high。一个列不一定需要属于一个族。例如，股票表可能有一个名为"volume"的列指示交易了多少股股票。所有列族成员都一起存储在物理文件系统中。

HBase 特定单元格的值由行键、列（列族和列）和版本（时间戳）标识。在 HBase 单元格内可能有很多版本的数据。版本被指定为一个时间戳，它在每次数据被写入单元格时创建。几乎任何东西都可以作为行键，包括字符串、long 的二进制表示，以及序列化的数据结构。各行按最低位先出现的字典顺序排序。空字节数组表示表的命名空间的开始和结束。表的所有访问都是通过表的行键进行的，这被认为是其主键。HBase 的更多相关信息可以在 HBase 网站上找到，地址为 http://hbase.apache.org。

HBase 示例演练

对于此示例，我们假定采用以下软件环境。其他环境应以类似的方式工作。
- 操作系统：Linux
- 平台：CentOS 6.6
- Hortonworks HDP 2.2，配备 Hadoop 版本：2.6
- HBase 版本：0.98.4

如果你使用第 2 章介绍的伪分布式安装，或想要手工安装 HBase，请参阅 HBase 网站的安装说明，地址是 http:// hbase.apache.org。HBase 也作为 Hortonworks HDP 沙箱的一部分安装。

下面的示例演示了 HBase 命令的一个小子集。要查看更多背景信息，请阅读 HBase 网站。HBase 提供了一个用于交互式使用的 shell。若要进入这个 shell，以一个用户的身份输入以下命令：

```
$ hbase shell
hbase(main):001:0>
```

要退出这个 shell，请输入 `exit`。

可以方便地从 shell 提示符输入各种命令。例如，`status` 命令提供了系统状态信息：

```
hbase(main):001:0> status
4 servers, 0 dead, 1.0000 average load
```

可以把其他参数添加到 status 命令中，包括`'simple'`（简单）、`'summary'`（摘要）或`'detailed'`（详细）。正确的操作需要加单引号。

例如，以下命令将提供四个 HBase 服务器的简单状态信息（实际的服务器统计信息已删除）：

```
hbase(main):002:0> status 'simple'
4 live servers
    n1:60020 1429912048329
        ...
    n2:60020 1429912040653
        ...
    limulus:60020 1429912041396
        ...
    n0:60020 1429912042885
        ...
0 dead servers
Aggregate load: 0, regions: 4
```

其他的基本命令，例如 `version` 或 `whoami`，都可以直接在 `hbase(main)` 提示符下输入。在下面的示例中，我们将使用苹果电脑公司每日股票价格的一个小型数据集。此数据具有以下形式：

Date（日期）	Open（开盘价）	High（最高价）	Low（最低价）	Close（收盘价）	Volume（成交量）
6-May-15	126.56	126.75	123.36	125.01	71820387

可以使用下面的命令从谷歌下载数据。请注意，通过把 `NASDAQ:AAPL` 参数更改为任何其他有效的交易所和股票名称可以得到其他股票的价格数据（例如，`NYSE:IBM`）。

```
$ wget -O Apple-stock.csv http://www.google.com/finance/historical
➥?q=NASDAQ:AAPL\&authuser=0\&output=csv
```

苹果股票价格数据库以逗号分隔（csv）格式保存，并将用来说明一些在 HBase shell 中的基本操作。

创建数据库

下一步，在 HBase 中使用下面的命令创建数据库：

```
hbase(main):006:0> create 'apple', 'price' , 'volume'
0 row(s) in 0.8150 seconds
```

在本例中，表名是 `apple`，并定义了两个列。日期将用做行键。`Price` 列是一个包含四个值（`open`、`close`、`low` 和 `high`）的列族（表示开盘价、收盘价、最低价和最高价）。`put` 命令用来将数据从 shell 添加到数据库中。

例如，前面的数据可以通过使用以下命令输入：

```
put 'apple','6-May-15','price:open','126.56'
put 'apple','6-May-15','price:high','126.75'
put 'apple','6-May-15','price:low','123.36'
put 'apple','6-May-15','price:close','125.01'
put 'apple','6-May-15','volume','71820387'
```

请注意，这些命令可以复制和粘贴到 HBase shell，并能从本书下载文件中得到（见附录 A）。shell 还保留历史会话，并且以前的命令可以检索和编辑以重新提交。

检查数据库

可以使用 `scan` 命令列出整个数据库。对大型数据库使用此命令时请务必小心。本示例为一行。

```
scan 'apple'
hbase(main):006:0> scan 'apple'
ROW              COLUMN+CELL
 6-May-15         column=price:close, timestamp=1430955128359, value=125.01
 6-May-15         column=price:high, timestamp=1430955126024, value=126.75
 6-May-15         column=price:low, timestamp=1430955126053, value=123.36
 6-May-15         column=price:open, timestamp=1430955125977, value=126.56
 6-May-15         column=volume:, timestamp=1430955141440, value=71820387
```

获取一行

你可以使用行键访问单个行。在股票价格数据库中，日期是行键。

```
hbase(main):008:0> get 'apple', '6-May-15'
COLUMN                    CELL
 price:close              timestamp=1430955128359, value=125.01
 price:high               timestamp=1430955126024, value=126.75
 price:low                timestamp=1430955126053, value=123.36
 price:open               timestamp=1430955125977, value=126.56
 volume:                  timestamp=1430955141440, value=71820387
5 row(s) in 0.0130 seconds
```

获取表格单元格

可以使用 `get` 命令和 `COLUMN` 选项访问单个单元格：

```
hbase(main):013:0> get 'apple', '5-May-15', {COLUMN => 'price:low'}
COLUMN                    CELL
 price:low                timestamp=1431020767444, value=125.78
1 row(s) in 0.0080 seconds
```

可以用类似的方式访问多个列，如下所示：

```
hbase(main):012:0> get 'apple', '5-May-15', {COLUMN => ['price:low',
```

```
➥'price:high']}
COLUMN                         CELL
 price:high                     timestamp=1431020767444, value=128.45
 price:low                      timestamp=1431020767444, value=125.78
2 row(s) in 0.0070 seconds
```

删除单元格

可以使用下面的命令删除特定的单元格：

```
hbase(main):009:0> delete 'apple', '6-May-15' , 'price:low'
```

如果使用 get 检查这一行，则 price:low 单元格不被列出。

```
hbase(main):010:0> get 'apple', '6-May-15'
COLUMN                         CELL
 price:close                    timestamp=1430955128359, value=125.01
 price:high                     timestamp=1430955126024, value=126.75
 price:open                     timestamp=1430955125977, value=126.46
 volume:                        timestamp=1430955141440, value=71820387
4 row(s) in 0.0130 seconds
```

删除行

可以使用 deleteall 命令删除一个整行，如下所示：

```
hbase(main):009:0> deleteall 'apple', '6-May-15'
```

删除表

若要删除（drop）一个表，你必须首先禁用它。以下两个命令从 Hbase 删除 apple 表：

```
hbase(main):009:0> disable 'apple'
hbase(main):010:0> drop 'apple'
```

脚本输入

HBase shell 命令可以被放置在 bash 脚本中自动进行处理。

例如，可以在一个 bash 脚本中放置下面的命令：

```
echo "put 'apple','6-May-15','price:open','126.56'" | hbase shell
```

本书软件页包含一个脚本（input_to_hbase.sh），它使用此方法将 Apple-stock.csv 文件导入 HBase。它还会删除第一行中的列标题。当你发出以下命令时，此脚本会将整个文件加载到 HBase 中：

```
$ input_to_hbase.sh Apple-stock.csv
```

虽然很容易修改此脚本，以容纳其他类型的数据，但这种做法不建议用于生产，因为上传是非常低效而且缓慢的。相反，此脚本最好用于较小的数据文件和对不同类型的数据进行试验。

批量添加数据

将批量数据加载到 HBase 有几种有效的方法。涵盖所有这些方法超出了本章的范围。相反，我们将专注讲解 `ImportTsv` 实用程序，它把以制表符分隔值（tsv）格式的数据加载到 HBase 中。它有两种不同的使用模式：

- 利用 `put` 命令把 HDFS 中的 tsv 格式文件中的数据加载到 HBase。
- 利用 `completebulkload` 实用程序准备要加载的 StoreFiles。

下面的示例演示如何使用 `ImportTsv` 的第一个选项，即使用 `put` 命令加载 tsv 格式文件。第二个选项以两个步骤执行，可以通过查看 http://hbase.apache.org/book.html#importtsv 来研究。

第一步是将 `Apple-stock.csv` 文件转换为 tsv 格式。包括在本书软件中的如下脚本，删除第一行并进行转换。在执行这项工作时，它会创建一个名为 `Apple-stock.tsv` 的文件。

```
$ convert-to-tsv.sh Apple-stock.csv
```

接下来，将新的文件复制到 HDFS 中，如下所示：

```
$ hdfs dfs -put Apple-stock.tsv /tmp
```

最后，使用下面的命令行运行 `ImportTsv`。请注意 `-Dimporttsv.columns` 选项中的列描述。在本示例中，`HBASE_ROW_KEY` 被设置为第一列——即数据的日期。

```
$ hbase org.apache.hadoop.hbase.mapreduce.ImportTsv -Dimporttsv.columns=
➥ HBASE_ROW_KEY,price:open,price:high,price:low,price:close,volume
➥ apple /tmp/Apple-stock.tsv
```

`ImportTsv` 命令将使用 MapReduce 将数据加载到 HBase 中。若要验证此命令是否起作用，请在执行导入命令前按前面所述的办法删除并重新创建 `apple` 数据库。

Apache HBase Web 界面

与许多 Hadoop 生态系统工具一样，HBase 也有一个 Web 界面。为了启动图 7.11 所示的 HBase 控制台，需要在 Ambari 内，单击 HBase 服务，然后单击"快速链接"下拉菜单并选择 HBase 主界面。或者，你也可以连接到 HBase 主服务器直接启动 HBase Web 用户界面。例如，以下命令将弹出 HBase 用户界面（用 HBase 主服务器主机名代替"limulus"）：

```
$ firefox http://limulus:60010/master-status
```

图形用户界面除了报告数据库中的数据表的统计信息，还报告 HBase 主服务器状态（包括区域服务器的链接）。

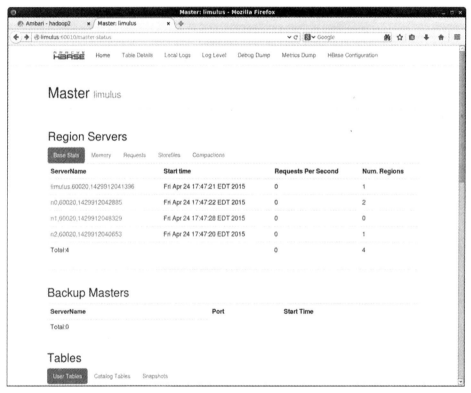

图 7.11　HBase Web 图形用户界面

总结和补充资料

本章介绍了几种基本的 Hadoop 工具，并对每个工具提供了至少一个完整的端到端示例应用程序。对于每种工具，都指出了工具的版本、Hadoop 和操作系统的发行版本，以及到任何示例数据的引用和链接。

Apache Pig 脚本工具使你能够快速检查数据，并对以后用于 Hadoop 分析的原始数据进行预处理。Apache Hive Hadoop 是一种类似 SQL 的接口。Apache Sqoop 应用程序可用于在 HDFS 和 RDBMS 之间导入和导出数据。Apache Flume 用于收集和传输网络日志数据。

为探讨 Hadoop 工作流的概念，本章还介绍了 Oozie 工作流管理工具。这里描述了 Oozie 工作流的两个示例和 Oozie Web 图形用户界面。

最后，介绍了 Apache HBase 分布式数据库。涵盖了基本命令，并用示例演示了如何将外部股市数据批量导入 HBase。

每种工具的补充信息和背景知识可以从以下资源获得。

- Apache Pig 脚本语言
    - http://pig.apache.org/
    - http://pig.apache.org/docs/r0.14.0/start.html
- Apache Hive 类似于 SQL 的查询语言
    - https://hive.apache.org/
    - https://cwiki.apache.org/confluence/display/Hive/GettingStarted
    - http://grouplens.org/datasets/movielens（示例数据）
- Apache Sqoop RDBMS 导入/导出
    - http://sqoop.apache.org
    - http://dev.mysql.com/doc/world-setup/en/index.html（示例数据）
- Apache Flume 流式数据和传输实用程序
    - https://flume.apache.org
    - https://flume.apache.org/FlumeUserGuide.html
- Apache Oozie 工作流管理器
    - http://oozie.apache.org
    - http://oozie.apache.org/docs/4.0.0/index.html
- Apache HBase 分布式数据库
    - http://hbase.apache.org/book.html
    - http://hbase.apache.org
    - http://research.google.com/archive/bigtable.html（谷歌 Big Table 论文）
    - http://www.google.com/finance/historical?q=NASDAQ:AAPL\&authuser=0\&output=csv（示例数据）

Hadoop YARN 应用程序

本章内容:
- 作为一个非 MapReduce 应用程序介绍了 YARN 分布式 shell。
- 解释 Hadoop YARN 应用程序和操作结构。
- 概述 YARN 应用程序框架。

Hadoop 2 的引进已经大幅度地增加了新应用程序的数量和规模。通过将第 1 版的单片 MapReduce 引擎分拆成两个部分,即一个调度程序和 MapReduce 框架,Hadoop 已经成为一种通用的大规模数据分析平台。非 MapReduce Hadoop 应用程序的一个简单示例是本章所述的 YARN 分布式 shell。随着非 MapReduce 应用程序框架数量的继续增长,用户访问数据湖的能力也在不断提高。

YARN 分布式 shell

Hadoop YARN 项目包括分布式 shell 应用程序,这是建立在 YARN 之上的 Hadoop 非 MapReduce 应用示例。分布式 shell 是一个在 Hadoop 集群中的多个节点的容器中运行 shell 命令和脚本的简单机制。此应用程序并不是一种用于生产的管理工具,而是可以在 YARN 之上实现的非 MapReduce 能力的示范。分布式 shell 存在多个成熟实现,管理员可以用它管理集群机器。

此外,分布式 shell 可以用作研究和构建 Hadoop YARN 应用程序的起点。本章提供了如何使用分布式 shell 来理解 YARN 应用程序的相关操作指导。

使用 YARN 分布式 shell

对于在本章其余部分介绍的示例,我们假设它们都是基于 Hortonworks HDP 2.2 的,并且 shell 分布式应用程序的安装路径分配如下:

```
$ export YARN_DS=/usr/hdp/current/hadoop-yarn-client/hadoop-yarn-applications-distributedshell.jar
```

对于使用 Apache Hadoop 2.6.0 版的伪分布式安装,运行分布式 shell 应用程序将采取下列路径(假设 $HADOOP_HOME 环境变量已被定义为反映 Hadoop 的位置):

```
$ export YARN_DS=$HADOOP_HOME/share/hadoop/yarn/hadoop-yarn-applications-distributedshell-2.6.0.jar
```

如果使用另一种发行版本,则搜索文件 `hadoop-yarn-applications-distributedshell*.jar` 并基于其位置设置 $YARN_DS 环境变量。分布式 shell 公开了各种选项,可以通过运行以下命令来显示它们:

```
$ yarn org.apache.hadoop.yarn.applications.distributedshell.Client -jar $YARN_DS
➥ -help
```

此命令的输出如下所示,我们将探讨在本章展示的示例中的一些选项。

```
Usage: Client
 -appname <arg>                                    应用程序名。默认值为-DistributedShell
 -attempt_failures_validity_interv                 当以毫秒为单位的 attempt_failures_validity_interval 被
 al <arg>                                          设置为>0 时,validityInterval 以外发生的故障次数不会被计入
                                                   失败计数。如果失败计数达到 maxAppAttempts,则应用程序将失
                                                   败。
 -container_memory <arg>                           请求用于运行 shell 命令的以 MB 为单位的内存量
 -container_vcores <arg>                           请求用于运行 shell 命令的虚拟内核数量
 -create                                           用来指示是否要创建由-domain 指定的域的标志
 -debug                                            转储调试信息
 -domain <arg>                                     用于放置日程表实体的日程表域 ID
 -help                                             显示用法
 -jar <arg>                                        包含应用程序主控程序的 Jar 文件
 -keep_containers_across_applicati                 用于指示是否在跨应用程序的尝试中保持容器的标志。如果此标志设
 on_attempts                                       为 true,则当应用程序尝试失败时,运行容器将不会被清除,并且
                                                   这些容器将由新的应用程序尝试获得。
 -log_properties <arg>                             log4j.properties 文件
 -master_memory <arg>                              请求用于运行应用程序主控程序的以 MB 为单位的内存量
```

-master_vcores <arg>	请求用于运行应用程序主控程序的虚拟内核数量
-modify_acls <arg>	允许修改给定域中的日程表实体的用户和组
-node_label_expression <arg>	用于确定要分配此应用程序的所有容器节点的节点标签表达式，""表示容器可以被分配到任何地方，如果不指定此选项，则会使用默认 node_label_expression 队列。
-num_containers <arg>	shell 命令需要在其上执行的容器号
-priority <arg>	应用程序优先级。默认值为 0
-queue <arg>	此应用程序将被提交到的 RM 队列
-shell_args <arg>	shell 脚本的命令行参数。多个参数可以用空格分隔。
-shell_cmd_priority <arg>	shell 命令容器的优先级
-shell_command <arg>	由应用程序主控程序执行的命令。仅可以指定 -shell_command 和 -shell_script 其中之一
-shell_env <arg>	shell 脚本的环境变量。用 env_key = env_val 对的方式指定
-shell_script <arg>	要执行的 shell 脚本位置。仅可以指定 -shell_command 和 -shell_script 其中之一
-timeout <arg>	以毫秒为单位的应用程序超时时间
-view_acls <arg>	允许查看给定域中的日程表实体的用户和组

一个简单的示例

最简单的 shell 分布式应用程序用例是在一个容器中运行任意 shell 命令。我们将以演示 uptime 命令为例。在集群上按如下方式使用分布式 shell 运行此命令：

```
$ yarn org.apache.hadoop.yarn.applications.distributedshell.Client -jar $YARN_DS
➥ -shell_command uptime
```

默认情况下，分布式 shell 只生成给定的 shell 命令的一个实例。在此命令运行时，你可以看到进度消息屏幕，但对实际的 shell 命令一无所知。如果 shell 命令执行成功，在输出的末尾应该出现以下内容：

```
15/05/27 14:48:53 INFO distributedshell.Client: Application completed successfully (应用程序已成功完成)
```

如果出于任何理由，shell 命令不能正常执行，则将显示以下消息：

```
15/05/27 14:58:42 ERROR distributedshell.Client: Application failed to complete successfully (应用程序未能成功完成)
```

下一步是检查应用程序的输出。分布式 shell 把集群节点上运行的单独 shell 命令的输出重定向到日志文件，它们要么可在单个节点上找到，要么被聚合到 HDFS 中，取决于是否启用了日志聚合。

假设启用了日志聚合,那么每个命令实例的结果都可以使用 yarn logs 命令找到。对于前面的 uptime 示例,可以用以下命令检查其日志:

```
$ yarn logs -applicationId application_1432831236474_0001
```

> **注意**
>
> ApplicationId 可以从程序输出找到,或利用 yarn application 命令找到(见第 10 章中的 "管理 YARN 作业" 部分内容)。
>
> 缩写后的输出如下所示:

```
Container: container_1432831236474_0001_01_000001 on n0_45454
==============================================================
LogType:AppMaster.stderr(日志类型)
Log Upload Time:Thu May 28 12:41:58 -0400 2015(日志上传时间)
LogLength:3595(日志长度)
Log Contents:(日志内容)
15/05/28 12:41:52 INFO distributedshell.ApplicationMaster: Initializing
ApplicationMaster
[...]
Container: container_1432831236474_0001_01_000002 on n1_45454
==============================================================
LogType:stderr
Log Upload Time:Thu May 28 12:41:59 -0400 2015
LogLength:0
Log Contents:


LogType:stdout
Log Upload Time:Thu May 28 12:41:59 -0400 2015
LogLength:71
Log Contents:
 12:41:56 up 33 days, 19:28,  0 users,  load average: 0.08, 0.06, 0.01
```

注意到有两个容器。第一个容器(con..._000001)是这个作业的 ApplicationMaster。第二个容器(con..._000002)是实际的 shell 脚本。uptime 命令的输出位于第二个容器 stdout 的 Log Contents:标签后。

使用更多的容器

分布式 shell 可以利用-num_containers 参数运行在任意数量的容器上执行的命

令。例如，若要查看哪些节点上运行过分布式 shell 命令，可以使用以下命令：

```
$ yarn org.apache.hadoop.yarn.applications.distributedshell.Client -jar $YARN_DS
➥ -shell_command hostname -num_containers 4
```

如果我们现在检查这个作业的结果，就会发现在日志中有五个容器。四个命令容器（从 2 到 5）将输出在其上运行容器的节点的名称。

带有 shell 参数的分布式 shell 示例

可以使用 -shell_args 选项将参数添加到 shell 命令。例如，在运行 shell 命令的目录中执行 ls -l，我们可以使用以下命令：

```
$ yarn org.apache.hadoop.yarn.applications.distributedshell.Client -jar $YARN_DS
➥ -shell_command ls -shell_args -l
```

在日志文件中生成的输出如下所示：

```
total 20
-rw-r--r-- 1 yarn hadoop   74 May 28 10:37 container_tokens
-rwx------ 1 yarn hadoop  643 May 28 10:37 default_container_executor_session.sh
-rwx------ 1 yarn hadoop  697 May 28 10:37 default_container_executor.sh
-rwx------ 1 yarn hadoop 1700 May 28 10:37 launch_container.sh
drwx--x--- 2 yarn hadoop 4096 May 28 10:37 tmp
```

可以看出，生成的文件是新的且不位于 HDFS 或本地文件系统的任何地方。当我们通过在分布式 shell 中运行 pwd 命令进一步探讨时，以下目录会被列出，并在运行 shell 命令的节点上创建：

```
/hdfs2/hadoop/yarn/local/usercache/hdfs/appcache/application_1432831236474_0003/
container_1432831236474_0003_01_000002/
```

搜索此目录将会是有问题的，因为这些瞬态文件是 YARN 用于运行分布式 shell 应用程序的，一旦应用程序完成，它们就会被删除。可以通过将以下行添加到 yarn-site.xml 配置文件并重新启动 YARN 来把这些文件保留特定的时间间隔：

```
<property>
   <name>yarn.nodemanager.delete.debug-delay-sec</name>
   <value>100000</value>
</property>
```

选择一个以秒为单位的延迟，以便保留这些文件，并请记住，所有应用程序都将创建这些文件。如果你使用 Ambari，在 YARN 站点高级选项下的 YARN 配置选项卡中查看、更改并重新启动 YARN。（Ambari 管理的详细信息见第 9 章"使用 Apache Ambari 管理 Hadoop"。）这些文件将在单个节点上只保留指定的延迟时间。

当调试或调查 YARN 应用程序时，这些文件——尤其是 `launch_container.sh`——提供了关于 YARN 进程的重要信息。

分布式 shell 可以用于查看此文件所包含的内容。使用分布式 shell，可以用下面的命令输出 `launch_container.sh` 文件的内容：

```
$ yarn org.apache.hadoop.yarn.applications.distributedshell.Client -jar $YARN_DS
➥ -shell_command cat -shell_args launch_container.sh
```

此命令将输出 YARN 创建并运行 `launch_container.sh` 文件。此文件的内容如清单 8.1 所示。此文件基本上导出了一些重要的 YARN 变量，然后在结束处，直接"执行"命令（`cat launch_container.sh`）并将输出发送到日志文件。

清单 8.1　分布式 shell launch_container.sh 文件

```
#!/bin/bash

export NM_HTTP_PORT="8042"
export LOCAL_DIRS="/opt/hadoop/yarn/local/usercache/hdfs/appcache/
application_1432816241597_0004,/hdfs1/hadoop/yarn/local/usercache/hdfs/appcache/
application_1432816241597_0004,/hdfs2/hadoop/yarn/local/usercache/hdfs/appcache/
application_1432816241597_0004"
export JAVA_HOME="/usr/lib/jvm/java-1.7.0-openjdk.x86_64"
export NM_AUX_SERVICE_mapreduce_shuffle="AAA0+gAAAAAAAAAAAAAAAAAAAAAAAAAAAAAA
AAA=
"
export HADOOP_YARN_HOME="/usr/hdp/current/hadoop-yarn-client"
export HADOOP_TOKEN_FILE_LOCATION="/hdfs2/hadoop/yarn/local/usercache/hdfs/
appcache/application_1432816241597_0004/container_1432816241597_0004_01_000002/
container_tokens"
export NM_HOST="limulus"
export JVM_PID="$$"
export USER="hdfs"
export PWD="/hdfs2/hadoop/yarn/local/usercache/hdfs/appcache/
application_1432816241597_0004/container_1432816241597_0004_01_000002"
export CONTAINER_ID="container_1432816241597_0004_01_000002"
export NM_PORT="45454"
export HOME="/home/"
export LOGNAME="hdfs"
export HADOOP_CONF_DIR="/etc/hadoop/conf"
export MALLOC_ARENA_MAX="4"
export LOG_DIRS="/opt/hadoop/yarn/log/application_1432816241597_0004/
container_1432816241597_0004_01_000002,/hdfs1/hadoop/yarn/log/
```

```
application_1432816241597_0004/container_1432816241597_0004_01_000002,/hdfs2/
hadoop/yarn/log/application_1432816241597_0004/
container_1432816241597_0004_01_000002"
exec /bin/bash -c "cat launch_container.sh
1>/hdfs2/hadoop/yarn/log/application_1432816241597_0004/
container_1432816241597_0004_01_000002/stdout 2>/hdfs2/hadoop/yarn/log/
application_1432816241597_0004/container_1432816241597_0004_01_000002/stderr "
hadoop_shell_errorcode=$?
if [ $hadoop_shell_errorcode -ne 0 ]
then
  exit $hadoop_shell_errorcode
fi
```

分布式 shell 还有更多的选项可以测试。分布式 shell 应用程序的真正价值是能够展现如何在 Hadoop YARN 基础设施内启动应用程序。它也是创建 YARN 应用程序时的一个好起点。

YARN 应用程序的结构

完整的 YARN 程序编写说明已经超出了本书的范围。本节简要地涉及 YARN 应用程序的结构和操作。有关编写 YARN 应用程序的进一步信息，请参阅 *Apache Hadoop YARN: Moving beyond MapReduce and Batch Processing with Apache Hadoop 2*（见本章末尾列出的参考文献）。

如第 1 章 "背景知识和概念" 中所述，中央 YARN 资源管理器作为在专用的机器上调度的守护进程运行，并充当为将资源分配给集群中的各种竞争性应用的中央权威机构。资源管理器具有所有集群资源的中央和全局视野，因此，可以确保跨所有用户共享公平、能力和局部性。

取决于应用程序的需求，调度优先级和资源可用性，资源管理器动态地分配资源容器至特定节点上运行的应用程序。容器是绑定到特定集群节点的一个资源（如内存、处理器核）的逻辑集合。要实施并跟踪这类分配，资源管理器与称为节点管理器的在每个节点上运行的特殊系统守护进程进行交互。资源管理器和节点管理器之间的通信是基于可伸缩性的信号检测。节点管理器负责在本地监控资源可用性、故障报告和容器生命周期管理（例如，启动和清除作业）。资源管理器依赖于节点管理器获得其对集群的 "全局观"。

用户应用程序通过一个公共的协议被提交到资源管理器，并经历一个入场控制阶段，在此期间，对安全凭据进行验证并执行各项业务和管理检查。被接受的那些应用程序被传递给调度程序并允许运行。一旦调度程序有足够的资源来满足请求，应用程序就从一个被接受的状态转移到运行状态。除了内部记账，这一过程包括为单个应用主控程序分配一个容器，并在集群的节点上生成它。通常被称为容器 0，应用主控程序此时不拥有任何补充资料，而必须向资源管理器申请补充资料。

应用主控程序"主控"用户作业，它管理应用程序生命周期的全部方面，包括动态增加和减少资源使用（即容器），管理执行流（例如，在 MapReduce 作业的情况下，针对映射的输出运行缩减程序），处理故障和计算偏斜，以及执行其他局部优化。应用主控程序被设计为运行任意用户代码，并可以用任何编程语言编写，因为资源管理器与节点管理器的所有通信都使用可扩展的网络协议编码（即谷歌协议缓冲区，http://code.google.com/p/protobuf/）。

YARN 对应用主控程序做了几个假设，虽然在实践中，它预期大部分的作业都将使用更高级的编程框架。通过把所有这些功能委派给应用主控程序，YARN 的架构获得了大量的可扩展性、编程模型的灵活性，以及改进的用户敏捷性。例如，可以独立于其他正在运行的 MapReduce 框架升级和测试新的 MapReduce 框架。

通常情况下，应用主控程序将需要利用多个服务器的处理能力来完成一个作业。为实现这一目标，应用主控程序向资源管理器发出对资源的请求。这些请求的形式包括局部性首选项的规范（例如，为了适应 HDFS 的使用）和容器的属性。

资源管理器将试图根据可用性和调度策略满足来自每个应用程序的资源请求。当一个资源计划属于一个应用主控程序时，资源管理器生成一个资源的租约，它通过随后的应用主控程序信号检测被获取。然后，应用主控程序与节点管理器合作，以启动资源。当应用主控程序将容器租赁给节点管理器时，一种基于令牌的安全机制确保其真实性。在典型情况下，运行中的容器将通过特定于应用程序的协议与应用主控程序通信，报告状态和健康信息并接受框架的特定命令。以这种方式，YARN 为容器的监控和生命周期管理提供了基本的基础设施，而每个框架都独立管理应用程序的特定语义。这种设计与原始 Hadoop 1 的设计形成鲜明对比，后者的调度程序是仅为管理 MapReduce 任务而设计和集成的。

图 8.1 所示说明了应用程序和 YARN 组件之间的关系。YARN 组件作为大的外框出现（资源管理器和节点管理器），而两个应用程序显示为较小的方框（容器），一个深色，一个浅色。每个应用程序都使用不同的应用主控程序，深色的客户端运行一个消息传递

接口（MPI，Message Passing Interface）应用程序，而较浅的客户端运行一个传统的 MapReduce 应用程序。

YARN 应用程序框架

Hadoop 2 最令人兴奋的方面之一就是在 Hadoop 集群上运行所有类型的应用程序的能力。在 Hadoop 1 中，提供给用户的唯一处理模型就是 MapReduce。在 Hadoop 2 中，MapReduce 与 Hadoop 的资源管理层被分开，并放入它自己的应用程序框架中。事实上，越来越多的 YARN 的应用程序对第 1 章中讨论的 Hadoop 数据湖提供了高级别和多样性的接口。

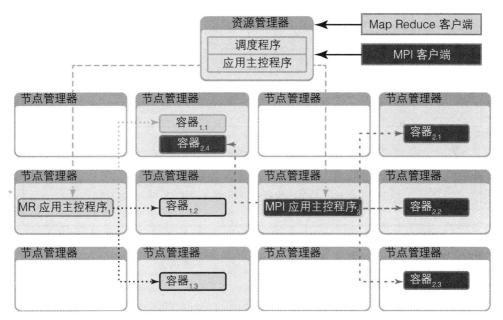

图 8.1　包含两个客户端（MapReduce 和 MPI）的 YARN 架构。深色的客户端（MPI AM2）运行 MPI 应用程序，浅色的客户端（MR AM1）运行 MapReduce 应用程序。（摘录自 Arun C. Murthy, et al，*Apache Hadoop* ™ *YARN*，版权所有 © 2014 年，45 页。转载和以电子方式转载得到 Pearson Education Inc., New York, NY.许可）。

YARN 提供了一个资源管理平台，它为 MapReduce 和其他框架提供诸如调度、故障监控、数据局部性和其他的服务。图 8.2 所示为一些将在 YARN 下运行的各种框架。请注意，Hadoop 1 的应用程序（例如，Pig 和 Hive）在 MapReduce 框架下运行。

本节介绍了正在开发的在 YARN 下运行的新兴开源 YARN 应用程序框架的概况。在撰写本书时，许多 YARN 框架正在积极研发中，而框架的环境预计会迅速发生变化。商业供应商也正在利用 YARN 平台。请访问每个单独的框架的网页来了解其当前开发和部署阶段的详情。

分布式 shell

如本章前面所述，分布式 shell 是 Hadoop 核心组件附带的示例应用程序，用来演示如何编写在 YARN 之上的应用程序。它提供一种在 Hadoop YARN 集群上的容器中并行运行 shell 命令和脚本的简便方法。

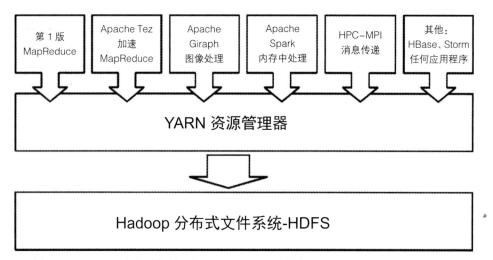

图 8.2　Hadoop 2 生态系统的示例。Hadoop 1 只支持批处理 MapReduce 应用程序。

Hadoop MapReduce

MapReduce 是第一个 YARN 框架，并驱动了许多 YARN 的需求。它与其余的 Hadoop 生态系统项目，如 Apache Pig、Apache Hive，以及 Apache Oozie 紧密集成。

Apache Tez

Apache Tez 是新式 YARN 框架的一个很好的示例。许多 Hadoop 作业涉及使用各自 MapReduce 阶段的复杂无向环图（DAG）任务的执行。Apache Tez 概括了这一流程，并使这些任务跨阶段进行分布，以便它们可以作为单独的、无所不包的作业运行。

Tez 可以用作诸如 Apache Hive 和 ApachePig 的项目的 MapReduce 替代。Hive 或 Pig 应用程序无须任何更改。了解更多信息，请参阅 https://tez.apache.org。

Apache Giraph

Apache Giraph 是为高可扩展性而建立的迭代式图形处理系统。Facebook、Twitter 和 LinkedIn 都使用它来创建用户的社交图表。Giraph 原来被编写成在使用 MapReduce 框架的标准 Hadoop 1 版上运行，但那种方法被证明效率低下并由于各种原因完全不自然。基于 YARN 的本机 Giraph 实现为用户提供一种迭代的处理模型，不可直接用 MapReduce。从其自己的第 1.0 版发布开始，Giraph 已提供对 YARN 的支持。此外，利用 YARN 的灵活性，Giraph 开发者计划实现其自己的 Web 界面来监控作业进展情况。更多有关信息，请参见 http://giraph.apache.org。

Hoya：HBase on YARN

Hoya 项目在 YARN 之上创建了动态和弹性的 Apache HBase 集群。客户端应用程序创建持久性配置文件、设置 HBase 集群 XML 文件，然后要求 YARN 创建应用主控程序。YARN 将客户端的应用程序启动请求中列出的所有文件从 HDFS 复制到所选的服务器的本地文件系统中，然后执行命令来启动 Hoya 应用主控程序。Hoya 也要求 YARN 提供与它需要的 HBase 区域服务器数量相匹配的容器。详细信息，请参阅 http://hortonworks.com/blog/introducing-hoya-hbase-on-yarn。

Dryad on YARN

类似于 Apache Tez，微软的 Dryad 也提供一个 DAG 作为执行流的抽象方式。这一框架被移植在 YARN 上本机运行并和其非 YARN 版本完全兼容。这个代码完全用本机 C++和 C#编写了工作节点，并在应用程序中使用一个薄的 Java 层。了解更多信息，请参阅 http://research.microsoft.com/en-us/projects/dryad。

Apache Spark

Spark 最初是为在内存中保存数据来提高性能的应用程序而开发的，如在机器学习和交互式数据挖掘中很常见的迭代算法。Spark 在两个重要方面不同于经典 MapReduce。第一，Spark 在内存中保留中间结果，而不是把它们写到磁盘。第二，Spark 支持的不仅仅是 MapReduce 函数，即它大大地扩展了可以在 HDFS 数据存储之上执行的可能的分析集合。它还提供了 Scala、Java、Python 的 API。

自 2013 年起，Spark 已在雅虎生产的 YARN 集群上运行。移植在 YARN 上运行 Spark 的优势是通用的资源管理和单一的底层文件系统。了解更多信息，请参见 https://spark.apache.org。

Apache Storm

传统的 MapReduce 作业都被预期最终会完成，但 Apache Storm 不断地处理消息，直到它被停止为止。这一框架旨在处理无边界的实时数据流。它可以用于任何编程语言。这些基本的 Storm 用例包括实时分析、在线机器学习、连续计算、分布式的 RPC（远程过程调用）、ETL（提取、转换和加载）和更多其他用例。Storm 提供快速的性能，它可扩展、具有容错能力，并提供处理保障。它直接在 YARN 下工作，并利用通用的数据和资源管理基础。了解更多信息，请参阅 http://storm.apache.org。

Apache REEF：可持续计算执行框架

YARN 的灵活性有时需要应用程序实现者付出巨大努力。在 YARN 上编写一个自定义的应用程序所涉及的步骤包括建立你自己的应用主控程序、执行客户端和容器管理，处理容错能力，执行流程、协调，以及其他方面的问题。由微软建立的 REEF 项目认识到这一挑战，并找出了许多应用程序所共有的多个组件，如存储管理、数据缓存、故障检测和检查点。框架设计者在 REEF 之上生成应用程序，比直接在 YARN 上建立同样的应用程序更容易，并可以重用这些常见的服务/库。REEF 的设计使它同时适合 MapReduce 和类似 DAG 的执行以及迭代和交互式计算。有关详细信息，请参见 http://www.reef-project.org/welcome。

Hamster：Hadoop 和 MPI 在同一集群

消息传递接口（MPI）广泛应用于高性能计算机（HPC）。MPI 主要是一套优化的消息传递库，可供 C、C++和 Fortran 调用，它在流行的服务器互连，例如，在以太网和

InfiniBand 上操作。因为用户可以完全控制其 YARN 容器，所以没有什么 MPI 应用程序不能运行在 Hadoop 集群内的理由。Hamster 的工作还在进行中，它对将 MPI 映射到 YARN 集群所涉及的问题提供了很好的讨论（参见 https://issues.apache.org/jira/browse/MAPRE-DUCE-2911）。目前，MPICH2 的一个供 YARN 使用的 alpha 版本，可以用来运行 MPI 应用程序。更多信息，请参阅 https://github.com/clarkyzl/mpich2-YARN。

Apache Flink：可扩展的批处理和流式数据处理

Apache Flink 是一种高效的通用分布式数据处理平台。它提供了用 Java 和 Scala 编写的强大的抽象编程功能、高性能运行环境，以及程序自动优化功能。它还为迭代、增量迭代和大型 DAG 操作组成的程序提供本机支持。

Flink 主要是一种流处理框架，但它可以看起来像一个批处理环境。这种方法的直接好处是流和批处理模式（与在 Apache Spark 中做的完全一样）能够使用相同的算法。但是，Flink 可以提供类似于在 Apache Storm 中实现的低延迟，而这在 Apache Spark 中是不提供的。

此外，Flink 有它自己独立于 Java 的垃圾回收器的内存管理系统。通过显式地管理内存，Flink 几乎消除了在 Spark 集群上经常看到的内存尖峰。有关更多信息，请参见 https://flink.apache.org。

Apache Slider：动态应用程序管理

Apache Slider（正在培育中）是一种 YARN 应用程序，用于将现有的分布式应用程序部署到 YARN，监控它们，并使其根据实时的需要扩大或缩小。

应用程序可以停止，然后启动，在整个 YARN 集群部署的应用程序的分布是持久的，并允许尽最大努力安置到接近原来的位置。那种记得以前放置的数据的应用程序（如 HBase）可以充分利用此功能来实现快速启动。

YARN 监控承载所部署的应用程序部件的"YARN 容器"的健康。如果某容器出故障，Slider 管理器会收到通知。然后，Slider 向 YARN 资源管理器请求一个新的替代容器。Slider 的其他功能包括按需创建应用程序的用户、按需停止和重新启动应用程序（抢占），以及按需增加或减少应用程序容器数量的能力。Slider 工具是一个 Java 命令行应用程序。相关更多信息，请参见 http://slider.incubator.apache.org。

总结和补充资料

Hadoop YARN 分布式 shell 是非 MapReduce 程序的一个简单演示。它可以用来了解 YARN 是如何跨集群操作和启动作业的。YARN 程序的结构和操作旨在提供高可扩展性和灵活的方法来创建 Hadoop 应用程序。这里列出的其他资源描述了使用这种框架的应用程序开发方法。

YARN 应用程序框架提供了 Hadoop 数据湖的许多新功能。许多新算法和编程模型都可用，包括使用 Apache Tez 优化的 MapReduce 引擎。在本章描述的每个框架都提供了参考网页，可以从中找到更多的信息。

- Apache Hadoop YARN 开发
  - 书：Murthy,A., et al. 2014. *Apache Hadoop YARN: Moving beyond MapReduce and BatchProcessingwithApacheHadoop 2*, Boston, MA: Addison-Wesley. http://www.informit.com/store/apache-hadoop-yarn-moving-beyond-mapreduce-and-batch-9780321934505
  - http://hadoop.apache.org/docs/r2.7.0/hadoop-yarn/hadoop-yarn-site/WritingYarnApplications.html
  - MemcacheD YARN;http://hortonworks.com/blog/how-to-deploy-memcached-on-yarn/
  - Hortonworks YARN 资源;http://hortonworks.com/get-started/yarn

- Apache Hadoop YARN 框架
  - 参见每个单独的描述结束处的参考网页。

第 9 章 用 Apache Ambari 管理 Hadoop

本章内容：

- 概述 Apache Ambari 图形化管理工具。
- 解释重新启动已停止的 Hadoop 服务的过程。
- 描述更改 Hadoop 属性和跟踪配置的过程。

手工管理 Hadoop 安装版本既烦琐又耗时。除了保持配置文件的跨集群同步，启动、停止并按正确的顺序重新启动 Hadoop 服务和相关的服务不是一个简单的任务。Apache Ambari 图形化管理工具旨在帮助你方便地管理这些问题和其他 Hadoop 管理的问题。本章介绍了一些基本的 Apache Ambari 操作和使用场景。

Apache Ambari 是一个开源的图形化安装和 Apache Hadoop 2 的管理工具。在第 2 章"安装攻略"中，Ambari 用来在一个四节点集群安装 Hadoop 和相关的包，尤其是下列包的安装：HDFS、YARN、MapReduce2、Tez、Nagios、Ganglia、Hive、HBase、Pig、Sqoop、Oozie、Zookeeper 和 Flume。这些包都在其他章节中介绍了，并提供基本 Hadoop 功能。正如第 2 章中指出的，还有其他包可供安装（请参阅图 2.18）。最后强调，若要使用 Ambari 作为一种管理工具，那么整个安装过程都必须使用 Ambari。Ambari 不可能用来管理已用其他手段安装的 Hadoop 集群。

除了用作一种安装工具，Ambari 也可以用作 Hadoop 集群管理的中枢。使用 Ambari，用户可以配置集群服务、监控集群主机（节点）或服务的状态、通过服务度量指标来可视化热点、启动或停止服务，以及把新主机添加到集群中。所有这些功能都在分布式计算环境的管理和监控过程中注入了高水平的灵活性。Ambari 还试图提供实时报告重要的指标。

Apache Ambari 仍然继续发生急剧的变化。本章的描述基于第 1.7 版本。以下各节介绍了 Ambari 不会改变的主要方面。更详细的信息可以在 https://ambari.apache.org 找到。

快速浏览 Apache Ambari

在完成 Ambari 的初始安装并登录（如第 2 章中解释的）之后将呈现一个类似于图 9.1 所示的仪表板。第 2 章中创建的相同的四节点集群将在本章用于探讨 Ambari。如果你需要重新打开 Ambari 仪表板的界面，只需输入下面的命令（假定你正在使用 Firefox 浏览器，当然也可以用其他浏览器）：

```
$ firefox localhost:8080
```

默认的登录名和密码分别是 `admin` 和 `admin`。在继续执行进一步操作之前，你应该更改默认密码。若要更改密码，从右上角的"管理"下拉菜单中选择管理 Ambari。在管理窗口中，在"管理用户 + 组"下，单击用户，然后单击 `admin` 用户名。选择"更改密码"并输入一个新密码。当你完成上述操作后，单击窗口左边的"去到仪表板"链接以回到仪表板视图。

若要离开 Ambari 界面，选择在主菜单栏左侧的 Admin 下拉式菜单，单击"注销"按钮。

仪表板视图为很多已安装的服务提供了大量的高级别指标。浏览仪表板就可以了解集群的执行状况。

图 9.1 所示的顶部导航菜单栏提供了仪表板、服务、主机、管理和视图（3×3 的立方体视图菜单）功能的访问。各种 Hadoop 服务的状态（运行/停止）用绿色/橙色圆点在左侧显示。请注意，两个由 Ambari 管理的服务是 Nagios 和 Ganglia，由 Ambari 安装的标准集群管理服务，被用来为集群提供监控（Nagios）和度量（Ganglia）。

仪表板视图

仪表板视图提供了许多在集群上运行的服务的状态小部件。左侧垂直菜单上列出了实际的服务。这些服务对应于在第 2 章安装的东西。你可以移动、编辑、删除或添加这些小部件，如下所示。

- **移动**：当把一个小部件移动到网格附近时单击并按住它。
- **编辑**：将鼠标放在小部件上并单击小部件右上角的灰色编辑符号。你可以更改小部件的多个不同方面（包括阈值）。
- **删除**：将鼠标放在小部件上，然后单击左上角的 X。
- **添加**：单击"指标"选项卡旁边的小三角形，选择添加。将显示可用的小部件。

选择你想要添加的部件并单击"应用"按钮。

当你把鼠标光标移动到一些小部件上面时，它们会提供附加的信息。例如，"数据节点"小部件显示活动、停止和停用的主机数量。直接点击图形小部件会提供放大的视图。例如，图 9.2 提供图 9.1 的 CPU 使用率小部件的放大视图。

仪表板视图还包括集群热点地图视图。集群热点地图在整个集群中物理地映射选定的度量指标。当你单击热点地图选项卡时，将显示集群的热点地图。要选择用于热点地图的度量指标，请从"选择指标"下拉菜单中选择所需的选项。请注意，每个度量指标的尺度和颜色范围都不同。主机内存使用百分比的热点地图如图 9.3 所示。

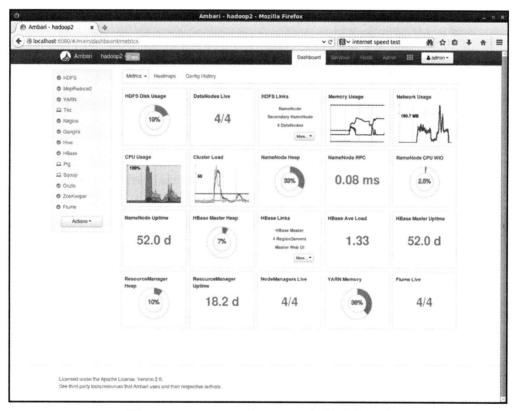

图 9.1　Apache Ambari 的 Hadoop 集群仪表板视图

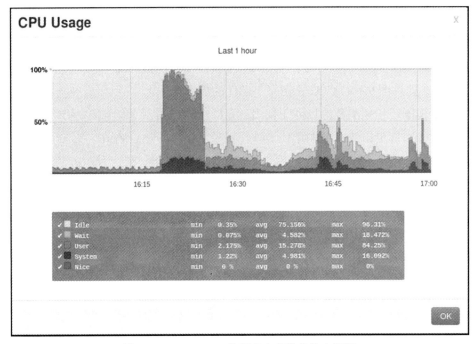

图 9.2 Ambari CPU 使用率小部件的放大视图

图 9.3 主机内存使用率的 Ambari 热点地图

配置历史记录是在仪表板窗口的最后一个选项卡。此视图提供了对集群所做的配置更改的列表。如图 9.4 所示，Ambari 允许对配置按服务、配置组、数据和作者进行排序。

若要查找特定的配置设置,请单击服务名称。本章后面将提供有关配置设置的详细信息。

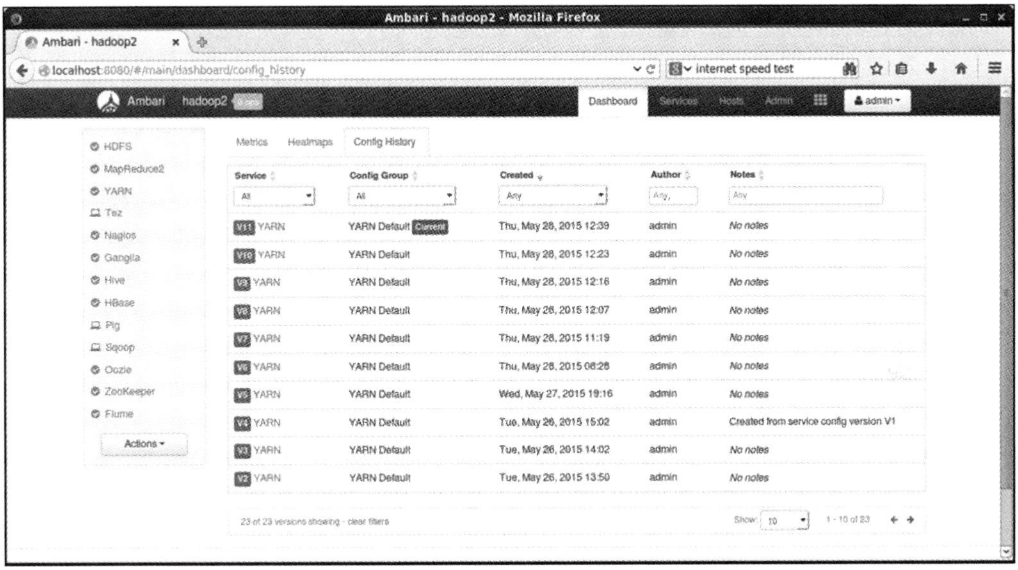

图 9.4　Ambari 主配置的更改列表

服务视图

服务菜单为集群上正在运行的每个服务都提供了详细信息。它还提供一种图形方法来配置每个服务(即不是手工编辑/etc/hadoop/conf XML 文件)。总结选项卡提供了重要服务指标的当前总结视图及警报和健康检查的子窗口。

与仪表板视图相似,在左侧菜单上也列出了当前已安装的服务。若要选择一个服务,请单击菜单中的服务名称。使用时,每个服务会有其自己总结、警报和健康监控、服务指标的窗口。例如,图 9.5 所示为 HDFS 的服务视图。诸如 NameNode、SecondaryNameNode、数据节点、正常运行时间和可用磁盘空间状态等重要信息都将显示在总结窗口中。警报和健康检查窗口提供服务和其组件系统的最新状态。最后,几个重要的实时服务度量指标也以小部件的形式显示在屏幕底部。正如在仪表板上一样,可以扩展这些小部件,以显示更详细的视图。

单击配置选项卡会为服务打开选项窗体,如图 9.6 所示。这些选项(属性)与在 Hadoop XML 文件中设置的是一样的。当使用 Ambari 时,用户对于 XML 文件拥有完全控制,并应只通过 Ambari 接口管理它们——即用户不应该手动编辑这些文件。

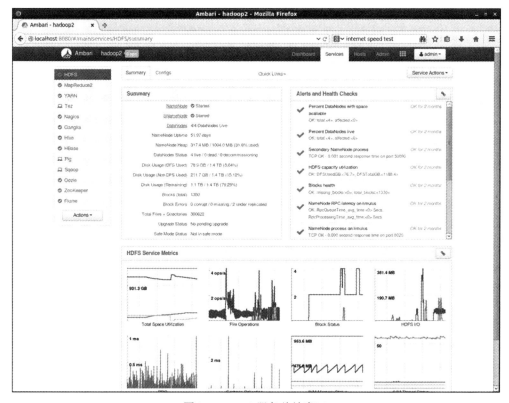

图 9.5　HDFS 服务总结窗口

每个服务当前的可用设置都显示在窗体中。管理员可以通过更改窗体中的值来设置每个属性。将鼠标光标放在属性的输入框中将显示每个属性的简短描述。在可能的情况下，属性都按功能进行分组。此窗体也提供了添加未列出的属性的功能。"管理 Hadoop 服务"一节提供了更改服务属性并重新启动服务组件的示例。

如果服务提供了它自己的图形界面（例如，HDFS、YARN、Oozie），那么可利用位于窗口的顶部中间快速链接下拉式菜单，在单独的浏览器选项卡中打开其界面。

最后，左上角的"服务操作"下拉菜单提供了启动和停止整个集群内的每个服务和/或其组件守护程序的方法。某些服务可能会有一套只有在某些情况下才适用的独特操作（如 HDFS 的重新平衡）。最后，每一个服务都有一个服务检查的选项，以确保此服务正确地工作。服务检查最初作为安装过程的一部分运行，并在诊断问题时有价值（见附录 B）。

图 9.6　HDFS 的 Ambari 服务选项

主机视图

选择"主机"菜单项显示如图 9.7 所示的信息。在此窗口中以表格形式列出了主机名、IP 地址、内核的数量、内存、磁盘使用情况、当前的平均负载，Hadoop 组件信息。

若要显示每个主机上安装的 Hadoop 组件，请单击最右边的列中的链接。你还可以利用"操作"下拉菜单添加新主机。新的主机必须运行 Ambari 代理（或必须输入 root SSH 密钥）并已安装第 2 章中描述的基础软件。"操作"下拉菜单中的其余选项提供在主机上运行的各种服务组件的控制权。

可以通过单击左侧列中的主机名找到特定主机的进一步详细信息。如图 9.8 所示，单个主机视图都提供了三个子窗口：组件、主机度量指标和总结信息。组件窗口列出了主机上当前正在运行的服务。每个服务都可以被停止、重新启动、停用，或置于维护模式下。度量指标窗口显示提供了重要度量指标的小部件（例如，CPU、内存、磁盘和网络使用情况）。单击小部件将显示此图形的放大版本。

总结窗口提供有关主机的基本信息，包括上次收到检测信号的时间。

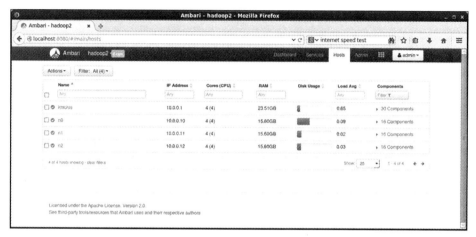

图 9.7　Ambari 主机主屏幕

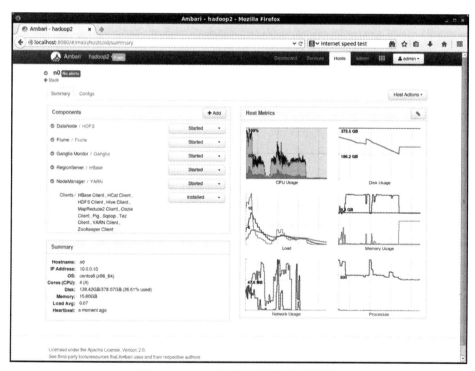

图 9.8　Ambari 集群主机详细信息视图

管理视图

管理（Admin）视图提供了三个选项。第一个选项，如图 9.9 所示，显示已安装软件的列表。此存储库清单通常反映了版本在安装过程中使用的 Hortonworks 数据平台（HDP）的版本。第二个选项，"服务账户"选项列出了系统安装时添加的服务账户。这些账户被用来为 Ambari 运行各种服务和测试。第三个选项，用于设置在集群上的安全性。在许多情况下，完全安全的 Hadoop 集群很重要，如果需要一个安全的环境，那么应考虑使用它。Ambari 的这一方面讨论超出了本书的范围。

查看视图

Ambari 视图是在 Ambari 中提供的一个框架，它提供系统的方法在用户界面插入自定义的可视化、管理和监控功能。视图允许你扩展和自定义 Ambari 来满足你的特定需求。你可以从以下资源找到有关 Ambari 视图的详细信息：https://cwiki.apache.org/confluence/display/AMBARI/Views。

图 9.9　Ambari 已安装的包，包括版本、数量和描述

Admin 下拉菜单

管理下拉菜单中提供了下列选项：

- 关于——提供 Ambari 的当前版本信息。
- 管理——打开用于创建并配置用户、组、权限和 Ambari 视图的管理屏幕。
- 设置——提供用于关闭进度窗口的选项（如图 9.15 所示）。
- 注销——退出界面。

管理 Hadoop 服务

在正常的 Hadoop 集群操作的过程中，服务可能因任何数量的原因出故障。Ambari 监控所有的 Hadoop 服务并把任何服务中断都报告到仪表板。此外，在系统安装之后，需要给 Nagios 监控系统提供管理员电子邮件。所有服务中断通知都会发送到此电子邮件地址。

图 9.10 所示为 Ambari 仪表板报告有一个 DataNode（数据节点）停止工作。HDFS 服务和主机菜单项旁边的服务错误指示号表明了这种情况。DataNode 小部件也已变成红色，指示有 3/4 的数据节点正在运行。

图 9.10　Ambari 主控制面板，指示有一个数据节点出现问题

单击左边垂直菜单中的 HDFS 服务链接将弹出图 9.11 所示的服务总结界面。警报和健康检查窗口确认有个数据节点已停止工作。

可以通过检查主机窗口发现特定主机（或多个主机）的问题。如图 9.12 所示，主机 n1 状态由一个里面带对勾符号的转为里面带破折号的一个点。里面带问号的圆点表示主机没有响应并可能停止工作。没有响应的节点也可能设置其他服务中断指示器。

单击 n1 主机的链接会打开图 9.13 所示的视图。检查子窗口显示数据节点守护进程已在主机上停止。此时，检查主机 n1 上的数据节点日志将有助于确定故障的真正原因。假设故障被解决，数据节点守护进程可以利用服务名称旁边的下拉菜单中的"启动"选项启动。

当数据节点守护进程被重新启动时，需要用户进行类似于图 9.14 所示的确认。

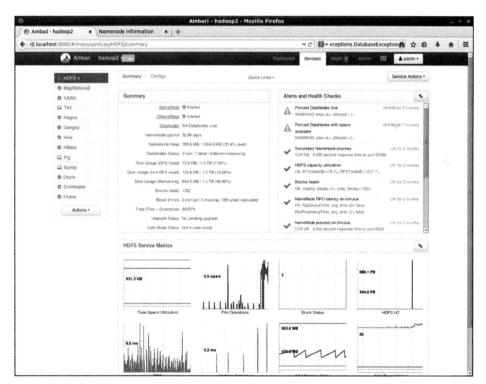

图 9.11　Ambari HDFS 服务总结窗口指示有一个停止工作的数据节点

图 9.12　Ambari 主机屏幕指示有一个主机 n1 出现问题

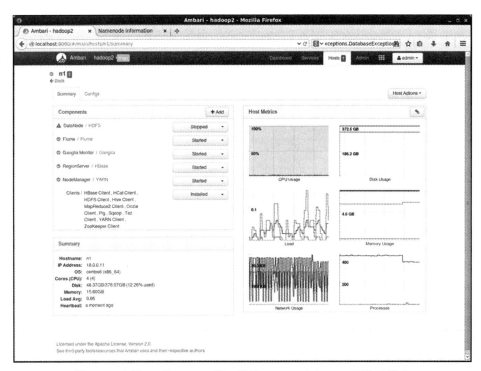

图 9.13　主机 n1 的 Ambari 窗口指示 DataNode/HDFS 服务已停止

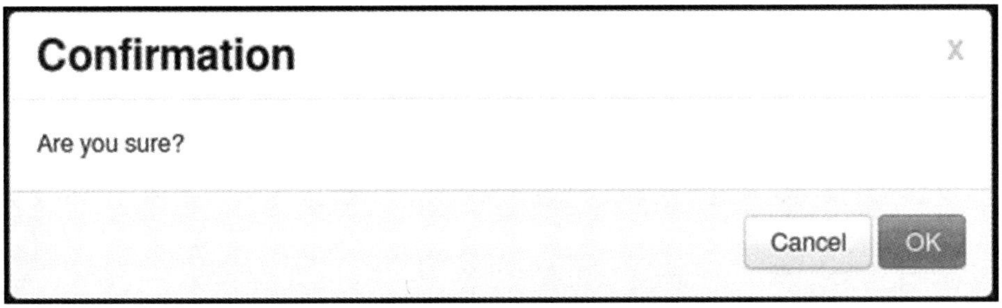

图 9.14　Ambari 重新启动确认

当某服务守护进程被启动或停止时，将会打开类似图 9.15 所示的进度窗口。进度栏指示每个操作的状态。请注意，前面的操作是此窗口的一部分。如果在操作过程中出现错误，进度栏将变为红色。如果系统生成有关此操作的警告，进度栏将变为橙色。

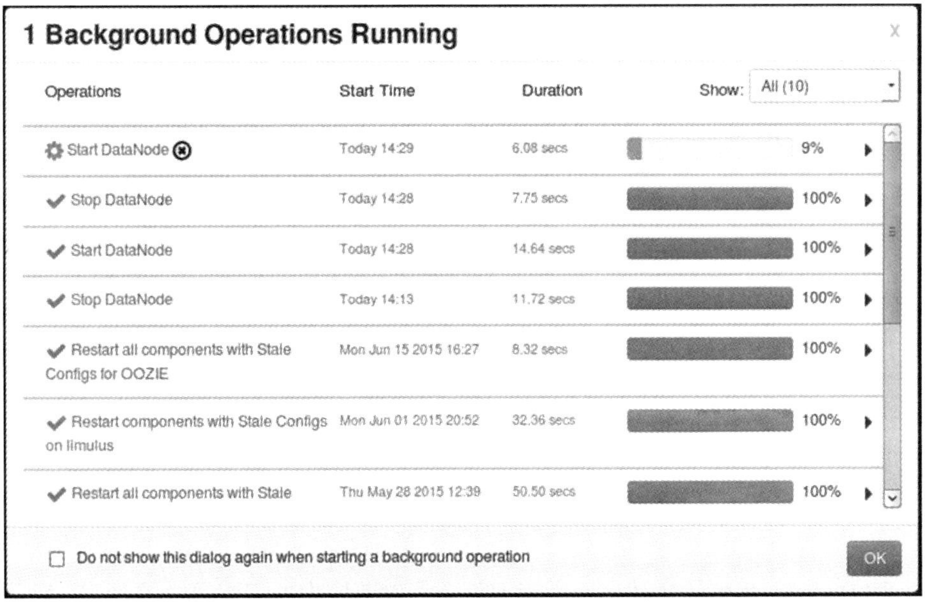

图 9.15　数据节点重新启动的 Ambari 进度窗口

当这些后台操作正在运行时，顶部的菜单栏上的 ops（操作）小气泡会显示有多少个操作正在运行。（如果不同的服务守护程序被启动或停止，则每个进程都将在下一个进程启动之前运行完成。）

一旦数据节点重新启动成功，仪表板将反映出新的状态（例如，4/4 的数据节点是活动的）。如图 9.16 所示，现在所有四个数据节点都正在工作，而服务错误指示器开始慢慢消失。服务错误指示器可能会比实时小部件的更新滞后几分钟。

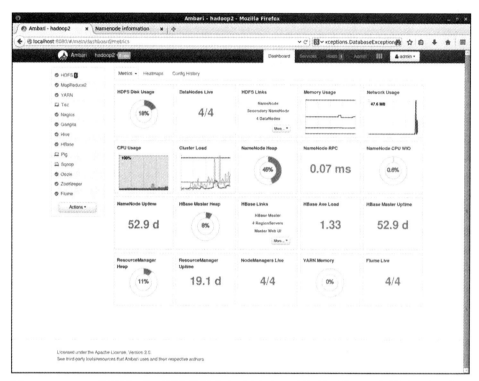

图 9.16　Ambari 控制板，指示所有数据节点正在运行（服务错误指示器会慢慢退出屏幕）

更改 Hadoop 属性

管理 Hadoop 集群的挑战之一是管理整个集群范围内的配置属性的更改。除了修改大量的属性外，对某个属性的更改通常需要在整个集群内重新启动守护进程（和依赖的守护进程）。这个过程非常烦琐而且耗时。幸运的是，Ambari 提供了简便的方法来管理这一过程。

如前所述，每个服务都提供了一个"配置"选项卡，它会打开一个显示所有可能出现的服务属性的窗体。任何服务属性都可以使用此界面来更改（或添加）。作为一个示例，YARN 调度器的配置属性如图 9.17 所示。

9 用 Apache Ambari 管理 Hadoop

提供的选项数量取决于服务，可以通过向下滚动窗体查看 YARN 的全部属性。第 4 章"运行示例程序和基准测试程序"和第 6 章"MapReduce 编程"讨论了 YARN 属性 `yarn.log-aggregation-enable`。若要方便地查看应用程序日志，则必须把此属性设置为 true。此属性在默认情况下通常是打开的。为了在此举例，我们将用到 Ambari 界面来禁用此功能。如图 9.18 所示，当某个属性被更改时，绿色"Save"（保存）按钮将被激活。

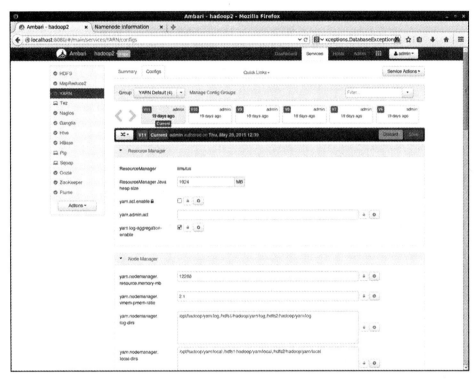

图 9.17　Ambari YARN 属性视图

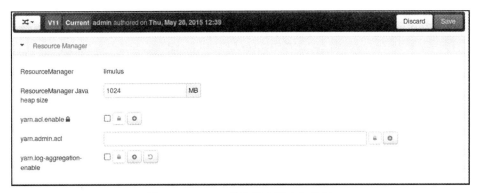

图 9.18　YARN 性能日志聚合与关闭

如图 9.19 所示，在用户单击"保存（Save）"按钮之前，更改不会持久保存。将显示一个"save/notes"（保存并说明）窗口。强烈建议将关于此更改的历史记录添加到此窗口中。

一旦用户添加了任何说明，并单击"保存"按钮，就会出现另一个窗口，如图 9.20 所示。此窗口确认该属性已被保存。

一旦新的属性被更改，在此窗口的左上角将出现一个橙色的"重新启动"按钮。在重新启动所需的服务之前，新的属性不会生效。如图 9.21 所示，"重新启动"按钮提供两个选项："全部重新启动"和"重新启动 NodeManagers"。为安全起见，请使用"全部重新启动"选项。注意，全部重新启动并不意味着所有的 Hadoop 服务都将重新启动，相反，只有那些用到新属性的服务才会重新启动。

在用户单击"全部重新启动"选项后，将显示一个确认窗口，如图 9.22 所示。单击"确认全部重新启动"将开始整个集群范围内的重新启动。

图 9.19　Ambari 配置保存并说明窗口

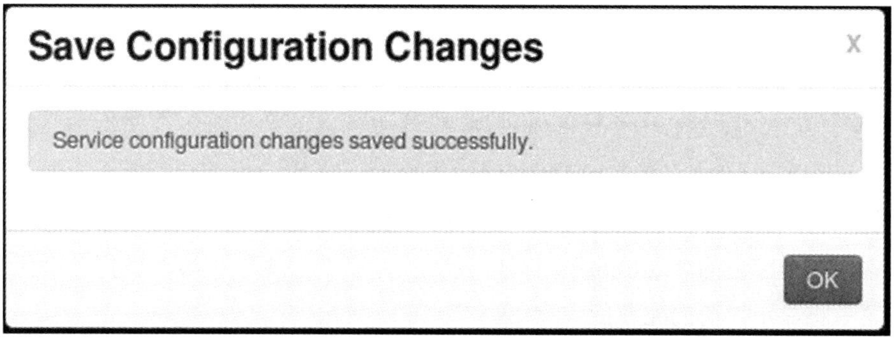

图 9.20　Ambari 配置更改通知

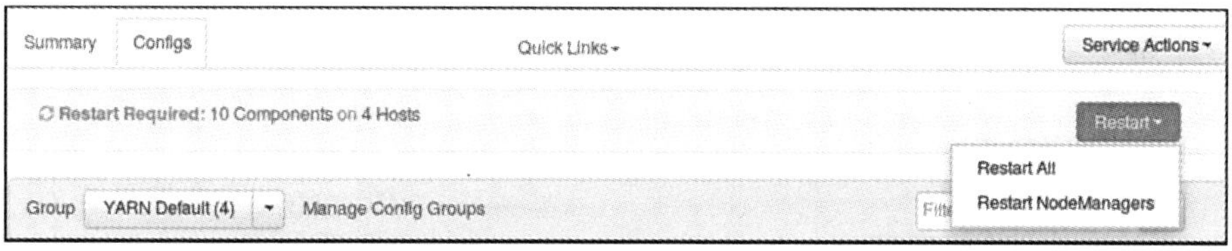

图 9.21　更改服务属性后出现 Ambari 重新启动功能

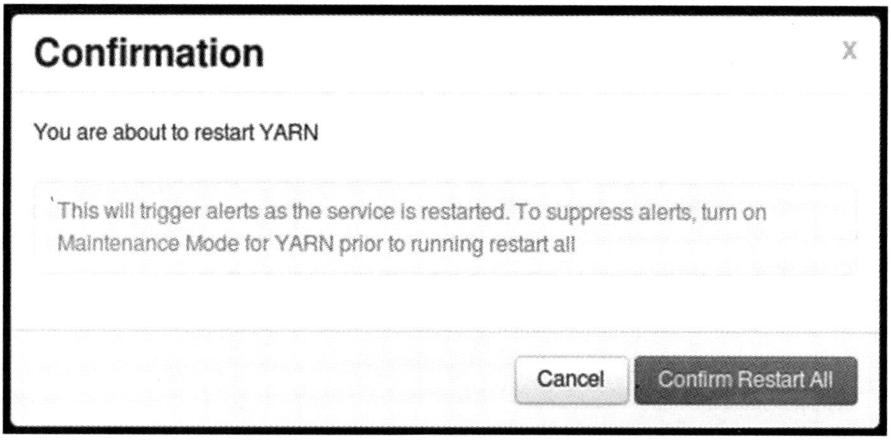

图 9.22　服务重新启动的 Ambari 确认框

与数据节点重新启动的示例相似，这将会显示一个进度窗口。同样，进度栏是针对整个 YARN 重新启动的。可以通过单击进度栏右边的箭头查看日志中的详细信息（如图 9.23 所示）。

重新启动完成后，运行一个简单的示例（参见第 4 章），并尝试使用 YARN 资源管理器应用程序图形界面查看日志。你可以从 YARN 系列窗口中间的快速链接下拉菜单访问用户界面，将显示一条类似于图 9.24 所示的消息（将此消息与图 6.1 所示的日志中的数据做比较)。

Ambari 会跟踪对系统属性所做的所有更改。从图 9.17 和更详细的图 9.25 中可以看出，每次更改配置时，都有一个新版本被创建。恢复到以前的版本也会产生一个新版本。你可以为每次更改(例如，图 9.19 和图 9.27)提供有意义的注释来减少潜在的版本混乱。在前面的示例中，我们创建了第 12 版本(V12)。在水平版本框中或在深色的水平栏中，当前版本由一个绿色的"Current"(当前)标签表示。在版本框中滚动或拉下深色水平栏左侧的菜单将显示以前的配置版本。

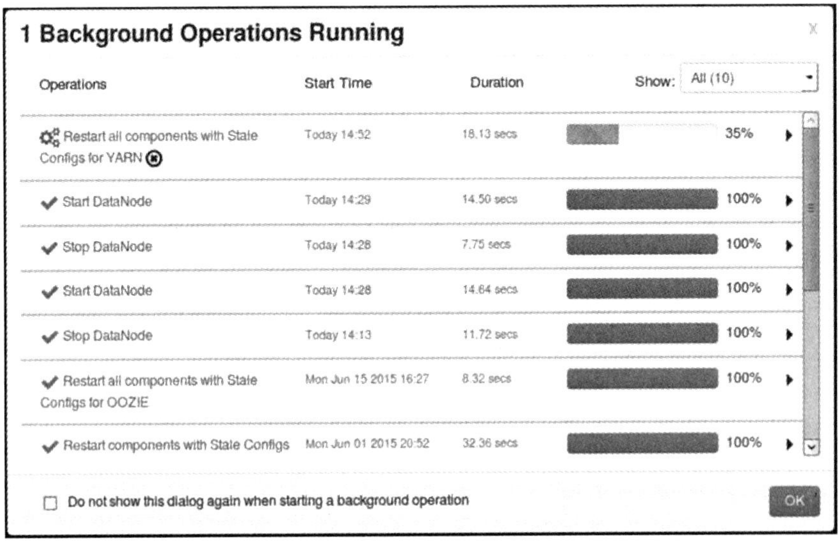

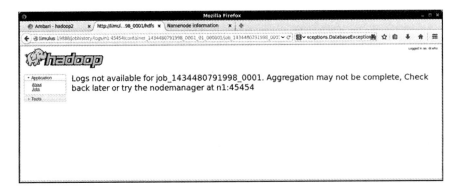

图 9.23　重新启动全集群 YARN 的 Ambari 进度窗口

图 9.24　关闭了日志聚合的 YARN 资源管理器界面(与图 6.1 做比较)

要恢复到以前的某个版本，只需从版本框或下拉式菜单中选择那个版本。在图 9.26

中，用户通过单击信息框中的"Make Current"（设置为当前）按钮选定以前的版本。此配置将返回到以前的状态，在那个版本中启用日志聚集。

图 9.25　使用 Ambari 管理 YARN 服务配置更改（V12 是当前版本）

图 9.26　使用 Ambari 还原到以前的 YARN 配置（V11）

如图 9.27 所示，保存新的配置之前，将会打开确认并说明窗口。再次强调，建议你在说明文本框中提供有关更改的说明。当保存步骤完成时，"Make Current"按钮将还原到上一个配置。橙色的"重新启动"按钮将出现，表明服务需要重新启动才能使所做的更改生效。

图 9.27　新配置的 Ambari 确认窗口

对于 Ambari 版本控制工具，要注意下面几个要点：
- 每次更改配置，都会创建一个新的版本。恢复到以前的版本也会创建一个新的版本。
- 你可以查看一个版本，或将其与其他版本比较，而无须更改或重新启动服务。（如图 9.26 的 V11 框中的按钮。）
- 每个服务有自己的版本记录。
- 每次你更改属性时，都必须利用"重新启动"按钮重新启动服务。如果有疑问，则可以重新启动所有服务。

总结和补充资料

Apache Ambari 为整个 Hadoop 集群提供了一个单一的控制面板。Ambari 仪表板提供对集群的快速概览。每个服务都有自己的总结/状态和配置的窗口。主机窗口为每个主机提供详细的指标，并能用来管理特定主机上运行的服务。

其他服务，包括添加用户和组，是 Ambari 管理方面功能的一部分。每个 Hadoop 服务都被监控，所有问题都通过电子邮件报告并用易于识别的方式在界面上显示。可以直接从 Ambari 接口停止和启动所有服务。此外，对服务属性的更改是利用一种简化的窗体与上下文相关的帮助来完成的。Ambari 还提供了一个版本控制系统，使得以前的集群配置可以很容易地恢复。

Apache Ambari 是一个开源工具，它的每个版本都会添加新功能。目前，它是对所有 Hadoop 2 集群都有效和有用的工具。若要了解更多关于 Ambari 的信息，可浏览其项目网站：https://ambari.apache.org。

10

基本的 Hadoop 管理程序

本章内容：
- 介绍了几种基本的 Hadoop YARN 管理主题，包括停用 YARN 节点、YARN 的应用程序管理和重要的 YARN 属性管理。
- 介绍了基本 HDFS 管理流程，包括使用 NameNode 图形界面、添加用户、执行文件系统检查、平衡数据节点、制作 HDFS 的快照，以及使用 HDFS NFSv3 网关。
- 讨论了容量调度程序。
- 讨论了 Hadoop 2 MapReduce 兼容性和节点容量。

在第 9 章 "使用 Apache Ambari 管理 Hadoop"中，我们详细描述了 Apache Ambari Web 管理工具。可以使用 Ambari 界面完成大部分的 Hadoop 集群的日常管理。事实上，应该尽可能地使用 Ambari 管理集群，因为它能跟踪集群的状态。

Hadoop 管理有两个主要领域：YARN 资源管理器和 HDFS 文件系统。其他的应用程序框架（例如，MapReduce 框架）和工具有其自己的管理文件。如第 2 章 "安装攻略"所述，Hadoop 配置是通过 XML 配置文件来完成的。基本的文件和它们的功能如下：

- `core-default.xml`：全系统属性
- `hdfs-default.xml`：Hadoop 分布式文件系统属性
- `mapred-default.xml`：YARN MapReduce 框架的属性
- `yarn-default.xml`：YARN 的属性

你可以在 http://hadoop.apache.org/docs/current/ （查看"配置"页面的左下侧）中找到所有这些文件属性的完整列表。

所有选项的完整讨论超出了本书的范围。Apache Hadoop 文档确实为每个属性提供了有用的注释和默认值。

如果你使用 Ambari，那么应该通过界面来管理配置文件，而不是手动编辑它们。如果采用了一些其他管理工具，那么应该按照其说明来使用。手工安装的 Hadoop（如第 2 章中的伪分布式模式）需要手动编辑配置文件，然后，如果适用，将它们复制到集群中的所有节点。

下列各节包含了一些有用的管理任务，它们可能位于 Ambari 之外、需要特殊的配置，或需要更多的解释。这些讨论并非涵盖有关 Hadoop 管理所有可能的主题，相反，它旨在帮助你启动 Hadoop 2 的管理工作。

基本的 Hadoop YARN 管理

YARN 有几个内置管理功能和命令。若要了解更多有关它们的信息，请查阅 https://hadoop.apache.org/docs/current/hadoop-yarn/hadoop-yarn-site/YarnCommands.html#Administration_Commands 上的 YARN 命令文档。管理主命令是 yarn rmadmin（resource manager administration，资源管理器管理）。输入 `yarn rmadmin -help` 以了解有关各种选项的更多信息。

停用 YARN 节点

如果需要从集群中删除某个 NodeManager 主机/节点，应该首先停用它。假设该节点有响应，你可以直接从 Ambari Web 用户界面停用它。只需转到主机视图中，在主机上单击，并从 NodeManager 组件旁边的下拉菜单中选择 Decommission（停用）。请注意，主机也可以充当 HDFS DataNode。使用 Ambari 主机视图可以以类似的方式停用 HDFS 主机。

YARN WebProxy

Web 应用程序代理是一个单独的在 YARN 中的代理服务器，它解决应用主控程序上的集群 Web 界面的安全问题。默认情况下，代理作为资源管理器本身的一部分运行，但可以通过将属性 `yarn.web proxy.address` 配置添加到 `yarn-site.xml` 将它配置为在独立模式下运行。（使用 Ambari，转到 YARN 配置视图中，滚动到底部，并选择 yarn-site.xml/添加属性。）在独立模式中，`yarn.web-proxy.principal` 和 `yarn.web-proxy.keytab` 分别控制在安全模式下使用的 Kerberos 主体名称和相应的

keytab。如果需要，这些元素都可以添加到 `yarn-site.xml` 中。

使用 JobHistoryServer

去除 JobTracker 和把 MapReduce 从一个系统迁移到应用程序级框架需要创建一个位置来存储 MapReduce 作业历史记录。JobHistoryServer 为所有 YARN MapReduce 应用程序提供进行聚合历史参考和调试已完成的作业的一个中央位置。JobHistoryServer 的设置可以在 `mapred-site.xml` 文件中找到。

管理 YARN 作业

YARN 作业可以使用 `yarn application` 命令管理。它提供下面的选项，包括 `-kill`、`-list` 和 `-status` 给使用此命令的管理员。也可以使用 `mapred job` 命令控制 MapReduce 作业。

```
usage: application
 -appTypes <Comma-separated list of application types>   Works with
                            --list to filter applications based on
                         their type.(<逗号分隔的应用程序类型列表>与--list 连用基于其类型来筛选应用程序。)
 -help                    Displays help for all commands.(显示所有命令的帮助。)
 -kill <Application ID>   Kills the application.(<应用程序 ID>清除应用程序。)
 -list                    Lists applications from the RM. Supports optional
                          use of -appTypes to filter applications based
                          on application type.(列出 RM 中的应用程序。支持使用可选的-appTypes 基于应用程序类
                                  型来筛选应用程序。)
 -status <Application ID> Prints the status of the application.(<应用程序 ID>输出应用程序的状态。)
```

无论是 YARN 资源管理器界面，还是 Ambari 用户界面都不可以用于清除 YARN 应用程序。如果需要清除一个作业，用 `yarn application` 命令找到应用程序 ID，然后使用-kill 参数清除它。

设置容器内存

YARN 在整个集群中管理应用程序资源容器。容器的内存量通过在 `yarn-site.xml` 文件中的三个重要值控制：

- `yarn.nodemanager.resource.memory-mb` 是 NodeManager 可供容器使用的内存量。

- scheduler.minimum-allocation-mb 是资源管理器所允许的最小容器。请求小于此值的容器将导致分配此大小容器（默认值 1024MB）。
- yarn.scheduler.maximum-allocation-mb 是资源管理器所允许的最大容器（默认值 8192 MB）。

设置容器核心

你可以在 yarn-stie.xml 中使用以下属性来设置容器所用的内核数。

- yarn.scheduler.minimum-allocation-vcores：资源管理器对于每个容器请求分配的虚拟 CPU 核心的最小数量。

小于此分配数量的请求不会生效，而分配核心的最小数量将是这个属性指定的值。默认值为 1 个核心。

- yarn.scheduler.maximum-allocation-vcores：资源管理器对于每个容器请求分配的虚拟 CPU 核心的最大数量。

大于此分配数量的请求不会生效，而核心的数量将限制在此值。默认值为 32。

- yarn.nodemanager.resource.cpu-vcores：可以为容器分配的 CPU 核心的数量。默认值为 8。

设置 MapReduce 属性

如本书所述，因为 MapReduce 作为 YARN 应用程序运行，所以可能需要调整一些 mapred-site.xml 属性，它们与映射和缩减容器有关。以下属性用于设置映射和缩减容器二者的一些 Java 参数和内存大小：

- mapred.child.java.opts 为映射的子 JVM 提供更大或更小的堆大小（例如，-Xmx2048m）。
- mapreduce.map.memory.mb 为映射提供一个更大或更小的资源限制（默认值=1536 MB）。
- mapreduce.reduce.memory.mb 为映射的子 JVM 提供更大的堆大小（默认值=3072 MB）。
- mapreduce.reduce.java.opts 为子缩减程序提供更大或更小的堆大小。

基本的 HDFS 管理

以下各节介绍 HDFS 管理的一些基本知识。高级的主题，如用于高可用性的 HDFS 联邦超出了本章的范围。在 https://hadoop.apache.org/docs/current/hadoop-project-dist/hadoop-hdfs/HdfsUserGuide.html，可以找到有关这些主题和其他 HDFS 主题的详细信息。（请注意，HDFS 主题菜单在此网页的左侧。）

NameNode 用户界面

监控 HDFS 可以通过几种方式完成。更方便地获得 HDFS 状态快速视图的途径之一是通过 NameNode 用户界面来完成。这个基于 Web 的工具提供有关 HDFS 的基本信息，并提供浏览 HDFS 命名空间和日志的能力。

可以在 Ambari 内或从 Web 浏览器连接到 NameNode 来启动基于 Web 的用户界面。在 Ambari 中，只要选择 HDFS 服务窗口并单击在页面顶部中间的快速链接下拉式菜单，选择 NameNode UI，就将打开一个新的浏览器选项卡，呈现图 10.1 所示的用户界面。你还可以通过输入以下命令（此处给出的命令假定使用火狐浏览器，但其他浏览器也应该能工作）直接启动用户界面：

```
$ firefox http://localhost:50070
```

在用户界面上有五个选项卡，分别是概述、数据节点、快照、启动进度和实用程序。概述页提供了许多命令行工具也提供的基本信息，但它的格式阅读起来要容易得多。数据节点选项卡显示节点信息，如图 10.2 所示。

本章后面的图 10.5 所示的快照窗口列出"可制作快照的"目录和快照。有关快照的进一步信息可在"HDFS 快照"一节找到。

图 10.3 提供了一个 NameNode 启动进度视图。正如第 3 章中指出的，当 NameNode 启动时，它读取以前的文件系统映像文件（fsimage），将所有新的编辑应用于此文件系统映像，从而创建新的文件系统映像，并进入安全模式直到有足够的数据节点联机。当启动 NameNode 时，这一进度在用户界面中实时展现。已完成的阶段以粗体文本显示。当前正在运行的阶段以斜体显示。尚未开始的阶段以灰色文本显示。

在图 10.3 中，所有阶段都完成，而如图 10.1 概述窗口所示，系统已脱离安全模式。

实用工具菜单提供了两个选项。第一个选项，如图 10.4 所示，是一个文件系统浏览器。在此窗口中，你可以浏览 HDFS 命名空间。第二个选项，未在此显示，是指向各个

NameNode 日志的链接。

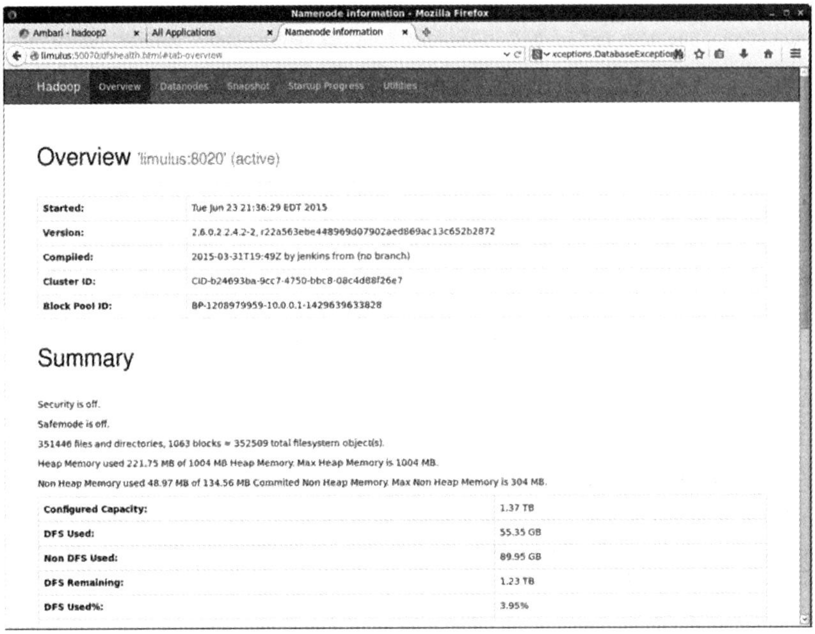

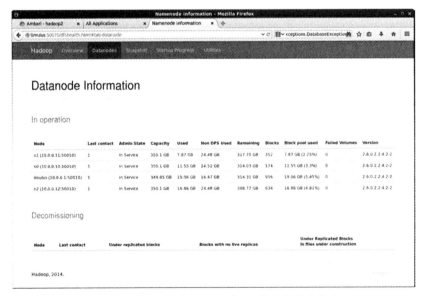

图 10.1　NameNode 用户界面

图 10.2　NameNode Web 界面显示的数据节点状态

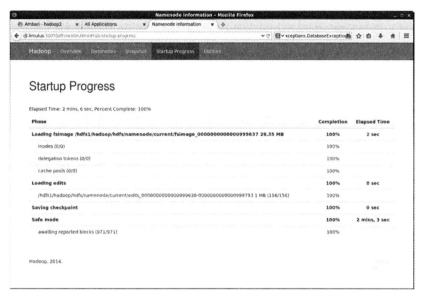

图 10.3　NameNode Web 界面显示启动进度

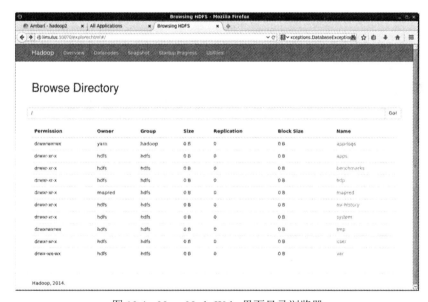

图 10.4　NameNode Web 界面目录浏览器

将用户添加到 HDFS

有关 HDFS 权限更详细的说明，请参阅以下文档：http://hadoop.apache.org/docs/

current/hadoop-project-dist/hadoop-hdfs/HdfsPermissions-Guide.html。请注意，在 Hadoop 应用程序运行时出现的错误往往是由于文件的权限不正确造成的。

要迅速在基于 Linux 的系统上手动创建用户账户，请执行下列步骤：

1. 将用户添加到你的 HDFS 客户端系统上的操作系统的组。

    在大多数情况下，组名应该是 HDFS 超级用户的组名，这通常是 hadoop 或 hdfs。

    ```
    useradd -G <groupname> <username>
    ```

2. 在 HDFS 中创建 username（用户名）目录。

    ```
    hdfs dfs -mkdir /user/<username>
    ```

3. 在 HDFS 中给此账号授予在其目录的所有权。

    ```
    hdfs dfs -chown <username>:<groupname> /user/<username>
    ```

在 HDFS 上执行 FSCK

若要检查 HDFS 的健康状况，可以发出 hdfs fsck<path>（文件系统检查）命令。可以检查整个 HDFS 命名空间，或者可以将子目录作为命令参数输入，检查此子目录。下面的示例为检查整个 HDFS 命名空间。

```
$ hdfs fsck /

Connecting to namenode via http://limulus:50070
FSCK started by hdfs (auth:SIMPLE) from /10.0.0.1 for path / at Fri May 29
14:48:01 EDT 2015
.................................................................
.................................................................
Status: HEALTHY
 Total size:    100433565781 B (Total open files size: 498 B)
 Total dirs:    201331
 Total files:   1003
 Total symlinks:         0 (Files currently being written: 6)
 Total blocks (validated):      1735 (avg. block size 57886781 B) (Total open file
blocks (not validated): 6)
 Minimally replicated blocks:   1735 (100.0 %)
 Over-replicated blocks:        0 (0.0 %)
 Under-replicated blocks:       0 (0.0 %)
 Mis-replicated blocks:         0 (0.0 %)
 Default replication factor:    2
 Average block replication:     1.7850144
 Corrupt blocks:                0
 Missing replicas:              0 (0.0 %)
```

```
Number of data-nodes:          4
Number of racks:               1
FSCK ended at Fri May 29 14:48:03 EDT 2015 in 1853 milliseconds

The filesystem under path '/' is HEALTHY
```

其他选项提供更多细节,包括制作快照、打开文件和管理已损坏的文件。

- `-move` 将已损坏的文件移动到 `/lost+found`。
- `-delete` 删除已损坏的文件。
- `-files` 打印被检查的文件。
- `-openforwrite` 打印在检查过程中打开用于写入的文件。
- `-includeSnapshots` 包括快照数据。该路径指示可制作快照的目录的存在或它下面的可制作快照的目录存在。
- `-list-corruptfileblocks` 打印丢失的块和它们所属的文件列表。
- `-blocks` 打印块报告。
- `-locations` 打印每个块的位置。
- `-racks` 打印数据节点位置的网络拓扑。

平衡 HDFS

基于使用模式和数据节点的可用性,跨节点的数据块的数量可能会变得不平衡。为了避免过度利用数据节点,HDFS 平衡器工具会跨可用数据节点重新平衡数据块。数据块从过度利用节点被移动到利用不足的节点,直到不平衡的程度在特定的百分比阈值内。重新平衡可以在添加新的数据节点或将数据节点从服务中删除时进行。这一步不在 HDFS 中创建更多的空间,但提高了效率。

HDFS 超级用户必须运行平衡器。运行平衡器的最简单方法是输入以下命令:

```
$ hdfs balancer
```

默认情况下,平衡器将持续平衡节点,直到所有数据节点上的数据块数量差距均在彼此的 10%以内。可以在任何时间通过输入 Ctrl-C 停止平衡器,而不会伤害 HDFS,可以使用 `-threshold` 参数设置更低或更高的阈值。例如,使用下列命令设置 5%阈值:

```
$ hdfs balancer -threshold 5
```

阈值越低,平衡器运行的时间就越长。为了确保平衡器不致使集群网络不堪重负,你可以在运行平衡器之前设置带宽限制，如下所示：

```
$ dfsadmin -setBalancerBandwidth newbandwidth
```

newbandwidth 选项以每秒字节为单位，是每个数据节点平衡操作过程中可以使用的网络带宽的最大量。

平衡数据块也可能破坏 HBase 的局部性。当 HBase 区域被移动时，有些数据局部性会被丢失，而 RegionServers 将请求的数据通过网络从远程数据节点获取。这种情况会持续到主要 HBase 压实的事件发生为止（这可能在固定的时间间隔发生，也可能由管理员启动）。

若要了解更多有关平衡器选项的信息，请参阅 http:// hadoop.apache.org/ docs/current/hadoop-project-dist/hadoop-hdfs/HDFSCommands.html。

HDFS 安全模式

如第 3 章所述，NameNode 在启动时，从 fsimage 加载文件系统状态，然后应用编辑日志文件。然后，它等待数据节点报告它们的块。在此期间，NameNode 处于只读的安全模式。当数据节点报告说，大多数文件系统块都可用后，NameNode 自动离开安全模式。

为了将 HDFS 放置在安全模式下，管理员可以使用下面的命令：

```
$ hdfs dfsadmin -safemode enter
```

输入以下命令可以关闭安全模式：

```
$ hdfs dfsadmin -safemode leave
```

如果在文件系统（例如，充满数据的数据节点）内出现重大问题，HDFS 可能会落到安全模式中。除非问题得到解决，否则文件系统不会离开安全模式。若要检查 HDFS 是否处在安全模式下，请输入以下命令：

```
$ hdfs dfsadmin -safemode get
```

停用 HDFS 节点

如果需要从集群中删除数据节点主机/节点，你首先应该停用它。假设此节点能够响应，则可以方便地从 Ambari Web 用户界面停用它。只需转到主机视图，单击主机，并从数据节点组件旁边的下拉菜单中选择停用。请注意，主机也可以充当 YARN 节点。Ambari 主机视图可以用类似的方式停用 YARN 主机。

SecondaryNameNode

若要避免重新启动 NameNode 和其他问题，应验证 SecondaryNameNode 的性能。记住，SecondaryNameNode 取得以前的文件系统映像文件（fsimage *），并添加 NameNode 文件系统的编辑以创建新的文件系统映像文件，当 NameNode 重新启动时，它会使用此文件。

`hdfs-site.xml` 定义了一个名为 `fs.checkpoint.period` 的属性（称为 HDFS 在 Ambari 中的最大检查点延迟）。此属性设置 SecondaryNameNode 执行检查点之间的秒数。

当检查点发生时，会在对应于 `hdfs-site.xml` 文件中的 `dfs.namenode.checkpoint.dir` 值的目录中创建一个新的 `fsimage *` 文件。这个文件也被放在对应 `hdfs-site.xml` 文件中的 `dfs.namenode.name.dir` 指定的路径的 NameNode 目录中。若要测试检查点进程，可以把 `fs.checkpoint.period` 设置为一个较短的时间（例如，300 秒）并重新启动 HDFS。

五分钟后，应在前面提到的两个目录中得到两个完全相同的 `fsimage *` 文件。如果这些文件不是最新的或丢失，请查阅 NameNode 和 SecondaryNameNode 的日志。

一旦 SecondaryNameNode 进程被确认为工作正常，将 `fs.checkpoint.period` 重置为以前的值，并重新启动 HDFS。（Ambari 版本控制有助于此类型或程序。）如果 SecondaryNameNode 未运行，可以通过运行以下命令强制执行检查点：

```
$ hdfs secondarynamenode -checkpoint force
```

HDFS 快照

HDFS 快照是 HDFS 在某个时间点的只读副本。快照可以针对文件系统的一个子树或整个文件系统制作。快照的一些常见用例是数据备份，防止用户错误操作和灾难恢复。

可以针对任何目录制作快照，只要此目录已被设为**可制作快照的**（snapshottable）。一个可制作快照的目录能够同时容纳 65,536 个快照。可制作快照的目录的数量没有限制。管理员可以将任何目录设置为可制作快照的，但不允许有嵌套的可制作快照的目录。例如，如果一个目录的某个祖先或后代目录是可制作快照的目录，那么它就不能被设置为可制作快照的目录。更多的详细说明，可以在 https://hadoop.apache.org/docs/current/hadoop-project-dist/hadoop-hdfs/HdfsSnapshots.html 找到。

下面的示例将遍历创建快照的过程。第一步是使用下面的命令将一个目录声明为"可制作快照的"：

```
$ hdfs dfsadmin -allowSnapshot /user/hdfs/war-and-peace-input
Allowing snapshot on /user/hdfs/war-and-peace-input succeeded
```

一旦此目录成为可制作快照的目录，就可以用下面的命令制作快照。需要在命令中提供目录路径和快照的名称——在本例中，是 wapi-snap-1。

```
$ hdfs dfs -createSnapshot /user/hdfs/war-and-peace-input wapi-snap-1
Created snapshot /user/hdfs/war-and-peace-input/.snapshot/wapi-snap-1
```

此快照的路径是 /user/hdfs/war-and-peace-input/.snapshot/wapi-snap-1。/user/hdfs/war-and-peace-input 目录下有一个文件，可通过发出以下命令来显示它：

```
$ hdfs dfs -ls /user/hdfs/war-and-peace-input/
Found 1 items
-rw-r--r--   2 hdfs hdfs    3288746 2015-06-24 19:56 /user/hdfs/war-and-peace-input/war-and-peace.txt
```

如果删除了此文件，那么可以从上述快照还原它：

```
$ hdfs dfs -rm -skipTrash /user/hdfs/war-and-peace-input/war-and-peace.txt
Deleted /user/hdfs/war-and-peace-input/war-and-peace.txt

$ hdfs dfs -ls /user/hdfs/war-and-peace-input/
```

恢复过程基本上是简单地从快照复制到以前的目录（或其他地方）。请注意，使用 ~/.snapshot/wapi-snap-1 路径来还原此文件：

```
$ hdfs dfs -cp /user/hdfs/war-and-peace-input/.snapshot/wapi-snap-1/war-and-peace.txt /user/hdfs/war-and-peace-input
```

可以通过发出以下命令确认此文件已恢复：

```
$ hdfs dfs -ls /user/hdfs/war-and-peace-input/
Found 1 items
-rw-r--r--   2 hdfs hdfs    3288746 2015-06-24 21:12 /user/hdfs/war-and-peace-input/war-and-peace.txt
```

NameNode 用户界面提供可制作快照的目录和已制作的快照的列表。图 10.5 显示创建前一个快照的信息。

若要删除某个快照,请输入以下命令:

```
$ hdfs dfs -deleteSnapshot /user/hdfs/war-and-peace-input wapi-snap-1
```

若要使某个目录成为"不可制作快照的"(或回到默认状态),请使用下面的命令:

```
$ hdfs dfsadmin -disallowSnapshot /user/hdfs/war-and-peace-input
Disallowing snapshot on /user/hdfs/war-and-peace-input succeeded
```

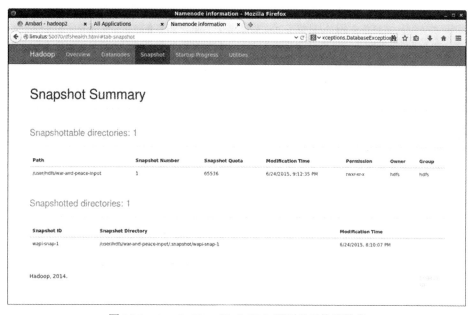

图 10.5　Apache NameNode Web 界面显示快照信息

配置到 HDFS 的 NFSv3 网关

HDFS 支持 NFS 第 3 版(NFSv3)网关。此功能使文件能够在 HDFS 和客户端系统之间方便地移动。NFS 网关支持 NFSv3 并允许把 HDFS 作为客户端的本地文件系统的一部分装载。目前,NFSv3 网关支持以下功能。

- 用户可以利用 NFSv3 客户端兼容的操作系统,通过其本地文件系统浏览 HDFS 文件系统。
- 用户可以将文件从 HDFS 文件系统下载到其本地文件系统。

- 用户可以将文件从本地文件系统直接上传到 HDFS 文件系统。
- 用户可以通过挂载点直接向 HDFS 流式传输数据。支持文件追加操作,但不(**not**)支持随机写操作。

网关必须在充当数据节点、NameNode 或任何 HDFS 客户端的同一台主机上运行。在 https://hadoop.apache.org/docs/current/hadoop-project-dist/hadoop-hdfs/HdfsNfsGateway.html 中,可以找到有关 NFSv3 网关的详细信息。

在以下示例中,用一个简单的四节点集群演示启用 NFSv3 网关的步骤。其他可能的选项,包括那些有关安全的选项,没有在此示例中涉及。在此示例中,将一个数据节点用作网关节点,HDFS 则被安装在主(登录)集群节点上。

步骤 1:设置配置文件

有几个 Hadoop 配置文件需要更改。在此示例中,使用 Ambari 图形用户界面更改 HDFS 配置文件。使用 Ambari 的相关信息参见第 9 章。除非完成所有以下更改,否则不要保存更改或重启 HDFS。如果不使用 Ambari,那么你必须手动更改这些文件并在整个集群中重新启动相应的服务。我们假定基于以下环境。

- 操作系统:Linux
- 平台:RHEL 6.6
- Hortonworks HDP 2.2,配备 Hadoop 版本:2.6

需要把几个属性添加到 `/etc/hadoop/config/core-site.xml` 文件中。使用 Ambari,转到 HDFS 服务窗口并选择配置选项卡。

在屏幕的底部,选择自定义 core-site.xml 部分中的"添加属性"(Add Property)链接。添加以下两个属性(在 Ambari 中用于 key 字段的条目是包含在此代码中的 name 字段):

```
<property>
   <name>hadoop.proxyuser.root.groups</name>
   <value>*</value>
</property>

<property>
   <name>hadoop.proxyuser.root.hosts</name>
   <value>*</value>
</property>
```

将启动 Hadoop NFSv3 网关的用户名称放置在 `name` 字段中。在前面的示例中,root

用于此目的。这项设置的取值可以是启动网关的任何用户的名称。例如，如果用户 `nfsadmin` 负责启动网关，那么这两个名字将是 `hadoop.proxyuser.nfsadmin.groups` 和 `hadoop.proxyuser.nfsadmin.hosts`。在前面的行中输入的"*"值，将网关对所有组开放并使它能够在任何主机上运行。在 groups 的属性中输入组（用逗号分隔），用于限制允许访问网关的组。在 hosts 属性中输入一个主机名可以限制运行网关的主机。

接下来，移动到"高级的 hdfs-site.xml"部分并设置下列属性：

```
<property>
   <name>dfs.namenode.accesstime.precision</name>
   <value>3600000</value>
</property>
```

此属性可确保客户端的装载能够正确地更新访问时间。（参见 mount 的默认 atime 选项。）

最后，移动到"自定义 hdfs-site"部分，单击"添加属性"链接，并添加以下属性。

```
<property>
   <name>dfs.nfs3.dump.dir</name>
   <value>/tmp/.hdfs-nfs</value>
</property>
```

因为 NFS 客户端经常对写入重新排序，所以需要有 NFSv3 转储（dump）目录。

顺序写入到达 NFS 网关的顺序可能是随机的。此目录用于临时保存写入 HDFS 之前的无序写入。请确保转储目录有足够的空间。例如，如果应用程序上传 10 个文件，每个文件的大小为 100MB，那么建议此目录有 1GB 的空间，以防备每个文件都对写入重新排序的最坏情况。

一旦完成了所有更改，请单击绿色"保存"按钮，并在保存确认对话框中的"记录"框中记录所做的更改。然后，通过单击橙色的"重新启动"按钮重新启动整个 HDFS。

步骤 2：启动网关

登录到某个数据节点，并确保所有 NFS 服务都被停止。在此示例中，数据节点 n0 被用作网关。

```
# service rpcbind stop
# service nfs stop
```

接下来，利用 hadoop-daemon 脚本启动 portmap（端口映射）和 nfs3，以此启动 HDFS 网关，如下所示：

```
# /usr/hdp/2.2.4.2-2/hadoop/sbin/hadoop-daemon.sh start portmap
# /usr/hdp/2.2.4.2-2/hadoop/sbin/hadoop-daemon.sh start nfs3
```

portmap 守护进程将其日志写到：

/var/log/hadoop/root/hadoop-root-portmap-n0.log

nfs3 守护进程将其日志写到：

/var/log/hadoop/root/hadoop-root-nfs3-n0.log

若要确认网关正常工作，请发出以下命令。输出应如下所示：

```
# rpcinfo -p n0
  program vers proto   port  service
  100005    2   tcp    4242  mountd
  100000    2   udp     111  portmapper
  100000    2   tcp     111  portmapper
  100005    1   tcp    4242  mountd
  100003    3   tcp    2049  nfs
  100005    1   udp    4242  mountd
  100005    3   udp    4242  mountd
  100005    3   tcp    4242  mountd
  100005    2   udp    4242  mountd
```

最后，请通过发出以下命令确保装载成功：

```
# showmount -e n0
Export list for n0:
/ *
```

如果 rpcinfo 或 showmount 命令不能正确运行，请检查前面提到的日志文件中包含的问题。

步骤 3：装载 HDFS

最后一步是把 HDFS 装载到某个客户端节点上。在此示例中，使用了主要登录节点。要装载 HDFS 文件，请从网关节点（在本例中是节点 n0）退出并创建以下目录：

```
# mkdir /mnt/hdfs
```

mount 命令如下所示。请注意，网关节点的名称在其他集群上将是不同的，并可以使用 IP 地址代替节点名称。

```
# mount -t nfs -o vers=3,proto=tcp,nolock n0:/ /mnt/hdfs/
```

一旦在文件系统装载完成，文件将对客户端用户可见。以下命令将列出已装载的文件系统：

```
# ls /mnt/hdfs
app-logs  apps  benchmarks  hdp  mapred  mr-history  system  tmp  user  var
```

在当前版本中的 Hadoop 网关使用 AUTH_UNIX 式身份验证，并要求客户端的登录用户名与 NFS 传递到 HDFS 的用户名匹配。例如，如果 NFS 客户端是用户 admin，那么 NFS 网关将作为用户 admin 访问 HDFS，并且现有 HDFS 权限将生效。

系统管理员必须确保 NFS 客户端计算机上的用户与 NFS 网关计算机上的用户具有相同的用户名和用户 ID。若你在集群节点上创建和部署用户使用相同的用户管理系统，如 LDAP/NIS，则这通常不是个问题。

容量调度程序背景知识

容量调度程序是 YARN 中使得多个组能够安全地共享一个大型 Hadoop 集群的默认调度程序。容量调度程序由在雅虎的最初的 Hadoop 团队开发，它已成功运行了很多大型的 Hadoop 集群。

若要使用容量调度程序，请把一个或多个队列都配置为占插槽（或处理器）总数的预定比例的容量。这样的分配保证了每个队列最低限度的资源。管理员可以为分配给每个队列的容量配置软限制和可选的硬限制。每个队列都有严格的 ACL（访问控制列表）来控制哪些用户可以把应用程序提交到单个队列。还有到位的保障措施，以确保用户不能查看或修改其他用户的应用程序。

容量调度程序允许共享集群的同时保证给予每个用户或组某些最低限度的容量。这些最低数额不会因缺少需求而取消（即一个组始终保证有最小数量的资源可用）。多余的插槽基于运行的任务数除以队列容量，被分给最饥饿的队列。因此，由其最小初始容量定义的最满队列保证能得到最需要的资源。闲置容量以经济高效的方式被分配给用户并提供弹性。

管理员可以在运行时更改队列的定义和属性，如容量和 ACL，而无须中断用户的运行。他们也可以在运行时添加更多的队列，但不能在运行时删除队列。此外，管理员可以在运行时停止队列，以确保虽然现有的应用程序可以运行完成，但不可以提交新的应用程序。

容量调度程序目前支持内存密集型应用程序，其中应用程序可以选择指定比默认值更高的内存资源需求。利用来自节点管理器的信息，容量调度程序随后就可以把容器放置在最适合的节点上。

当工作负载众所周知时，容量调度程序的效果最好，因为这有助于分配最低限度的容量。为使调度程序最高效地工作，每个队列都应该被分配一个小于预期最大工作负载的最小容量。在每个队列中，都使用类似于独立的 FIFO 调度程序所使用的方法，分层（先进先出）FIFO 队列来调度多个作业。如果没有配置队列，那么所有作业都被放在默认队列中。

资源管理器用户界面以图形方式表示调度器队列和它们的利用率。图 10.6 所示为在一个四节点集群上运行的两个作业。若要选择调度程序视图，请单击左侧垂直菜单底部的"调度程序"选项。

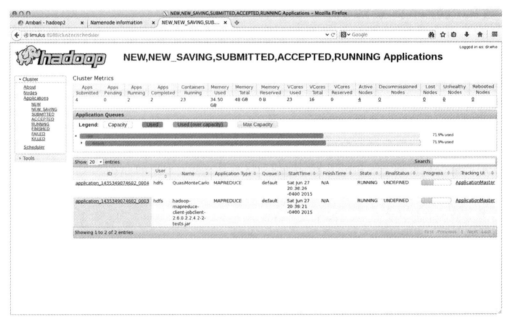

图 10.6　Apache YARN 资源管理器 Web 界面显示容量调度信息

有关如何配置容量调度程序的信息，可以在网站 https://hadoop.apache.org/docs/current/hadoop-yarn/hadoop-yarn-site/CapacityScheduler.html 和 *Apache Hadoop YARN: Moving beyond MapReduce and Batch Processing with Apache Hadoop* 2 一书中找到。（请参

阅本章末尾的参考文献列表）。

除了容量调度程序，Hadoop YARN 还提供了公平的调度器。在 Hadoop 网站上，可以找到更多的相关信息。

Hadoop 2 的 MapReduce 兼容性

Hadoop 1 本质上是一个整体 MapReduce 引擎。将此技术作为一个单独的应用程序框架移到 YARN 是一个复杂的任务，因为 MapReduce 需要很多重要的处理功能，包括数据局部性、容错能力和应用程序优先级。关于 YARN 应用程序结构的更多背景知识，请参阅第 8 章。

为了提供数据局部性，需要 MapReduce 应用主控程序找到要进行处理的块，然后在这些块上请求容器。若要实现容错能力，需要处理失败的映射或缩减任务并在其他节点上再次请求执行它们的能力。容错能力与复杂的应用程序内部优先级息息相关。

必须将处理映射和缩减任务的应用程序内部优先级复杂逻辑内置在应用主控程序中。过去，在映射程序完成处理足够的数据之前，无需启动空闲的缩减程序。现在，缩减程序处在应用主控程序的控制之下，并不像它们过去在 Hadoop 1 中那样固定。这种设计实际上使得 Hadoop 2 更有效率并增加了集群的吞吐量。

以下各节介绍 MapReduce 框架如何在 YARN 下面运作的基本背景知识。新的 Hadoop 2 MapReduce（通常被称作 MRv2）旨在尽可能多地提供与 Hadoop 1 MapReduce（MRv1）的向后兼容。与本章中的其他主题一样，下面的讨论中概述了管理 Hadoop 2 MapReduce 框架时的一些重要因素。更多信息，请参阅 https://hadoop.apache.org/docs/current/hadoop-mapreduce-client/hadoop-mapreduce-client-core/MapReduceTutorial.html。

启用应用主控程序的重新启动功能

如果在 MapReduce 作业中出现错误，应用主控程序可以自动由 YARN 重新启动。若要启用应用主控程序的重新启动功能，请设置以下属性。

- 在 `yarn-site.xml` 中，你可以调整 `yarn.resourcemanager.am.max-retries` 属性。默认值为 2。
- 在 `mapred-site.xml` 中，你可以用属性 `mapreduce.am.max-attempts` 更直接地调整 MapReduce 应用主控程序应当重新启动的次数。默认值为 2。

计算一个节点的承载容量

YARN 已删除了 Hadoop 1 的硬分区映射程序和缩减程序插槽。若要确定一个集群节点的 MapReduce 容量,必须进行新的容量计算。可以通过估计能够有效地在节点上运行映射程序和缩减程序的任务数来帮助确定 Hadoop 用户可用的计算资源量。在计算节点的 MapReduce 能力时,共有 8 个重要参数,它们位于 `mapred-site.xml` 和 `yarn-site.xml` 文件中。

- mapred-site.xml
    - mapreduce.map.memory.mb
    - mapreduce.reduce.memory.mb

    Hadoop 执行映射程序或缩减程序任务的硬性限制。

    - mapreduce.map.java.opts
    - mapreduce.reduce.java.opts

    映射程序或缩减程序任务的 `jvm -Xmx` 堆大小。注意保留 JVM Perm Gen 和本机库使用的空间。此值应始终小于 `mapreduce.[map|reduce].memory.mb`。

- yarn-site.xml
    - yarn.scheduler.minimum-allocation-mb

    YARN 允许的最小容器。

    - yarn.scheduler.maximum-allocation-mb

    YARN 允许的最大容器。

    - yarn.nodemanager.resource.memory-mb

    计算节点上用于容器的物理内存(RAM)量。

    注意此值不等于节点上的 RAM 总数,因为其他 Hadoop 服务也需要 RAM。

    - yarn.nodemanager.vmem-pmem-ratio

    每个容器允许的虚拟内存的数量。它是用下面的公式计算得出的:

    `containerMemoryRequest*vmem-pmem-ratio`。

作为一个示例,考虑表 10.1 中设置的配置。使用这些设置,我们已经给每个映射和缩减任务容器分配了充足的 512MB 开销,这可以从 `mapreduce.[map|reduce].memory.mb` 和 `mapreduce.[map|reduce].java.opts` 之间的差异看出。

接下来，我们已经配置了 YARN，以允许一个容器既不小于 512MB 也不大于 4GB。假设计算节点有 36GB 的 RAM 可用于容器，而虚拟内存比为 2.1（默认值），那么每个映射程序可以有多达 3225.6MB 的 RAM，而缩减程序可以有 5376MB 的虚拟内存。因此我们为 36GB 的容器空间配置的计算节点最多可以支持 24 个映射程序或 14 个缩减程序，或节点的可用资源所允许的映射程序和缩减程序的任意组合。

表 10.1　YARN MapReduce 设置示例

属性	值
mapreduce.map.memory.mb	1536
mapreduce.reduce.memory.mb	2560
mapreduce.map.java.opts	-Xmx1024m
mapreduce.reduce.java.opts	-Xmx2048m
yarn.scheduler.minimum-allocation-mb	512
yarn.scheduler.maximum-allocation-mb	4096
yarn.nodemanager.resource.memory-mb	36864
yarn.nodemanager.vmem-pmem-ratio	2.1

运行 Hadoop 1 的应用程序

为便于 Hadoop 1 到配备 YARN 的 Hadoop 2 的过渡，YARN 和在 YARN 之上的 MapReduce 框架实现的主要目标是确保以前针对 MapReduce API 编写和编译的现有应用程序（MRv1 应用程序）只需要少量工作就可以继续在 YARN 上运行（MRv2 应用程序）。

org.apache.hadoop.mapred API 的二进制兼容性

对于绝大多数使用 `org.apache.hadoop.mapred` API 的用户，YARN 上的 MapReduce 都确保完全的二进制兼容。这些现有的应用程序无须重新编译就可以直接在 YARN 上运行。你可以使用现有针对 MapReduce API 编码的应用程序的 jar 文件，并使用 `bin/hadoop` 直接将其提交给 YARN。

org.apache.hadoop.mapreduce API 源代码的兼容性

不幸的是，业已证明难以确保最初针对 MRv1 `org.apache.hadoop.mapreduce` API 编译的应用程序的完全二进制兼容性。这些 API 都经历过很多变化。例如，许多类不再是抽象类，并被改为接口。YARN 社区最终在这个问题上达成了妥协，仅支持为 `org.apache.hadoop.mapreduce` API 提供源代码兼容性。现有的使用 MapReduce

API 的应用程序是源代码兼容的，并可以不加修改，或针对 Hadoop 2 附带的 MRv2 jar 文件，简单地重新编译或做少量更新，就可以在 YARN 上运行。

命令行脚本的兼容性

绝大多数 Hadoop 1.x 命令行脚本都应该不加任何调整地工作。唯一的例外是 `mradmin`，其功能被从 MRv2 删除，因为 JobTracker 和 TaskTracker 不再存在。Mradmin 功能已被替换成 `rmadmin`。调用 `rmadmin` 的方法是，即使你可以直接调用 API 也要通过命令行。在 YARN 中，当 `mradmin` 命令被执行时，将显示警告消息提醒用户使用 YARN 命令（即 `rmadmin` 命令）。相反，如果用户的应用程序用程序方式调用了 `mradmin`，那么在 YARN 上运行时，这些应用程序将中断。不支持 YARN 下的二进制文件或源代码兼容性。

在 YARN 上运行 Apache Pig 脚本

Pig 是 Hadoop 生态系统中的两个主要数据处理应用程序之一，另一个是 Hive（见第 7 章）。感谢 Pig 社区所做的努力，现有用户的 Pig 脚本不需要做任何修改。Pig 自 0.10.0 版本以来，就支持在 Hadoop 0.23 中的 YARN 上工作，而 Pig 自 0.10.1 版本以来支持使用 Hadoop 2.x 版本。

在 Pig 0.10.1 及更高版本中工作的现有 Pig 脚本将在 YARN 上很好地工作。相比之下，由于一些不兼容的 MapReduce API 和配置，早于 Pig 0.10.x 的版本可能无法直接在 YARN 上运行。

在 YARN 上运行 Apache Hive 查询

由于 Hive 社区所做的工作，从 Hive 0.10.0 开始，现有用户的 Hive 查询不需要做任何更改就能在 YARN 上工作。从 Hive 0.10.0 版本以来，Hive 就支持在 Hadoop 0.23 和 2.x 版本的 YARN 上工作。在 Hive 0.10.0 及更高版本中工作的查询，将不加更改地在 YARN 上工作。然而，与 Pig 一样，早期版本的 Hive 可能无法直接在 YARN 上运行，因为那些 Hive 版本不支持 Hadoop 0.23 和 2.x。

在 YARN 上运行 Apache Oozie 工作流

像 Pig 和 Hive 社区一样，Apache Oozie 社区做了很多工作，以确保现有 Oozie 工作流在 Hadoop 2 上以完全向后兼容的方式运行。从 Oozie 发行版 3.2.0 开始，可以支持 Hadoop 0.23 和 Hadoop 2.x。使用 Oozie 3.2.0 及以上版本，现有 Oozie 工作流可以利用 YARN 0.23 和 2.x 版。

总结和补充资料

管理 Apache Hadoop 集群可能涉及许多不同的服务和问题。两个核心 Hadoop 服务是 YARN 资源管理器和 HDFS。第 9 章介绍的 Apache Ambari 管理图形用户界面,是一个对这些服务进行更改的好工具。本章介绍了几个基本的 YARN 管理主题,包括使用 `rmadmin` 工具、利用 YARN Web 代理、停用 YARN 节点、管理 YARN 的应用程序和设置重要的 YARN 属性。

本章还介绍了与基本 HDFS 管理有关的重要主题和程序。其中包括操作 NameNode 用户界面和学习如何添加 HDFS 用户、运行文件系统检查、平衡数据节点、创建 HDFS 快照,以及启动 HDFS NFSv3 网关。此外,本章还对 HDFS 安全模式和 SecondaryNameNode 提供了背景信息。

本章讨论了容量调度程序这个在 Hadoop 2 内提供的关键功能。本章提供了调度器视图上 YARN 资源管理器用户界面的一个示例。最后,Hadoop 2 的 MapReduce 兼容性和节点容量也是许多程序员需要解决的问题。

其他信息可从以下来源获得:

- **Apache Hadoop YARN 管理**
    - http://hadoop.apache.org/docs/current/(滚动到左下角"配置"下)
    - https://hadoop.apache.org/docs/current/hadoop-yarn/hadoop-yarn-site/YarnCommands.html#Administration_Commands (YARN 管理命令)
    - 书:Murthy, A., et al. 2014. *Apache Hadoop YARN: Moving beyond MapReduce and Batch Processing with Apache Hadoop 2*. Boston, MA: Addison-Wesley. http://www.informit.com/store/apache-hadoop-yarn-moving-beyond-mapreduce-and-batch-9780321934505
- **HDFS 管理**
    - https://hadoop.apache.org/docs/current/hadoop-project-dist/hadoop-hdfs/HdfsUserGuide.html(注意,HDFS 主题菜单在本页的左侧)
    - http://hadoop.apache.org/docs/current/hadoop-project-dist/hadoop-hdfs/HdfsPermissionsGuide.html(HDFS 权限)
    - http://hadoop.apache.org/docs/current/hadoop-project-dist/hadoop-hdfs/HDFSCommands.html(HDFS 命令)

- https://hadoop.apache.org/docs/current/hadoop-project-dist/hadoop-hdfs/HdfsSnapshots.htm（HDFS 快照）
- https://hadoop.apache.org/docs/current/hadoop-project-dist/hadoop-hdfs/HdfsNfsGateway.html（HDFS NFSv3 网关）

■ 容量调度程序管理

- https://hadoop.apache.org/docs/current/hadoop-yarn/hadoop-yarn-site/CapacityScheduler.html（容量调度程序配置）
- 书：Murthy, A., et al. 2014. *Apache Hadoop YARN: Moving beyond MapReduce and Batch Processing with Apache Hadoop 2*. Boston, MA: Addison-Wesley. http://www.informit.com/store/apache-hadoop-yarn-moving-beyond-mapreduce-and-batch-9780321934505（请参阅"Apache Hadoop YARN 管理"）

■ MapReduce 2（MRv2）管理

- https://hadoop.apache.org/docs/current/hadoop-mapreduce-client/hadoop-mapreduce-client-core/MapReduceTutorial.html（MapReduce 和 YARN）
- 书：Murthy, A., et al. 2014. *Apache Hadoop YARN: Moving beyond MapReduce and Batch Processing with Apache Hadoop 2*. Boston, MA: Addison-Wesley. http://www.informit.com/store/apache-hadoop-yarn-moving-beyond-mapreduce-and-batch-9780321934505

附录 A
本书的网页和代码下载

可从下面的链接找到下载代码的网页、问题和解答的论坛、资源链接,以及更新的信息。本书中使用的所有代码和示例都可以从此页面下载。

http://www.clustermonkey.net/Hadoop2-Quick-Start-Guide

附录 B
入门流程图和故障排除指南

流程图有助于你获得所需的内容，而故障排除部分将遍历基本的规则和技巧。

入门流程图

对 Hadoop 初学者来说，图 B.1、图 B.2 和图 B.3 中描绘的流程图对于如何使用本书及在何处可以找到特定的主题提供了一些指导。

常见的 Hadoop 故障排除指南

你无法预测和处理安装的 Hadoop 版本中所有的潜在错误和问题。然而，查找问题有一些基本的方法和位置。此外，错误类型及其解决办法可能会取决于你的具体硬件和软件环境。

如果出了什么差错，如下一般规则和技巧可以帮助你解决它们。请记住，与本书的其余部分一样，提供以下信息的目的是帮助你入门。彻底解决问题可能需要花些功夫并进行一些与 Hadoop 生态系统相关的学习。

规则 1：不要惊慌

错误总会发生。在类似于 Hadoop 的工具和应用程序的复杂系统中，事情可能会出错（并且很可能会出错）。任何根本原因都可能导致出错，包括一个简单的文件系统问题及一些 Hadoop 组件中的实际 BUG。

大海捞针

Hadoop 服务的提示信息非常详细，控制台和日志通常会提供足够的信息，以使你可以查找问题（或至少指出正确的方向）。对于新用户，信息量可能是令人生畏的。

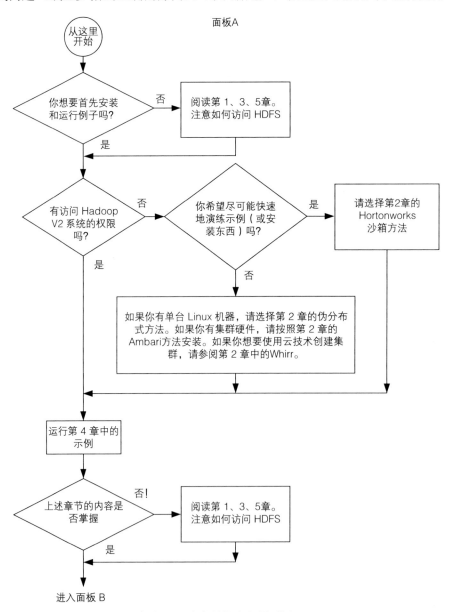

图 B.1　本书导航流程图面板 A

附录 B 入门流程图和故障排除指南 241

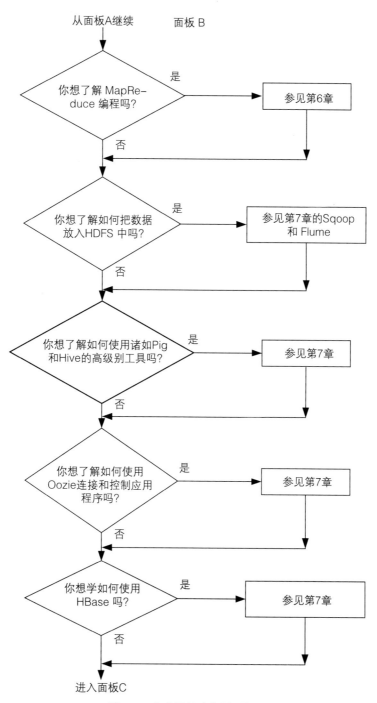

图 B.2 本书导航流程图面板 B

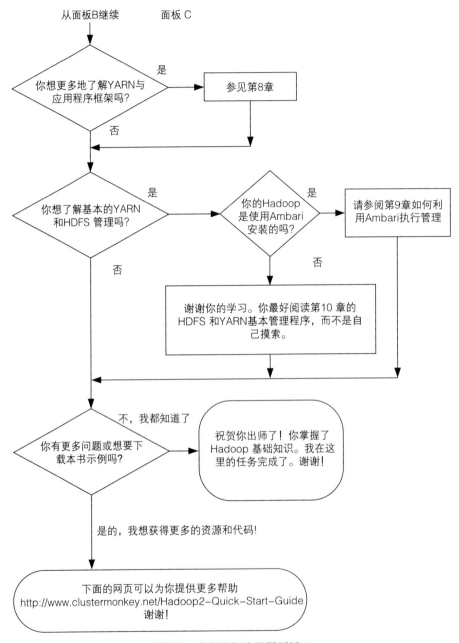

图 B.3 本书导航流程图面板 C

刚开始使用 Hadoop 系统时需要耐心一些。请注意，在学习 Hadoop 的过程中，一定会遇到困难，不会那么顺利。

熟悉似乎会引起问题（或不按预期效果工作）的各种组件的选项和功能对于了解 Hadoop 也是有帮助的。

Apache Hadoop 文档页面（http://hadoop.apache.org/docs/current/，可在左侧菜单看到）中有大量核心组件（HDFS、YARN 和 MapReduce）的最新信息。

理解 Java 错误和消息

如果你是 Java 应用程序的初学者，那么在 Java 上犯的错误往往看起来比实际的问题更糟。例如，考察埋藏在这些程序跟踪消息中的如下错误消息（以粗体突出显示）。使用现有的输出目录运行第 6 章中的 `wordcount.jar` 程序会导致此错误。

```
$ hadoop jar wordcount.jar WordCount war-and-peace war-and-peace-output
15/07/18 15:56:25 INFO impl.TimelineClientImpl: Timeline service address:
http://limulus:8188/ws/v1/timeline/
15/07/18 15:56:25 INFO client.RMProxy: Connecting to ResourceManager at
limulus/10.0.0.1:8050
Exception in thread "main"
org.apache.hadoop.mapred.FileAlreadyExistsException: Output directory
hdfs://limulus:8020/user/hdfs/war-and-peace-output already exists
  at org.apache.hadoop.mapreduce.lib.output.FileOutputFormat.checkOutputSpecs(File
OutputFormat.java:146)
  at org.apache.hadoop.mapreduce.JobSubmitter.checkSpecs(JobSubmitter.java:562)
  at org.apache.hadoop.mapreduce.JobSubmitter.submitJobInternal(JobSubmitter.
java:432)
  at org.apache.hadoop.mapreduce.Job$10.run(Job.java:1296)
  at org.apache.hadoop.mapreduce.Job$10.run(Job.java:1293)
  at java.security.AccessController.doPrivileged(Native Method)
  at javax.security.auth.Subject.doAs(Subject.java:415)
  at org.apache.hadoop.security.UserGroupInformation.doAs(UserGroupInformation.
java:1628)
  at org.apache.hadoop.mapreduce.Job.submit(Job.java:1293)
  at org.apache.hadoop.mapreduce.Job.waitForCompletion(Job.java:1314)
  at WordCount.main(WordCount.java:59)
  at sun.reflect.NativeMethodAccessorImpl.invoke0(Native Method)
  at sun.reflect.NativeMethodAccessorImpl.invoke(NativeMethodAccessorImpl.java:57)
  at sun.reflect.DelegatingMethodAccessorImpl.invoke(DelegatingMethodAccessorImpl.
java:43)
  at java.lang.reflect.Method.invoke(Method.java:606)
  at org.apache.hadoop.util.RunJar.run(RunJar.java:221)
  at org.apache.hadoop.util.RunJar.main(RunJar.java:136)
```

帮助你调试的输出信息有很多，但可以在如下内容附近发现重要的消息：

```
Output directory hdfs://limulus:8020/user/hdfs/war-and-peace-output
already exists
```

（输出目录 hdfs://limulus:8020/user/hdfs/war-and-peace-output 已存在）。为了解决此问题，请删除 `war-and-peace-output` 目录并再次运行此应用程序。

规则 2：安装并使用 Ambari

从管理的角度看，类似 Apache Ambari 的工具很有帮助。此类型的工具能管理 Hadoop 集群的复杂状态。另一种方法是使用 shell 脚本和诸如 `pdsh` 的工具（见第 2 章）。除了自动管理和监测服务以外，Ambari 还将确保包的版本正确并安装依赖项。如果你在创建包含四台或更多台服务器的 Hadoop 集群，请认真考虑 Apache Ambari。

规则 3：检查日志

系统日志是用来查找原因的。日志看起来复杂并充满无关的消息，你的问题的答案可能被埋藏在某个地方的日志中。如果你在日志中找到某些东西，但你并不明白此问题，最好的策略是在互联网上搜索一个类似的问题。这种方法往往可以帮助你解决这一问题，或至少能让你更接近问题的根源。

首先，检查系统日志：也许问题不是 Hadoop 引起的

当发生问题或错误时，快速检查系统日志是个好主意。可能有一个文件的权限错误或一些本地非 Hadoop 服务导致此问题。

检查 Hadoop 服务和应用程序日志

如果系统日志看起来没问题，那么请检查 Hadoop 服务和应用程序日志。应当对服务日志——即，正在运行服务报告的那些日志——进行检查，以确保服务正常工作。错误的性质，可以引导你检查 Hadoop 服务日志的方向。那就是，如果你有一个 HDFS 的问题，那么要查看在 NameNode 和数据节点上的日志，而不是资源管理器或节点管理器日志。不要只是因为某服务在 Java `jps` 命令中显示正常工作（up）就假设它正常工作。如果有疑问，请检查服务日志。很多服务都足够坚固，可以在存在一些错误的情况下继续运行。（在这种情况下，服务假设此错误情况可能会得到解决。）此外，一些服务会启动并运行较短的时间，然后停止。

检查应用程序日志的步骤在第 6 章中介绍了。

请记住，日志不一定在标准的日志位置（例如，`/var/log`）。日志文件的位置在服

务的 XML 配置文件中设置。例如，如果 Oozie 不能正常工作，并已设置把 Oozie 日志文件写入/opt/oozie/logs，那么在/var/log 中寻找日志将是一条死胡同。

默认情况下，Hadoop 系统日志文件是累积性的。那就是，如果你在启动服务时遇到问题，日志将包含以往尝试的所有输出。请确保你正在查看日志的末尾（end）。日志是由 log4j 包（http://logging.apache.org/log4j）管理的。

规则 4：简化情况

一种久经考验的调试技术是将问题简化，看看它是否可以在不那么复杂的环境中重现。Hadoop MapReduce 应用程序可以轻松地作为一个单独的伪分布式或沙箱节点运行，或者，例如 Pig 和 Hive 可以在本地机器上本机运行。此外，数据量也可以减少。一般情况下，MapReduce 应用程序应该能向上扩展（或向下收缩）而无须对用户的程序做任何更改。

在服务方面，如果运行数据节点和节点管理器的所有服务器都按照同样的方法配置，那么只要一台服务器正常工作（或无法正常工作），则所有服务器应该都正常工作（或无法正常工作）。首先，使用少量（一个或两个）集群节点调试这些类型的问题，然后当解决方案已测试通过时，再将其扩展到完整的系统。

规则 5：在互联网上提问

正如前面提到的，在互联网上寻找类似的错误消息会非常有效。别忘了删除任何特定于系统的数据（例如，系统名称和文件路径），使错误消息更一般化。

Apache Hadoop 是一个开放源码项目，并且是 Apache 基金会（http://www.apache.org/）的一部分。它鼓励社区参与并可以在项目网站：http://hadoop.apache.org 上找到 Apache Hadoop 项目的信息。

此外，可以在 Apache 的 JIRA 问题跟踪系统中找到积极讨论的问题。在这个网站上有许多问题、想法和许多重要的讨论。你可以通过查询 https://issues.apache.org/jira/secure/BrowseProjects.jspa#10292 站点看到所有的 Hadoop JIRAs。

请不要把基本的错误和问题张贴到 JIRA 站点，除非你已经确信你已经找到一个真正的 BUG 或问题。其他有用的网站如 StackOverflow（http://stackoverflow.com），也有许多 Hadoop 问题和议题（Hadoop、HDFS、Hive、MapReduce、Apache Pig、HBase 等）的标记。最后，供应商的网站，包括那些由 Hortonworks、Cloudera 和 MapR 运营的网站，有处理许多常见问题的支持表单。

其他有用的提示

下面的提示也可能有助于故障排除。

控制 MapReduce 的信息流

用户首次运行 Hadoop 作业时，通常被产生的数据量震惊。当你第一次研究 Hadoop 或开发应用程序时，这些数据是十分宝贵的。然而，有时这一信息会变得不需要和烦琐。例如，考虑简单的单词计数程序的输出（请参阅第 6 章）。

```
$ hadoop jar wordcount.jar WordCount war-and-peace-input war-and-peace-output
15/07/18 16:21:44 INFO impl.TimelineClientImpl: Timeline service address: http://limulus:8188/ws/v1/timeline/
15/07/18 16:21:44 INFO client.RMProxy: Connecting to ResourceManager at limulus/10.0.0.1:8050
15/07/18 16:21:44 WARN mapreduce.JobSubmitter: Hadoop command-line option parsing not performed. Implement the Tool interface and execute your application with ToolRunner to remedy this.
15/07/18 16:21:45 INFO input.FileInputFormat: Total input paths to process : 1
15/07/18 16:21:45 INFO mapreduce.JobSubmitter: number of splits:1
15/07/18 16:21:45 INFO mapreduce.JobSubmitter: Submitting tokens for job: job_1435349074602_0012
15/07/18 16:21:45 INFO impl.YarnClientImpl: Submitted application application_1435349074602_0012
15/07/18 16:21:45 INFO mapreduce.Job: The url to track the job: http://limulus:8088/proxy/application_1435349074602_0012/
15/07/18 16:21:45 INFO mapreduce.Job: Running job: job_1435349074602_0012
15/07/18 16:21:50 INFO mapreduce.Job: Job job_1435349074602_0012 running in uber mode : false
15/07/18 16:21:50 INFO mapreduce.Job:  map 0% reduce 0%
15/07/18 16:21:56 INFO mapreduce.Job:  map 100% reduce 0%
15/07/18 16:22:01 INFO mapreduce.Job:  map 100% reduce 100%
15/07/18 16:22:01 INFO mapreduce.Job: Job job_1435349074602_0012 completed successfully
15/07/18 16:22:01 INFO mapreduce.Job: Counters: 49
    File System Counters
        FILE: Number of bytes read=630143
        FILE: Number of bytes written=1489265
        FILE: Number of read operations=0
        FILE: Number of large read operations=0
        FILE: Number of write operations=0
        HDFS: Number of bytes read=3288878
        HDFS: Number of bytes written=467839
```

```
        HDFS: Number of read operations=6
        HDFS: Number of large read operations=0
        HDFS: Number of write operations=2
Job Counters
    Launched map tasks=1
    Launched reduce tasks=1
    Data-local map tasks=1
    Total time spent by all maps in occupied slots (ms)=3875
    Total time spent by all reduces in occupied slots (ms)=2816
    Total time spent by all map tasks (ms)=3875
    Total time spent by all reduce tasks (ms)=2816
    Total vcore-seconds taken by all map tasks=3875
    Total vcore-seconds taken by all reduce tasks=2816
    Total megabyte-seconds taken by all map tasks=5952000
    Total megabyte-seconds taken by all reduce tasks=4325376
Map-Reduce Framework
    Map input records=65336
    Map output records=565456
    Map output bytes=5469729
    Map output materialized bytes=630143
    nput split bytes=132
    Combine input records=565456
    Combine output records=41965
    Reduce input groups=41965
    Reduce shuffle bytes=630143
    Reduce input records=41965
    Reduce output records=41965
    Spilled Records=83930
    Shuffled Maps =1
    Failed Shuffles=0
    Merged Map outputs=1
    GC time elapsed (ms)=58
    CPU time spent (ms)=4190
    Physical memory (bytes) snapshot=1053450240
    Virtual memory (bytes) snapshot=3839856640
    vTotal committed heap usage (bytes)=1337458688
Shuffle Errors
    BAD_ID=0
    CONNECTION=0
    IO_ERROR=0
    WRONG_LENGTH=0
    WRONG_MAP=0
    WRONG_REDUCE=0
File Input Format Counters
    Bytes Read=3288746
File Output Format Counters
    Bytes Written=467839
```

快速减少由该程序产生的信息量的一种方法是设置$HADOOP\_ROOT\_LOGGER$ 环境变量。以下各行命令将关闭这个作业的 `INFO` 消息：

```
$ export HADOOP_ROOT_LOGGER="console"
$ hadoop jar wordcount.jar  WordCount war-and-peace-input war-and-peace-output
```

虽然没有消息被打印，但可以通过检查输出目录来确认作业的输出。

```
hdfs dfs -ls war-and-peace-output
Found 2 items
-rw-r--r--   2 hdfs hdfs          0 2015-07-18 16:30 war-and-peace-output/_SUCCESS
-rw-r--r--   2 hdfs hdfs     467839 2015-07-18 16:30 war-and-peace-output/
part-r-00000
```

通过取消$HADOOP\_ROOT\_LOGGER$ 变量，可以恢复默认值。可以在 Hadoop 配置目录中的 `log4j.properties` 文件中永久设置消息级别。请参阅下面的行：

```
hadoop.root.logger=INFO,console
```

允许的消息级别是 `OFF`、`FATAL`、`ERROR`、`WARN`、`INFO`、`DEBUG`、`TRACE` 和 `ALL`（关闭、致命错误、错误、警告、信息、调试、跟踪和所有）。

启动和停止 Hadoop 守护程序

如果你未使用类似 Ambari 的工具管理 Hadoop 守护进程，如下提示可能会有所帮助。

如果你正在使用 Hadoop 脚本启动和停止服务，当试图停止某个服务时，你可能会收到下面的通知：

```
# /opt/hadoop-2.6.0/sbin/yarn-daemon.sh stop resourcemanager
```

```
no resourcemanager to stop (没有resourcemanager 可停止)
```

但是，当你检查系统时，你将看到 ResourceManager 仍在运行。导致这种混淆的原因是，必须由启动 Hadoop 服务的用户来停止此服务。与系统进程不同，`root` 用户不能清除任何正在运行的 Hadoop 进程。当然，`root` 用户可以清除运行此服务的 Java 进程，但这不是一种干净的清除方法。

启动和停止 Hadoop 服务也有优先顺序。虽然也可以按任何顺序启动这些服务，但更有序的方法有助于最大限度地减少启动的问题。核心服务应该按如下顺序启动。

对于 YARN，按此顺序启动（按相反的顺序关闭）：

1. NameNode

2. 所有数据节点
3. SecondaryNameNode

对于 YARN，按此顺序启动（按相反的顺序关闭）

1. ResourceManager
2. 所有 NodeManagers
3. MapReduceHistoryServer

可以独立启动 HDFS 和 YARN 的服务。Apache Ambari 会自动管理启动/关闭的顺序。

NameNode 重新格式化

正如其他文件系统那样，在 HDFS 中的格式化操作会删除所有数据。如果你选择重新格式化以前安装并运行的 HDFS 系统，请注意数据节点和/或 SecondaryNameNode 不会与新格式化的 NameNode 一起启动。如果你检查数据节点日志，你将看到类似于以下的内容：

```
2015-07-20 12:00:56,446 FATAL org.apache.hadoop.hdfs.server.datanode.DataNode:
Initialization failed for Block pool <registering> (Datanode Uuid unassigned)
service to localhost/127.0.0.1:9000. Exiting.
java.io.IOException: ncompatible clusterIDs in /var/data/hadoop/hdfs/dn: namenode
clusterID = CID-b611ee00-cbce-491f-8efd-c46a6dd6587a; datanode
clusterID = CID-9693dc8e-3c5c-4c34-b8b6-1039460183a7
```

NameNode 的新格式化已给予它新的集群 ID（CID-b611ee00-cbce-491f-8efd-c46a6dd6587a）。数据节点正在使用旧的集群 ID（CID-9693dc8e-3c5c-4c34-b8b6-1039460183a7）。解决方法是删除数据节点和 SecondaryNameNode 创建的所有数据，然后重新启动守护程序。例如，以下命令将清除掉旧的本地（local）数据节点目录。（这些步骤假定 SecondaryNameNode 和所有数据节点都处在停止状态。）

```
$ rm -r /var/data/hadoop/hdfs/dn/current/
$ /opt/hadoop-2.6.0/sbin/hadoop-daemon.sh start datanode
```

这里使用的数据节点路径在 `hdfs-site.xml` 文件中设置。必须针对每个单独的数据节点执行此步骤。类似地，SecondaryNameNode 必须使用下列命令重置：

```
$ rm -r /var/data/hadoop/hdfs/snn/current
$ /opt/hadoop-2.6.0/sbin/hadoop-daemon.sh start namenode
```

数据节点和 SecondaryNameNode 应该会启动，并且一个新的干净（空）HDFS 映像应该可供使用。数据节点的旧数据是不可能保留和回收的(即不要删除 `current` 目录)，除非你可以恢复 NameNode 元数据并更改集群 ID 以匹配新的 NameNode 的集群 ID。

NameNode 故障和可能的恢复方法

以下的一般提示可能有助于解决 NameNode 问题。谨慎行事并请注意，在处理一些 NameNode 问题时，可能会导致数据丢失。

NameNode 是 HDFS 运作必不可少的。出于此原因，在生产系统上，它应在高可用性模式下实现或至少在一台有弹性的服务器（即，冗余电源和磁盘）上实现。第一层的冗余可以通过配置 NameNode 写入多个存储目录来创建，包括，如果可能的话，写入一台远程 NFS 装载点（使用 NFS `soft` 装载）。额外的目录是主目录的镜像。可以从镜像数据来恢复带有损坏或丢失的文件系统的 NameNode。

如果其他一切都失败了，并且一个以前正常工作的 Namenode 无法启动并显示类似于以下内容的错误消息，**不要格式化 NameNode（do not reformat the NameNode）**。这些消息表明以前正常工作的 NameNode 服务找不到有效的 NameNode 目录。

```
2015-07-20 09:15:19,207 WARN org.apache.hadoop.hdfs.server.namenode.FSNamesystem:
Encountered exception loading fsimage (加载 fsimage 发生异常)
java.io.IOException: NameNode is not formatted.(NameNode 未格式化)

2015-07-20 09:10:49,651 WARN org.apache.hadoop.hdfs.server.namenode.FSNamesystem:
Encountered exception loading fsimage (加载 fsimage 发生异常)
org.apache.hadoop.hdfs.server.common.InconsistentFSStateException:
Directory /var/data/hadoop/hdfs/nn is in an inconsistent state: storage
directory does not exist or is not accessible.(目录 /var/data/hadoop/hdfs/nn 处于不一致状态：存储
目录不存在或不可访问。)
```

这些错误通常是本地计算机的文件系统出故障、损坏或不可用导致的。检查在 `hdfs-site.xml` 文件中下面的属性所设置的目录，被正确地装载且工作正常。正如前面提到的，此属性可以包括多个目录用于冗余。

```
<property>
  <name>dfs.namenode.name.dir</name>
  <value>file:/var/data/hadoop/hdfs/nn</value>
</property>
```

如果此 NameNode 目录（或多个目录）不可恢复，那么可以使用镜像的副本来还原 NameNode 状态。作为最后的手段，如果最新的检查点完好无损，则可用于还原 NameNode。请注意，在这个过程中可能会丢失一些数据。如果映像和编辑文件的所有其他副本都丢失了，则可以把最新的检查点导入到 NameNode。以下步骤将恢复最新的 NameNode 检查点。

1. 创建一个在 `dfs.namenode.name.dir` 配置变量中指定的空目录。
2. 在配置变量 `dfs.namenode.checkpoint.dir` 中指定检查点目录的位置。
3. 使用 `-importCheckpoint` 选项启动 NameNode：

```
$ hadoop daemon.sh start namenode importCheckpoint
```

NameNode 将把检查点从 `dfs.namenode.checkpoint.dir` 目录中上传，然后将它保存到在 `dfs.namenode.name.dir` 中设置的 NameNode 目录中。

如果在 `dfs.namenode.name.dir` 中包含一个合法的映像，那么 NameNode 将失败。NameNode 会验证 `dfs.namenode.checkpoint.dir` 中的映像是一致的，但不会以任何方式修改它。

在完成第 3 步之后，尝试启动数据节点。如果它们无法启动，请检查日志——可能有一个集群的问题。如果数据节点启动了，HDFS 最有可能处在安全模式下，并需要执行文件系统检查。首先，检查安全模式：

```
$ hdfs dfsadmin -safemode get
```

如果安全模式处于打开状态，请将它关闭。如果安全模式无法关闭，则可能有更大的问题。请检查 NameNode 日志：

```
$ hdfs dfsadmin -safemode leave
```

接下来，检查文件系统的问题：

```
$ hdfs fsck /
```

如果有损坏的块或文件，请用下面的命令删除它们：

```
$ hdfs fsck / -delete
```

你的 HDFS 文件系统应该是可用的，但不能保证所有的文件都可用。

附录 C

按主题列出的 Apache Hadoop 资源汇总

以下是按每章主题列出的资源汇总。在本书网页上有此列表（带有更新与可点击的链接）的在线版本（见附录 A）。

常规的 Hadoop 信息

- Apache Hadoop 主网站：http://hadoop.apache.org。
- Apache Hadoop 文档网站：http://hadoop.apache.org/docs/ current/index.html。
- Wikipedia: http://en.wikipedia.org/wiki/Apache_Hadoop
- 书籍：Murthy, Arun C., et al. 2014. *Apache Hadoop YARN: Moving beyond MapReduce and Batch Processing with Apache Hadoop 2,*Boston, MA: Addison-Wesley,http://www.informit.com/store/apache-hadoop-yarn-moving-beyond-mapreduce-and-batch-9780321934505。
- 培训视频：Ha doop Fun da mentals Live Lessons, second edition, http:// www.informit.com/store/hadoop-fundamentals-livelessons-video-training-9780134052403。

Hadoop 安装攻略

可以从以下资源发现额外的安装方法信息和背景知识。

- Apache Hadoop XML 配置文件的说明
  - https://hadoop.apache.org/docs/stable/（滚动到 Configuration 下面左下角的位置）

- 官方 Hadoop 资源和受支持的 Java 版本
    - http://www.apache.org/dyn/closer.cgi/hadoop/common/
    - http://wiki.apache.org/hadoop/HadoopJavaVersions.
- Oracle VirtualBox
    - https://www.virtualbox.org
- Hortonworks Hadoop 沙箱（虚拟机）
    - http://hortonworks.com/hdp/downloads.
- Ambari 项目页面
    - https://ambari.apache.org/
- Ambari 安装指南
    - http://docs.hortonworks.com/HDPDocuments/Ambari-1.7.0.0/Ambari_Install_v170/Ambari_Install_v170.pdf.
- Ambari 故障排除指南
    - http://docs.hortonworks.com/HDPDocuments/Ambari-1.7.0.0/Ambari_Trblshooting_v170/Ambari_Trblshooting_v170.pdf.
- Apache Whirr 云工具
    - https://whirr.apache.org

HDFS

- HDFS 背景知识
    - http://hadoop.apache.org/docs/stable1/hdfs_design.html
    - http://developer.yahoo.com/hadoop/tutorial/module2.html
    - http://hadoop.apache.org/docs/stable/hdfs_user_guide.html
- HDFS 用户命令
    - http://hadoop.apache.org/docs/stable/hadoop-project-dist/hadoop-hdfs/HDFSCommands.html
- HDFS Java programming
    - http://wiki.apache.org/hadoop/HadoopDfsReadWriteExample
- 用 C 编写 HDFS libhdfs 程序

- http://hadoop.apache.org/docs/stable/hadoop-project-dist/hadoop-hdfs/LibHdfs.html

示例

- Pi 基准测试程序
  - https://hadoop.apache.org/docs/current/api/org/apache/hadoop/examples/pi/package-summary.html
- Terasort 基准测试程序
  - https://hadoop.apache.org/docs/current/api/org/apache/hadoop/examples/terasort/package-summary.html
- 对一个 Hadoop Cluster 执行基准测试和压力测试
  - http://www.michael-noll.com/blog/2011/04/09/benchmarking-and-stress-testing-an-hadoop-cluster-with-terasort-testdfsio-nnbench-mrbench（使用 Hadoop V1 举例，也适用于在 Hadoop V2 中工作）

MapReduce

- https://developer.yahoo.com/hadoop/tutorial/module4.html（基于 Hadoop 1，但仍是一篇良好的 MapReduce 背景知识介绍）
- http://en.wikipedia.org/wiki/MapReduce
- http://research.google.com/pubs/pub36249.html

MapReduce 编程

- Apache Hadoop Java MapReduce 示例
  - http://hadoop.apache.org/docs/current/hadoop-mapreduce-client/hadoop-mapreduce-client-core/MapReduceTutorial.html#Example:_WordCount_v1.0
- Apache Hadoop 流式传输的示例
  - http://hadoop.apache.org/docs/r1.2.1/streaming.html
  - http://www.michael-noll.com/tutorials/writing-an-hadoop-mapreduce-program-in-p

ython
- **Apache Hadoop 管道示例**
  - http://wiki.apache.org/hadoop/C++WordCount
  - https://developer.yahoo.com/hadoop/tutorial/module4.html#pipes
- **Apache Hadoop Grep 示例**
  - http://wiki.apache.org/hadoop/Grep
  - https://developer.yahoo.com/hadoop/tutorial/module4.html#chaining
- **调试 MapReduce**
  - http://wiki.apache.org/hadoop/HowToDebugMapReducePrograms
  - http://hadoop.apache.org/docs/current/hadoop-mapreduce-client/hadoop-mapreduce-client-core/MapReduceTutorial.html#Debugging

基本工具

- **Apache Pig 脚本语言**
  - http://pig.apache.org/
  - http://pig.apache.org/docs/r0.14.0/start.html
- **Apache Hive 类似于 SQL 的查询语言**
  - https://hive.apache.org/
  - https://cwiki.apache.org/confluence/display/Hive/GettingStarted
  - http://grouplens.org/datasets/movielens（示例数据）
- **Apache Sqoop RDBMS 导入/导出**
  - http://sqoop.apache.org
  - http://dev.mysql.com/doc/world-setup/en/index.html（示例数据）
- **Apache Flume 流式数据和传输实用程序**
  - https://flume.apache.org
  - https://flume.apache.org/FlumeUserGuide.html
- **Apache Oozie 工作流管理器**
  - http://oozie.apache.org
  - http://oozie.apache.org/docs/4.0.0/index.html

- Apache HBase 分布式数据库
  - http://hbase.apache.org/book.html
  - http://hbase.apache.org
  - http://research.google.com/archive/bigtable.html（谷歌 Big Table 论文）
  - http://www.google.com/finance/historical?q=NASDAQ:AAPL\&authuser=0\&output=csv （示例数据）

YARN 应用程序框架

- Apache Hadoop YARN 开发
  - 书：Murthy, A., et al. 2014. *Apache Hadoop YARN: Moving beyond MapReduce and Batch Processing with Apache Hadoop 2,* Boston, MA: Addison-Wesley. http://www.informit.com/store/apache-hadoop-yarn-moving-beyond-mapreduce-and-batch-9780321934505
  - http://hadoop.apache.org/docs/r2.7.0/hadoop-yarn/hadoop-yarn-site/WritingYarnApplications.html
  - MemcacheD On YARN：http://hortonworks.com/blog/how-to-deploy-memcached-on-yarn/Hortonworks YARN 资源；http://hortonworks.com/get-started/yarn
- Apache Hadoop YARN 框架
  - 参见每个单独的描述结束处的网页引用。

Ambari 管理

- https://ambari.apache.org

基本的 Hadoop 管理

- Apache Hadoop YARN 管理
  - http://hadoop.apache.org/docs/current/ （滚动到左下角"配置"下）
  - https://hadoop.apache.org/docs/current/hadoop-yarn/hadoop-yarn-site/

YarnCommands.html#Administration_Commands（YARN 管理命令）

- 书：Murthy, A., et al. 2014. *Apache Hadoop YARN: Moving beyond MapReduce and Batch Processing with Apache Hadoop 2*. Boston, MA: Addison-Wesley. http://www.informit.com/store/apache-hadoop-yarn-moving-beyond-mapreduce-and-batch-9780321934505

- HDFS 管理

  - https://hadoop.apache.org/docs/current/hadoop-project-dist/hadoop-hdfs/HdfsUserGuide.html（注意 HDFS 主题菜单在本页的左侧）

  - http://hadoop.apache.org/docs/current/hadoop-project-dist/hadoop-hdfs/HdfsPermissionsGuide.html（HDFS 权限）

  - http://hadoop.apache.org/docs/current/hadoop-project-dist/hadoop-hdfs/HDFSCommands.html（HDFS 命令）

  - https://hadoop.apache.org/docs/current/hadoop-project-dist/hadoop-hdfs/HdfsSnapshots.htm（HDFS 快照）

  - https://hadoop.apache.org/docs/current/hadoop-project-dist/hadoop-hdfs/HdfsNfsGateway.html（HDFS NFSv3 网关）

- 容量调度程序管理

  - https://hadoop.apache.org/docs/current/hadoop-yarn/hadoop-yarn-site/CapacityScheduler.html（容量调度程序配置）

  - 书：Murthy, A., et al. 2014. *Apache Hadoop YARN: Moving beyond MapReduce and Batch Processing with Apache Hadoop 2*. Boston, MA: Addison-Wesley. http://www.informit.com/store/apache-hadoop-yarn-moving-beyond-mapreduce-and-batch-9780321934505（请参阅"Apache Hadoop YARN 管理"）

- MapReduce 第 2 版（MRv2）管理

  - https://hadoop.apache.org/docs/current/hadoop-mapreduce-client/hadoop-mapreduce-client-core/MapReduceTutorial.html（MapReduce 和 YARN）

  - 书：Murthy, A., et al. 2014. *Apache Hadoop YARN: Moving beyond MapReduce and Batch Processing with Apache Hadoop 2*. Boston, MA: Addison-Wesley. http://www.informit.com/store/apache-hadoop-yarn-moving-beyond-mapreduce-and-batch-9780321934505

附录 D
安装 Hue Hadoop GUI

Hue（Hadoop User Experience，Hadoop 用户体验）是一个基于浏览器的环境，它使你能够轻松地与安装完成的 Hadoop 进行交互。Hue 包括几个方便使用的应用程序，可以帮助你使用前面讨论过的许多 Hadoop 组件。Hue 应用程序在 Web 浏览器中运行，并且不需要安装任何 Web 客户端软件。Hue 的当前版本支持 HDFS 文件浏览器、资源管理器接口、Hive、Pig、Oozie、HBase，等等。Hue 可以在 Chrome、Firefox 和 Safari 浏览器中工作。此外还支持 IE 9 和 IE 10。

在第 2 章"安装攻略"中介绍的 Hortonworks 虚拟 Hadoop 沙箱使用了 Hue 界面。利用沙箱安装或按照以下 Ambari 安装说明进行操作，就可以研究完整的 Hue 界面。

尽管你可以手工安装 Hue，但在 Cloudera、Hortonworks 或 MapR 发行版本中使用它是最容易的。

以下说明解释了如何在 Hortonworks HDP 2.2 与 Ambari 上安装 Hue。更多的信息和教程可以在 Hue 网站：http://gethue.com/找到。

Hue 安装

对于此示例，我们假定采用以下的软件环境。这里的 Ambari 环境与第 2 章和第 9 章所使用的环境相同。

- 操作系统：Linux
- 平台：RHEL 6.6
- Hortonworks HDP 2.2.4，配备 Hadoop 版本：2.6
- Hue 版本：2.6.1-2

安装 Hue 需要几个配置步骤。本附录将使用 Ambari 更改 Hadoop XML 配置文件，而 hue.ini 文件将被手工编辑。Hortonworks HDP 文档中提供了更详细的说明，参见：http://docs.hortonworks.com/HDPDocuments/HDP2/HDP-2.1.7/bk_installing_manually_book/content/rpm-chap-hue.html。

使用 Ambari 执行的步骤

我们将使用 Ambari 更改 Hue 所需的各种属性。更改属性在第 9 章中介绍。简单地说，对于这里提到的每个属性，移到 Ambari 的服务选项卡，选择此服务，并单击"配置"选项卡。配置窗体应显示在窗口中。在某些情况下，将需要添加此属性。不要手工编辑 Hadoop 配置文件。

当你要添加属性时，在每个服务的自定义 XML 文件部分中将显示一个"添加属性"链接。新的属性使用的<name>字段是用在图 D.1 的示例对话框窗口中的 Key 字段的值。另外，当 Ambari 要求添加说明时不要忘记这样做。

步骤 1：修改 HDFS 服务和代理用户

打开 Ambari 控制台，移动到服务选项卡下的 HDFS 并选择配置。请确保在配置窗体的总标题下启用了 dfs.webhdfs.enabled 属性。如果未启用，请勾选启用框。这个设置对应位于/etc/hadoop/conf 目录中的 hdfs-site.xml 文件的以下设置：

```
<property>
  <name>dfs.webhdfs.enabled</name>
  <value>true</value>
</property>
```

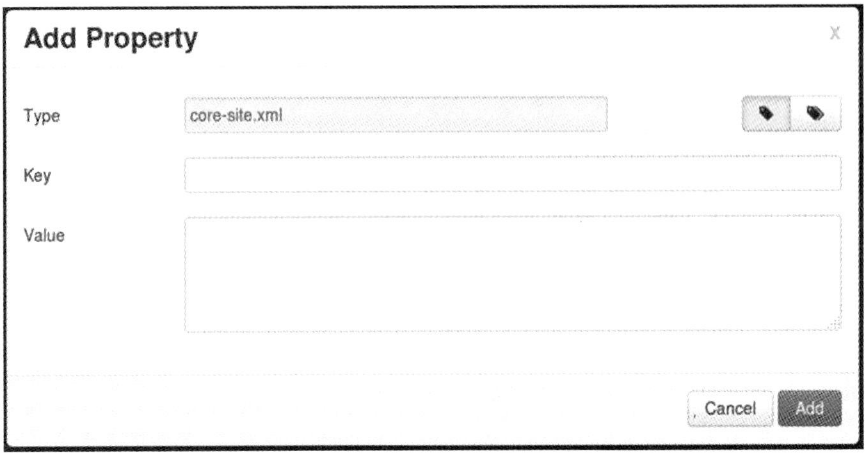

图 D.1　Ambari 添加属性的示例窗口

接下来，查看"自定义 core-site"标题下方的 HDFS 属性窗体，然后单击小三角形打开下拉型窗体。使用窗体底部的"添加属性..."链接，添加下面的属性和值。(注意，<name>标记在这里指的是输入表单中的 Key 字段)。这些附加项对应于位于 /etc/hadoop/conf 目录中 core-site.xml 文件的设置。当你完成时，选择保存并添加你的说明，但不要重新启动服务。

```
<property>
  <name>hadoop.proxyuser.hue.hosts</name>
  <value>*</value>
</property>

<property>
  <name>hadoop.proxyuser.hue.groups</name>
  <value>*</value>
</property>

<property>
  <name>hadoop.proxyuser.hcat.groups</name>
  <value>*</value>
</property>

<property>
  <name>hadoop.proxyuser.hcat.hosts</name>
  <value>*</value>
</property>
```

步骤 2：修改 Hive Webhcat 服务

移动到 Hive 服务窗口，寻找"自定义 webhcat-site"标题。打开此窗体并添加以下两个属性。这些属性（由 Ambari）放置在位于 /etc/hive-webhcat/conf 目录的 webhcat-site.xml 文件中。当你完成时，选择保存并添加你的说明，但不要重新启动服务。

```
<property>
  <name>webhcat.proxyuser.hue.hosts</name>
  <value>*</value>
</property>

<property>
  <name>webhcat.proxyuser.hue.groups</name>
  <value>*</value>
</property>
```

步骤 3：修改 Oozie 工作流服务

最后，移到 Oozie 服务窗口并打开"自定义 oozie-site"窗体。

向表单中添加以下属性。这些属性（由 Ambari）放置在位于 `/etc/oozie/conf` 目录的 `oozie-site.xml` 文件中。当你完成时，选择保存并添加你的说明，但不要重新启动服务。

```
<property>
  <name>oozie.service.ProxyUserService.proxyuser.hue.hosts</name>
  <value>*</value>
</property>

<property>
  <name>oozie.service.ProxyUserService.proxyuser.hue.groups</name>
  <value>*</value>
</property>
```

步骤 4：重新启动所有服务

一旦完成了更改，就可以重新启动服务。首先，启动 HDFS，然后继续启动 YARN 和要求重新启动的其余服务。所有服务都应能重新启动（假定它们以前都没有问题）。

安装和配置 Hue

Hue 只需要在单一的 Hue 客户端节点上安装。它不需要在整个集群中安装。以下命令将安装所有的 Hue 包：

```
# yum install hue
```

一旦安装了 Hue，你需要修改你的系统的 `/etc/hue/conf/hue.ini` 文件。此示例不会配置 ssl（https）版本的 Hue。

在 `[desktop]` 标题下，设置 `secret_key` 值。（不要使用在这里给出的那个值，因为它对本书读者不是一个秘密。）

```
# Set this to a random string, the longer the better.(#将此设置为一个随机字符串，越长越好)
# This is used for secure hashing in the session store.(#这用于在会话存储区中的安全散列)
secret_key=rhn7&*mmsdmm.ssss;sns7%n)*icnq
```

接下来，将时区变量设置为你的时区（时区的取值见 https://en.wikipedia.org/wiki/List_of_tz_database_time_zones）。

```
time_zone=America/New_York
```

在 [hadoop][[[default]]] 下的部分，更改以下内容以反映在其上运行服务的主机名。这些值应与你的 core-site.xml 和 hdfs-site.xml 的文件中相应的主机名和端口值匹配。在下面的示例中，localhost 被更改为 limulus。

```
# Enter the filesystem uri(输入文件系统 uri)
fs_defaultfs=hdfs://limulus:8020
# Use WebHdfs/HttpFs as the communication mechanism. To fallback to(使用 WebHdfs/HttpFs 作为通信机制。)
# using the Thrift plugin (used in Hue 1.x), this must be uncommented[若要回退到使用 Thrift 插件(用于Hue 1.x)]
# and explicitly set to the empty value.(必须取消这个属性的注释并将它显式设置为空值。)
webhdfs_url=http://limulus:50070/webhdfs/v1/
webhdfs_url = http://limulus:50070/webhdfs/v1/
```

在[beeswax]下的部分，请取消 ## hive_conf_dir= /etc/hive/conf 一行的注释，结果如下所示：

```
# Hive configuration directory, where ## hive-site.xml is located(Hive 配置目录，在那里保存##hive-site.xml)
hive_conf_dir=/etc/hive/conf
```

启动 Hue

Hue 是作为服务启动的。一旦其配置完成，就可以用下面的命令启动它：

```
# service hue start
```

当 Hue 启动后，控制台输出应该类似于以下内容：

```
Detecting versions of components...
HUE_VERSION=2.6.1-2
HDP=2.2.4
Hadoop=2.6.0
Pig=0.14.0
Hive-Hcatalog=0.14.0
Oozie=4.1.0
Ambari-server=1.7-169
HBase=0.98.4
Knox=0.5.0
Storm=0.9.3
Falcon=0.6.0
Starting hue: [ OK ]
```

Hue 用户界面

要进入 Hue 的用户界面，请使用浏览器打开 http://localhost:8000。例如，使用火狐浏览器，命令如下：

```
$ firefox http://localhost:8000
```

当你首次连接到 Hue 时，会出现如图 D.2 所示的窗口。首次登录需要输入 Hue 的管理员的用户名和密码。在此示例中，使用用户名 `hue-admin`，密码 `admin`。

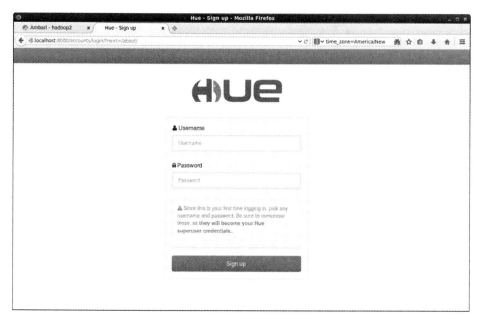

图 D.2　Hue 初始登录屏幕

一旦你登录，就会显示如图 D.3 所示的配置窗口。要确保一切工作正常，请单击绿色条下面的"Check for misconfiguration"（检查配置错误）选项卡。

如果配置是有效的，Hue 将显示如图 D.4 所示的消息。对于任何无效的配置，Hue 在顶部的绿色导航图标栏上显示一个红色的警报图标。

一旦你确定已完成一个有效的安装，你需要添加用户。你点击在图 D.5 中以深绿色包围的"用户"图标，将显示如图 D.5 所示的 Hue 用户窗口。在这里，可以将用户添加到 Hue 界面。

最后，图 D.6 所示的 Hue 导航图标栏提供了各种组件的界面。各个图标分别表示以下功能（从左到右）：关于 Hue、HiveHive Beeswax 界面、Pig、HCatalog、文件浏览器、作业浏览器、作业设计器、Oozie 编辑器仪表板、用户管理和帮助。

通过单击图标并访问在 http://gethue.com/ 的教程，你可以了解更多关于 Hue 和它包含的 Hadoop 组件的信息。

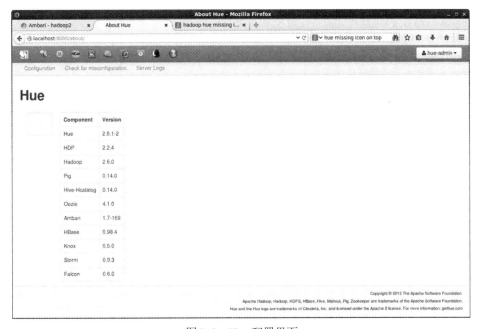

图 D.3　Hue 配置界面

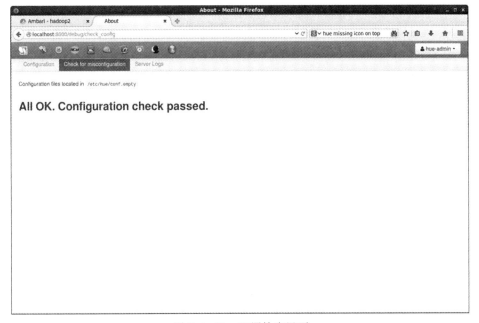

图 D.4　Hue 配置检查界面

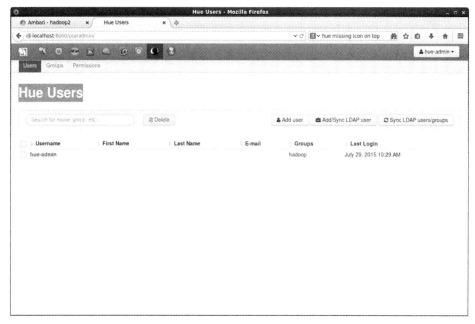

图 D.5　Hue 用户管理界面

图 D.6　Hue 主图标栏

附录 E

安装 Apache Spark

如第 8 章"Hadoop YARN 应用程序"所述，Apache Spark 是一个内存中的快速数据处理引擎。Spark 在两方面有别于经典的 MapReduce 模型。第一，Spark 把中间结果保存在内存，而不是写到磁盘。第二，Spark 不仅支持 MapReduce 功能，还极大地拓展了可以在 HDFS 数据存储中执行的分析的可能集合。它还提供了 Scala、Java、Python 语言的 API。Spark 已被完全集成在 YARN 下运行。

在撰写本文时，Apache Spark 还未完全融入 Hortonworks HDP Hadoop 发行版本 2.2.4。下一版本将把 Spark 作为一个完全集成的 Ambari 和 HDP 组件包括在内。

如本附录所示，Spark 可以在 HDP 安装版本中一起安装和使用。

在集群上安装 Spark

对于此安装示例，我们假设采用下面的软件环境。集群与第 2 章"安装攻略"和第 9 章"使用 Apache Ambari 管理 Hadoop"采用相同的四节点系统。

- 操作系统：Linux
- 平台：RHEL 6.6
- Hortonworks HDP 2.2.4，配备 Hadoop 版本：2.6
- Spark 版本：1.4.1-bin-hadoop2.6

Spark 的安装是在 Ambari 之外进行的。在此示例中，Spark 被安装在/usr 中，但可以使用任何位置，只要它在所有节点上都相同即可。以 root 身份执行安装。

1. 从 http://spark.apache.org/downloads.html 下载匹配你的 Hadoop 版本的二进制 tar 文件版本的 Spark。用于此安装的版本是 Spark-1.4.1-bin-hadoop2.6.tgz。将此安装包保存在/tmp 中。

2. 在主节点上提取 Spark 的二进制包。

   ```
   # cd /usr
   # tar xvzf /tmp/spark-1.4.1-bin-hadoop2.6.tgz
   ```

3. 在你想要运行 Spark 的每个节点上的相同位置提取这个包。在本例中，可以按如下方法使用第 2 章中介绍的 `pdsh` 命令。将 Spark 二进制 tar 文件复制到 NSF 的共享目录，例如（/home）。然后使用 pdsh 提取此文件。注意，pdcp 不安装在节点上，所以不能用于这一步骤。如果你没有安装 pdsh，则可以手工操作或用一个合适的 `bash` 脚本完成这些步骤。

   ```
   # cp /tmp/spark-1.4.1-bin-hadoop2.6.tgz/home/
   # pdsh -w n[0-2] "cd /usr; tar xvzf /home/spark-1.4.1-bin-hadoop2.6.tgz "
   # /bin/rm /home/spark-1.4.1-bin-hadoop2.6.tgz
   ```

4. 移动到 Spark `conf` 目录（`/usr/spark-1.4.1-bin-hadoop2.6/conf`），创建从属文件，并输入从属节点。下面的示例是以前使用的包含一个主节点（`limulus`）和三个工作节点（`n0`、`n1`、`n2`）的四节点集群。`localhost` 条目将在主节点上启动一个 Spark 工作节点。

   ```
   # A Spark Worker will be started on each of the machines listed below.（Spark 工作节点将在下面列出的每台机器上启动）
   localhost
   n0
   n1
   n2
   ```

在整个集群中启动 Spark

最后，定义 $SPARK_HOME 并转到主节点上的 `sbin` 目录。在那个地方，使用 `start-all.sh` 脚本启动主节点和工作节点上的 Spark。

```
# export SPARK_HOME=/usr/spark-1.4.1-bin-hadoop2.6/
# cd $SPARK_HOME/sbin
# ./start-all.sh
```

日志将在每台机器的$SPARK_HOME/logs 目录中放置。例如，下面的日志（一个主日志和一个辅助日志）在主节点上存在。与 Hadoop 日志文件不同，Spark 日志文件都以 `out` 标记结束。

```
spark-root-org.apache.spark.deploy.master.Master-1-limulus.out
```

```
spark-root-org.apache.spark.deploy.worker.Worker-1-limulus.out
```

三个工作节点各自都有一个日志文件。例如在节点 n0 上，将创建具有以下名称的单个日志文件：

```
spark-root-org.apache.spark.deploy.worker.Worker-1-n0.out
```

检查日志中的任何问题。尤其是，如果 `iptables`（或一些其他防火墙）正在运行，请确保它不会阻止从属节点联系主节点。如果一切运行正常，应在主日志中显示类似于以下内容的消息。应列出注册成功的所有四个工作节点，包括本地节点。Spark 主 URL（`spark://limulus:7077`），也在输出中提供了。

```
...
INFO Master: Starting Spark master at spark://limulus:7077
INFO Master: Running Spark version 1.4.1
WARN Utils: Service 'MasterUI' could not bind on port 8080. Attempting port 8081.
INFO Utils: Successfully started service 'MasterUI' on port 8081.
INFO MasterWebUI: Started MasterWebUI at http://10.0.0.1:8081
INFO Master: I have been elected leader! New state: ALIVE
INFO Master: Registering worker 10.0.0.1:54856 with 4 cores, 22.5 GB RAM
INFO Master: Registering worker 10.0.0.11:34228 with 4 cores, 14.6 GB RAM
INFO Master: Registering worker 10.0.0.12:49932 with 4 cores, 14.6 GB RAM
INFO Master: Registering worker 10.0.0.10:36124 with 4 cores, 14.6 GB RAM
```

Spark 提供了一个 Web 用户界面，其地址在日志中给出。如 MasterWebUI 的地址是 http://10.0.0.1:8081。在主节点上的浏览器中输入此地址，将显示如图 E.1 所示的界面。请注意，Ambari 使用默认端口 8080。在本例中，Spark 使用 8081 端口。

图 E.1　有四个工作节点的 Spark 用户界面

在伪分布式的单节点安装版本中安装和启动 Spark

第 2 章"安装攻略"介绍了一个单节点（台式机和笔记本）的 Hadoop 伪-分布式的安装。在这种模式下，也可以很容易地安装 Spark。

1. 从 http://spark.apache.org/downloads.html 下载匹配你的 Hadoop 版本的二进制 tar 文件版本的 Spark。用于此安装的版本是 `Spark-1.4.1-bin-hadoop2.6.tgz`。将此安装包保存在 `/tmp` 中。

2. 在主节点上提取 Spark 的二进制包。

   ```
   # cd /usr
   # tar xvzf /tmp/spark-1.4.1-bin-hadoop2.6.tgz
   ```

3. 定义 `$SPARK_HOME`，然后转到该目录中，并运行 `start-all.sh` 脚本。
   Spark 将在主机上启动一个主节点和一个辅助节点。

   ```
   # export SPARK_HOME=/opt/spark-1.4.1-bin-hadoop2.6/
   # cd $SPARK_HOME
   # ./sbin/start-all.sh
   ```

4. 检查日志，以确保主节点和工作节点都正常启动。

   在 `$SPARK_HOME/logs` 目录中应该出现类似于以下内容的文件（主机名是 `norbert`）。

   ```
   spark-root-org.apache.spark.deploy.master.Master-1-norbert.out
   spark-root-org.apache.spark.deploy.worker.Worker-1-norbert.out
   ```

5. 打开如前所述的 Spark Web 图形用户界面。请注意 `MasterWebUI` 将使用端口 8080，因为 Ambari 未运行。检查主日志以得到准确的 URL。

运行 Spark 示例

要运行示例 Spark，以一个非 `root` 用户身份登录，并请尝试以下步骤。你的 `$SPARK_HOME` 路径可能会与此处的不同。

```
$ export SPARK_HOME=/usr/spark-1.4.1-bin-hadoop2.6/
$ cd $SPARK_HOME
$ ./bin/run-example SparkPi
$ ./bin/spark-submit $SPARK_HOME/examples/src/main/python/pi.py
```

你可以用下面的命令启动 Spark shell：

```
$ $SPARK_HOME/bin/spark-shell
```

最后，若要从 Spark 访问 Hadoop HDFS 数据，请使用 Hadoop NameNode URL。此 URL 通常是 hdfs://<namenode>: 8020/path（HDP 安装版本）或 hdfs://<namenode>:9000（ASF 源代码安装版本）。HDFS NameNode URL 可以在 `/etc/hadoop/conf/core-site.xml` 文件中找到。

有关 Spark 使用的详细信息可在 http://spark.apache.org 找到。